U0798114

人才与发展

国立科研机构比较研究

白春礼/主编

科学出版社
北 京

图书在版编目（CIP）数据

人才与发展：国立科研机构比较研究/白春礼主编．—北京：科学出版社，2011.6

ISBN 978-7-03-031319-5

Ⅰ．①人…　Ⅱ．①白…　Ⅲ．①科学研究组织机构-对比研究-世界
Ⅳ．①G321

中国版本图书馆 CIP 数据核字（2011）第 103123 号

责任编辑：郭勇斌　石　卉　陈　超／责任校对：何艳萍
责任印制：赵　博／封面设计：黄华斌
编辑部电话：010-64035853
E-mail：houjunlin@mail. sciencep. com

科学出版社出版
北京东黄城根北街 16 号
邮政编码：100717
http://www.sciencep.com
北京凌奇印刷有限责任公司印刷
科学出版社发行　各地新华书店经销
*
2011 年 6 月第　一　版　开本：720×1000　1/16
2025 年 2 月第五次印刷　印张：15 1/2
字数：300 000

定价：79.00 元

（如有印装质量问题，我社负责调换）

《人才与发展——国立科研机构比较研究》
编委会

主　编　白春礼

副主编　李和风　张志强

编　委　唐裕华　高　峰　汤伯伟　王雪梅
张树良　熊永兰　陈　春　黄丽珺
汪为军　程新金　郭新言　关德慧
郑文莉　梁　涛　汤素芳　倪　静
周　慧

“国内外科研机构人才资源与发展比较研究”课题组成员

组　长　李和风

副组长　张志强　汤伯伟　唐裕华

成　员　（按姓氏笔画排序）

马越红　王晓虹　王雪梅　王焕玉
匡光力　关德慧　汤素芳　杨　鹏
汪为军　张树良　张洪杰　陆凯阳
陈　春　陈平平　陈晓峰　苗　鸿
郑文莉　周　慧　倪　静　高　峰
郭新言　黄丽珺　梁　涛　程新金
谢　锋　熊永兰

序

历史经验表明，全球性经济危机往往催生重大科技创新突破和科技革命。1857年的世界经济危机引发了以电气革命为标志的技术革命，1929年的世界经济危机引发了以电子、航空航天和核能等技术突破为标志的技术革命。2008年美国次贷危机引发全球性金融危机乃至经济危机，传统性产业发展受到严重冲击，世界主要国家不断调整科技创新政策，以促进科技创新能力的提高，大力发展新兴科技型产业。随着过去数十年科学技术的发展和进步，一些重要的科学问题和关键核心技术发生革命性突破的先兆日益显现，全球科技发展必将迎来新的历史机遇。

随着科技和经济全球化深入发展，世界科技竞争和各国综合国力竞争加剧，人才资源作为重要的战略资源更加受到世界各国政府的高度重视。为了在未来全球科技和人才竞争中赢得主动、占据优势，发达国家和新兴发展中国家都纷纷制定科技发展新战略，出台吸引和培养高层次创新人才的新政策、新措施，推动科技体制机制的改革和发展，提升国家的科技创新能力和国家的综合竞争力。

“士者，国之重器；得士则重，失士则轻。”人才资源是第一资源，国家的繁荣富强关键在人才。创造重才用才、广纳贤才的人才环境，形成人尽其才、才尽其用、创新活力迸发的人才工作新格局，是新时代赋予我们的使命和责任。新中国成立以来特别是改革开放以来，我国采取了一系列重要的人才政策，形成了一支规模宏大、专业门类齐全的人才大军。但从科技人才队伍的创新能力来看，与科技发达国家相比还有一定差距，高层次创新型人才相对匮乏，人才创新创业能力不强。科研机构中存在着人才结构不尽合理、领军人才短缺、人才流动不畅等问题，在一定程度上抑制了科技人才的创新活力，阻碍了科研机构的创新发展。

建设创新型国家的号角已经吹响，实施科教兴国战略和人才强国战略已经深入人心。中国科学院始终把建设一流的人才队伍作为建设世界一流科研机构最核心、最关键的工作。我们的任务就是要以培养高层次创新型科技人才为重点，加快造就一批世界水平的科学家、科技领军人才、工程师和高水平创新团队，全面提升国家的科技创新能力，建设世界一流的国立科研机构。国立科研机构是由政府财政稳定资助、面向国家战略和长远发展需求及科学前沿，开展基础性和战略前沿性科学研究的综合性大型科研机构，国立科研机构的科学创新能力和水平，直接代表着国家的科技竞争力和科技发展水平，而决定国立科研机构创新能力和科研水平的关键因素是科研创新人才。中国科学院从1994年开始实施吸引高层次创新人才的“百人计划”；1998年实施知识创新工程试点加大了对人才的培养和引进力度；2009年启动实施“人才培养引进系统工程”，通过系统设计，完善人才计划体系和制度体系，促进人才培养和引进、有序流动和结构优化。“创新2020”战略的实施，将进一步加大对高层次人才培养和引进的力度，努力造就一批一流的科学家和科技领军人才，尽快把中国科学院建设成为在国际上具有重要影响的一流国立科研机构，使一批研究所的竞争力和影响力进入相应领域的世界前列。

《人才与发展——国立科研机构比较研究》从国家经济社会发展的战略需求出发，分别总结和分析了主要发达国家和新兴经济体国家的人才战略，并根据国立科研机构在创新型国家建设中的重要作用，对德国马普学会、美国能源部国家实验室、美国国立卫生研究院、法国国家科研中心、日本理化学研究所、英国研究理事会等国际一流国立科研机构，从机构战略定位、人才规划、人才资源、人才流动机制和人才成长环境等方面进行了比较研究。同时，还选取了不同领域的国内外代表性研究所进行了对比分析，对相关问题作了很好的梳理和深入思考。

人才关系全局、关系长远、关系根本、关系兴衰，是社会文明进步、人民富裕幸福、国家繁荣昌盛的重要战略资源和推动力量，是当今和未来国际竞争的核心。时代要求我们，必须围绕国家战略需求，瞄准世界科学前沿，建设一支高素质、高水平的国际一流的创新人才队伍，成就一批国际一流的科研机构，在产业结构调整升级、推动我国经济社会发展、维护国家安全中发挥战略支撑和骨干引领作用。而要建设国际一流的创新人才队伍、国际一流的科研机构，首要的是改革优化科技与人才管理体制、设计建设良好的科技与人才制度环境、营造维护良好的创新生态系统，以人为本，尊重人才、关心人才、爱护人才、相信人才、发展人才。这是人才工作的战略方向与追求目标，也是人才工作成功的必由之路。

2011 年 6 月

前　言

在知识经济时代，人才资源决定着一个国家综合国力的强弱和国际竞争力的高低。当前，在全球金融危机的背景下，国际上高层次人才争夺正在激烈上演，发达国家凭借其综合优势继续猎取世界范围内的尖端人才，发展中国家也在千方百计地吸引海外人才归国，国家间的人才争夺态势更加激烈，也将长久持续下去。国立科研机构作为政府资助的科研机构，在服务国家战略需求、面向世界科学技术前沿研究中发挥着骨干和引领作用。同时，国立科研机构是吸纳和培养创新型人才的重要基地，在吸引和培养高层次创新型人才方面发挥着不可替代的作用。为全面建设小康社会，实现中华民族伟大复兴，2006 年全国科学技术大会确立了建设创新型国家的战略目标，建设一流国立科研机构成为加强原始创新、推进国家创新体系建设的根本途径。

中国科学院“创新 2020”明确提出建设国际一流国立科研机构的战略目标。国际一流国立科研机构具有怎样的人才资源？其高层次人才培养和引进的政策和措施如何？如何通过优化人才资源结构提升科技创新能力，建设国际一流国立科研机构？针对这些关键问题，课题组选取代表性国际一流国立科研机构进行系统的研究和多角度比较分析，选择了 5 个不同学科领域的国际一流研究所与中国科学院相应研究所进行对比分析，对相关问题进行了深入思考。

全书共 4 篇 17 章。从国家、国立科研机构和研究所等层面，力求深入剖析有关国家的人才战略、国立科研机构的人才与发展，并就如何建设一流国立科研机构和一流人才队伍进行分析和思考。第一篇对美国、日本、英国、德国和法国等主要发达国家以及俄罗斯、韩国、印度、巴西等新兴经济体国家的人才战略和政策进行了概要分析；第二篇对德国马普学会（MPG）、美国能源部（DOE）国家实验室、美国国立卫生研究院（NIH）、法国国家科研中心（CNRS）、日本理化学研究所（RIKEN）和英国研究理事会（RCUK）等为代表的国际一流国立科研机构的战略定位、人才规划、人才环境、人才资源、人才流动、人才引进与培养、考核评价与激励机制等方面做了详细的比较分析；第三篇选取中国科学院高能物理研究所、金属研究所、上海生命科学研究院植物生理生态研究所、海洋研究所和大气物理研究所等5个代表性研究所，分别与其相对应的国际一流标杆研究机构美国布鲁克海文国家实验室（BNL）、德国马普学会弗里茨·哈伯研究所（FHI）、德国马普学会分子植物生理研究所（MPI-MP）、美国伍兹霍尔海洋研究所（WHOI）和美国国家大气研究中心（NCAR）等进行了对比分析；第四篇结合中国及中国科学院的人才发展战略，并基于上述国际一流国立科研机构的人才与发展的比较研究，就国家人才战略与政策、科技与人才管理体制机制、国际一流国立科研机构和一流研究所建设、一流人才的引进与培养、科研创新文化和环境等关涉人才的深层次重大问题进行了深入思考。

由于所分析的各国、各有关科研机构的人才战略和政策资料、人才资源结构及其管理机制的资料的详略程度不一，有关管理机制的资料甚至难以获得，加之时间紧迫和编著者的水平所限，书稿中的错谬之处在所难免，敬请读者指正！

编　者

2011年6月

目　录　CONTENTS

第三篇 国内外一流研究所比较

第一篇

主要国家人才战略与政策概览

人才资源已成为国家经济社会发展的第一资源，直接决定国家的综合国力和国际竞争力。在经济及科技全球化深入发展的今天，世界各国政府不断推出新的人才战略和人才政策，纷纷加大对科技和人才开发的投入，国际高层次人才竞争和人才全球性流动日益加剧，人才战略和人才政策创新成为充分挖掘和用好人才资源的关键。

曾经是世界科学中心的欧洲，仍然保持着科技领先的位置。英国是世界科技发达国家之一，具有优秀的科学文化传统，在现代世界科学规范的创立和科技人才的培养方面居领先地位。20 世纪末以来，英国政府不断调整科技政策，大力发展知识经济，提出了以创新为核心的新的国家科技发展战略，2002 年开始实施专门吸引海外高层次人才的《高技术移民计划》等人才发展政策，以应对全球科技竞争和人才竞争的挑战。第二次世界大战（简称“二战”）后，德国优秀科技人才一度严重外流，但经过几十年特别是德意志民主共和国、德意志联邦共和国合并以来的努力，德国重新崛起，再次成为世界经济、科技强国，在很大程度上归功于其成功的人才战略和政策。法国从 20 世纪 80 年代以来制定了一系列科技人才政策以努力保持其科技强国地位，2007 年修改《移民法》并设立国家级海外人员归国奖励基金，2009 年开始进行四年一周期的创新战略制定并加大研究经费投入以迎接未来竞争的挑战。

作为当今世界经济中心和科技中心的美国，其经济和科技的发展得益于拥有规模最大、水平最高的创新人才队伍。20 世纪美国的迅速崛起，源于其国家利益至上的人才政策和人尽其才的文化与制度环境，像磁石般吸引和聚集了来自全球的大批顶尖人才。进入 21 世纪，面对不断加剧的全球科技人才竞争形势，为巩固其科技人才资源优势，美国不断推出涉及国家未来科技人才发展的战略规划和人才政策。尤其是 2008 年金融危机后，奥巴马总统签署《2009 年美国复兴与再投资法案》，期待通过管理和发掘科学与技术创新的力量和潜能来重振美国经济。

自然资源匮乏的日本多年占据着世界经济规模第二的位置，这得益于对科技和人才的重视。“二战”后日本实行科学技术改革，强力推动了日本经济的飞速发展。1980年，日本政府提出并实施“技术立国”，1996年进而提出“科学技术创新立国”，2002年制定《240万科技人才开发综合推进计划》、《21世纪卓越研究基地计划》和《科学技术人才综合培养计划》等一系列人才发展计划，要在21世纪前50年培养出30位诺贝尔奖获得者，至2010年已有18人获得诺贝尔奖。

在新兴经济体国家中，俄罗斯曾出现严重的人才流失，1996年以来出台《科学和国家科技政策法》等一系列促进科技发展和人才培养的政策措施，为俄罗斯未来科技发展及创新体系建设提供支持。韩国科技和经济的跨越发展同样得益于制定实施了一系列的科技法规、科技规划和人才政策，如《科学技术促进法》、《技术开发促进法》、《技术评估法》、《科学家教育法》、《科学技术政策宣言》、《科学技术基本计划》、《国家战略领域人才培养综合计划》等。印度总理科学顾问委员会2010年发布《使印度成为全球科学领袖》的报告，明确提出要使印度成为一个知识型社会及科学领域的世界领导者，大力推进印度的科学发展，完善科技和教育基础设施，建设卓越中心，培育创新文化，加大研究和开发投资。巴西从20世纪70年代开始系统制定其国家人才规划与政策，特别是进入21世纪以来，启动了一系列国家科技发展计划，加大对科技人才资源的投入，提高和完善面向高级科研人才的待遇和人才移民制度。

第一章　主要发达国家人才战略与政策概览

一、美　　国

美国于19世纪中后期崛起并快速发展为当今世界唯一的超级强国，其成功在很大程度上归功于其人才政策。美国一直奉行的开放、包容、强调多元、为我所用的人才政策，成为吸引和凝聚全球智慧、服务自身经济社会发展的重要法宝和国际竞争手段。

（一）20世纪40年代

“二战”特殊时期，美国采取非常规手段争夺国际顶尖人才。1943年底美国陆军成立代号为“阿尔索斯”的特殊谍报队（“Al-sos” special intelligence team），其任务是搜捕纳粹德国科学家、收集重要的战略物资、刺探有关德国秘密武器的情报。尽管其于1945年10月完成使命而解散，但在两年不到的时间里，采取一系列非常规手段不惜一切代价把德国、意大利等国的数千名科学家、工程师秘密带到了美国本土，如爱因斯坦、诺依曼、费米和海森堡等，这些被“抢”过来的科学家对美国原子物理学、核物理、化学和数学等学科的发展起到了不可估量的作用[1]。

面向未来的全新的制度化人才战略开始被酝酿。出于面向国家安全，特别是战时及战后社会发展进行人才储备的战略思考，1945年美国政府科学研究与发展办公室主任万尼瓦尔·布什（Vannevar Bush）向罗斯福总统提交了著名的建议报告《科学——无止境的疆界》（*Science—The Endless Frontier*），敦请政府加大对基础研究的投入，设立国家科学基金会全面支持基础科学研究与教育发展，同时借此形成大规模培养和吸引关键基础科学领域人才的新机制[2,3]。美国罗斯福政府重视并采纳了报告建议，由此确立了美国“不分国籍、不分肤色、为我所用”的全球人才竞争理念，使美国引进培养高层次人才成为国家制度。美国迅速在军事科学、医学、化学、物理学（特别是核物理学）、计算机科学、工程学、材料学、数学、生物学等领域确立了世界领先优势，为美国在20世纪的崛起并引领世界第三次技术革命奠定了坚实基础。

1946年，美国政府出台《福布莱特计划》（Fulbright Program），目的是通过教育、人员交流、知识和技术交换以增进美国和其他国家的交流和相互理解，吸引海外优秀学生和著名学者。作为世界上声誉最高的国际教育交流计划之一，至2009年已有40名计划受益者获得了诺贝尔奖。

（二）20世纪50～80年代

“二战”结束后，美国政府根据战后国际国内形势变化适时、全面调整人才战略及相应政策，美国国家科学基金会（NSF）的创建和《移民法》的出台确立了美国人才战略的基准点。

（1）确立了新的科研资助与人才培养体系。1950年，经过5年的酝酿和系统规划，美国国家科学基金会正式成立，标志着美国集中面向前沿基础研究的科研资助模式和人才培养机制的形成。NSF开创了全球科研资助新模式，为美国在其后的全球科技与人才竞争中确立优势地位奠定了重要基础。

（2）首次为急需人才开辟绿色通道，优化移民来源结构。将移民配额向美国急需的、有高等教育背景和具有突出才能的各类技术人员倾斜。1952年颁布的《移民法》首次将技术移民限额大幅提升至50%，力度空前。配套实施科研资助及专项基金管理制度，为外来人才提供各种优惠待遇。1965年修订《移民法》，针对外来移民设立分级的移民配额优先制度，对相关技术人才予以优先考虑。至此，有效提升了美国外来移民的整体素质，优化了美国移民来源结构。

（3）革新教育政策，完善教育体系。20世纪60年代，在修改移民法的基础上，先后推出《共同教育和文化交流》及《国际教育法》等政策法案，扩大了与外国交换留学生的规模，国外留学生的大量流入有效扩充了美国的人才储备[4,5]。在经历“二战”后的首轮经济危机之后，美国于20世纪80年代全面启动旨在培养创新人才的教育体系改革。先后于1983年、1985年和1986年发布了《国家危机：教育改革势在必行》、《2061计划》和《准备就绪的国家：21世纪的教师》等重要报告和计划，在扩大教育投入、严格教育标准、提升教育（特别是高等教育）质量的基础上，确立了培养创新人才，打造新一代高素质国民的创新型教育体系发展目标[6,7]。作为其人才战略的重要组成部分，美国20世纪80年代教育体系改革的成功成为继科研体系改革之后，其实现超级大国发展目标的重要推力。

（三）20世纪90年代

为应对全球信息革命带来的挑战，1990年美国政府对《移民法》进行了重大修订，确定了全方位的海外人才吸引举措，特别给予高技术人才和特殊技能人才以倾斜。《移民法（1990）》为美国再次引领世界信息科技革命铺平了道路，与随后相继推出的一系列人才政策共同推动了美国新时期人才队伍的建设。

（1）设立专门技术移民限额优先权。《移民法（1990）》给予技术移民3类优先权：第一类优先权适用的技术移民包括在科学、艺术、教育、商业、体育等领域具有特殊才能的人；第二类优先权适用的技术移民包括具有高学历或特殊能力的专业技术人员；第三类优先权适用者包括技术人员、专业人员以及其他劳工，并对劳工的数量和工作性质予以严格限制[8]。

（2）推出灵活的签证政策。20世纪90年代初，实施H-1B短期工作签证计划，每年面向具有特殊专长的外来人员签发6.5万个为期6年的临时工作签证。在此基础上，1998年再次通过专门法案，将H-1B签证数额从6.5万增至11.5万。此外，美国政府面向优秀国外学生推行“绿卡制”，吸引了大量优秀留学生毕业后留居美国。美国硅谷的形成即是得益于这种灵活的签证政策[5,9,10]。

（3）实施教育优先战略，加大教育投入。在原有相关法案的基础上，美国政府于1990年颁布新的职业教育法，其中明确规定联邦政府每年向地方提供职业教育专项经费支持（规模为16亿美元），并对职业教育资格证书制度和资格鉴定制度进一步予以完善。在其1996年出台的《成人教育法》中，明确要求企业每年将全员工资总额的至少1%专门用于员工的教育与培训，并且规定逐年提升该项经费规模，如果未达到上述要求，则企业每年必须将其工资总额的1%上缴纳入国家技能开发基金。同时，美国政府还出台相应的税收优惠政策，鼓励企业积极开展员工继续教育与培训[4]。

美国政府先后发布《国家六大教育目标》（1990）、《美国2000年教育战略》（1991）以及首个《国家教育技术计划》（1996）等法案和报告，旨在加强应对未来科技竞争的高素质人才储备。

（四）21世纪以来

面对日益深化的全球化趋势和不断加剧的全球科技人才竞争的形势，为巩固其科技人才资源优势，进入21世纪以来，美国连续出台和发布《实现美国潜能的科技人才》（2003）、《崛起于风云之上：为美好未来激励并推动国家进步》（2006）、《美国竞争力法案》（2007）、《国家创新日程》（2007）、《美国的科技竞争力》（2008）和《加强自然科学、技术、工程学及数学教育法案》（2009）等一系列有美国家未来科技人才发展规划的重要法案及政策，整体反映出美国政府人才战略以未来国家发展安全为出发点的理念和强烈的忧患意识。

1. 强化基础及高层次教育，拓展本土人才培养和储备

针对未来美国在维持科技人才优势方面所面临的两大威胁，即全球科技人才竞争的加剧和美国本土科技人才的减少，在其所有有关科技人才发展的重要

法案和政策中均强调基础教育对国家科技人才培养和储备的重要性并提出了一系列重要政策举措，主要包括[11~14]：

（1）提升基础教育教师素质。通过设立夏季学院培训与教育项目、硕士项目、高级实习项目（AP）及国际学士培训项目（IB）提升全美25万名从事基础教育教师的素质。提高数学、自然科学及技术领域教师的待遇，加强教师职业规划和建设，将其列为重要且待遇优厚的职业类型。

（2）扩大重要领域基础教育师资队伍。鼓励自然科学与工程学领域科学家及工程师群体向教育行业流转；鼓励和吸引更多的优秀学生从事重要领域基础教育事业：以每人每年2万美元专项奖学金每年吸引1万名物理学、生命科学、工程学或数学领域本科优秀毕业生服务于美国基础教育事业。

（3）在高等教育机构及研究机构设立教师储备项目，以培育和建设自然科学与工程学领域的教师队伍。通过各种渠道和形式确保公民充分接受自然科学与工程学高等教育的机会，如提供各种形式的奖学金及资助机制、加大对社区教育机构以及少数民族和女性大学教育的资助等。采取积极措施提升美国公民获得物理学、生命科学及数学领域高学历学位的人口比例，每年新增25 000个进入研究机构学习的本科生资助名额和5000个研究生学习资助名额。

2. 优先资助基础研究，加强杰出人才储备

美国将其拥有全球科技引领地位的首要原因归于始终保持对基础研究的不懈关注。其主要措施包括[12,13]：持续加大基础研究的政府投入，2006～2013年以每年10%的速度持续增加联邦政府对基础研究的长期投资（特别是物理学、工程学、数学及信息科学）；加大对基础研究优秀人才的支持力度，每年面向基础研究领域为200名全国最杰出的青年科学家提供为期5年每人每年50万美元的研究资助；继续保证对先进研究基础设施的大规模投入，2006～2010年，每年面向先进研究基础设施增加5亿美元资助，并专门组建先进基础研究设施国家协调办公室以管理该项资金。提升基础研究对经济增长的贡献率，确保重要领域基础研究对GDP增长的贡献超过一半。

3. 重视高风险性、高回报性及跨领域研究团队的建设

创新是推动经济社会发展的原动力。倡导创新，重点扶持和培养高风险性、高回报性及跨领域研究人才是美国人才战略的重要内容，相关举措如下[13,15]：

（1）确保稳定的政府支持。联邦政府研究机构预算中至少8%必须用于机构的自主研发投入，以促进高风险、高回报性研究成果的产出。

（2）设立奖励机制。在现有的“总统奖”（主要面向具有终生成就的科学家和优秀青年学者）基础上，特别设立“总统创新奖”以激励在自然科学与工程

学领域具有独创性贡献的科学家。

(3) 出台激励政策。加强服务于21世纪全球经济的知识产权保护；加大税收优惠政策的实施力度以鼓励私营机构创新投入的增长；实施税收激励政策以促进美国本土创新。

(4) 创新跨学科人才培养模式。加强面向学术、政府及产业界需求的多学科跨领域人才的培养与储备；在自然科学与工程学领域提供持续、长期的跨学科领域博士培养项目；增加研究生跨学科研究培训项目；加大对跨学科研究团队的资助，每年选择3～5个不同实验室，提供至少100万～200万美元经费资助。

4. 改革完善国际优秀人才引进机制

美国人才战略强调要将美国打造为全球最具吸引力的国家，使得美国能够培养、吸纳并留住全球最优秀最具发展潜力的学生、科学家和工程师。主要举措包括[13,15]：

(1) 改进国际学生及学者的签证手续。为在美国获得博士学位或自然科学、技术、工程学、数学或其他国家所需领域同等学力的国际学生提供1年期自动延长签证以方便其留美工作。如果这些学生被美国用人单位录用并通过安全审查，他们将获得自动工作许可并进入居民身份手续办理快速通道。

(2) 建立新的高层次人才优先移民制度。移民政策优先面向具有博士学位和自然科学与工程学高级人才，临时增加H-1B签证数量（增加至1万个）以及获得美国博士学位留美工作的额外签证数量；鼓励海外高技术移民，特别是自然科学和工程学领域的高技术移民；提出“基于家庭”的海外人才移民新政策。

(3) 改革人才交流政策。改革目前关于人才交流的“视同出口”政策。新政策将赋予国际学生和研究人员在美从事基础研究的“国民待遇”，即在不违反国家安全条令的前提下，鼓励和允许国际学生和研究人员在美从事基础研究并使用相关信息及研究设施。

5. 建立和完善国家科技人才状况评估机制[15,16]

完善包括人才结构、需求、能力及待遇等在内的国家科技人才状况评估体系，以满足国家发展需求并应对相关挑战。建立永久性的委员会资助并负责对美国的科技表现力和科技人才状况进行监测、评估和分析。

6. 及时推出适应新形势的人才政策

2009、2010年连续修订《加强自然科学、技术、工程学及数学教育法案》，并于2010年4月为配合新能源战略专门出台面向新能源领域的人才培养政策[17]。

2009年4月27日，美国总统奥巴马在美国国家科学院年会讲话中表示，

“将拿出3%以上的GDP用于研发”；将NSF的研究生研究奖学金增加2倍；实现到2020年前，再次拥有全世界最高的大学毕业生比例[18]。

2011年1月25日，奥巴马总统在就任以来的第二份国情咨文中将“鼓励创新和教育体制改革”列为美国未来首要支柱政策，确定人才发展的具体目标为：加大教育投入，提高教育质量，大幅增加理工科教师的数量，扩大政府助学贷款比例，实施全面移民改革，避免优秀人才因没有合法身份而被迫离境[19]。

表1-1 21世纪初美国主要人才战略及计划

发布时间	人才战略或计划名称	战略或计划要点
2003年	《实现美国潜能的科技人才》	强化美国大学及以上高层次教育以及数学、自然科学及技术领域的大学前教育人才的培养；巩固美国的科技人才知识基础；强化研究型大学的能力建设；维持美国吸引国际竞争性科技人才的实力
2006年	《崛起于风云之上：为美好未来激励并推动国家进步》	大力提升基础教育和数学教育增加美国人才储备；继续加大美国在基础研究领域的人才培养的力度；将美国打造为全球最具研究吸引力及创新首选国家
2007年	《美国竞争力法案》	全面提升美国技术、教育及科研实力；专门针对美国联邦政府研究机构自然科学、工程学及数学等基础学科教育与人才培养等问题做出明确规定；设立核科学及化学领域的“人才拓展项目”、“维持美国竞争力研究生奖学金项目”及“杰出科学家项目”
	《国家创新日程》	为美国创新经济培养世界一流的科技人才队伍，增加面向科学、技术与创新的人力资本投入；鼓励能促进科技人才结构多样化的项目的设立；扩大对自然科学与工程学领域学位授予规模；通过扩大移民制度改革强化海外高学历人力资源移民制度，提出“基于家庭”的海外人才移民政策；提高劳动力的流动性；加大对高风险性、高回报性研究的支持力度；加大对跨学科研究团队的资助
2008年	《美国的科技竞争力》	鼓励在美国高校获得自然科学与工程学专业学位，特别是博士学位的国外学生临时居留和永久性居留；鼓励海外高技术移民；建立一个永久性的委员会资助并负责对美国的科技表现力和科技人才状况进行监测、评估和分析；继续强化基础研究和应用研究并保持研究人员在薪酬和工作条件方面的竞争力
2009年	《加强自然科学、技术、工程学及数学教育法案》	确保创新与科技前沿和科学发现相结合，维持美国在全球经济中的竞争力；确保来自自然科学、技术、工程学及数学领域的GDP增长贡献超过一半；进一步提高美国自然科学与工程学领域大学毕业生的比例；注重培养学生关键的思考能力、创造能力及创新能力；培养高素质的教师队伍，在高等教育机构推行教师储备项目；提高自然科学、技术、工程学及数学领域高等教育及事业女性及少数民族人口比例

二、日　本

日本堪称全球重视人才战略的典范，正是借助其适时的科技政策和人才战略，日本才创造了“二战”后连续保持20年经济高速增长的“奇迹”。作为仅次于美国的世界第二科技强国，日本的迅速壮大离不开其人才战略的支撑。

（一）20世纪40～70年代

“二战”结束后，日本科技人才培养的政策是适应产业发展和科技进步，从数量发展到质量提高，改革相应的教育制度与内容，培养具有创造力与适应力的人才，并使其充分发挥作用。该时期，日本的科技人才政策主要表现出以下特点[20]：

(1) 将科技人才培养计划纳入国民经济计划之中。自1955年经济“高速增长”以来至20世纪70年代经济“低速增长”时期，日本内阁共出台了《经济自立五年计划》、《国民收入倍增计划》、《中期经济计划》、《经济社会发展计划》、《新经济社会发展计划》等9个国民经济计划，这些计划将科技人才培养作为其重要组成部分。

(2) 建立合理的人才结构。根据产业结构变化预测科技人员的需求、研究专业领域及教育阶段，有计划地扩招理工科学生；根据企业人力资源结构特征，调整技术、研究人员比例，形成高效率的智力群体结构；加强继续教育和终身教育，设置新型大学，不断增强技术力量以满足技术革新发展的需求；顺应科技发展规律，加强基础理论教学，实行教学综合化，发展交叉学科，修订相应的教学计划。

(3) 加强智力投资，推进人才开发。1960年日本科学技术会议将国家的研发投入目标定为国民收入的2%，并逐步增长到2.5%，长期目标是3%。日本1979年年度教育经费占国民收入的8.6%，居世界前列。

由于采取了这些举措，日本的研究人员1980年达到30万人，平均每万人中有研究人员26人，当时居世界第3位。

（二）20世纪80年代

1980年10月日本确立了“科技立国”战略，科技发展开始由“吸收型”转向自主研发型。“科技立国”战略强调增加科技投入，加强产、官、学的密切结合，推进自主技术开发，培养科技创新人才，加强国际交流合作[21]。1986年3月日本内阁会议进一步制定了《科学技术政策基本大纲》，促进了“科技立国”战略的贯彻实施。文部省于1985年设立“特别研究人员制度”，科学技术厅于1989年和1990年先后设立“基础科学特别研究人员制度”和“科学技术特别研究人员制度”，以加强创造性青年研究人员的培养。

在确定了科技发展与人才培养的方针政策基础上，主要采取以下举措加速科技人才的培养：提升高等教育质量，创新人才培养模式；建立符合科技人才需求的科技信息流通机制；向地方、企业、团体及个人提供经费资助，实施税收减免或低息贷款制度等扶植措施，充分调动其他科技力量的研发积极性；加强人才的国际交流与合作。

（三）20 世纪 90 年代

1995 年 1 月日本政府提出“科技创新立国”新战略，并在随后颁布的《科学技术基本法》中将其作为日本面向 21 世纪的长期国策。为贯彻“科技创新立国战略”，于 1996 年通过了《科学技术基本计划》和《经济结构改革与创新计划》。

新的举措主要包括[22]：设立优秀科学技术人才竞争性研究项目；创造使研究人员专心治学的研究环境；推行博士后优先录用制度，保证青年研究人员有“用武之地”；实行灵活的人事制度，引入研究人员任期制；纠正基础理科教育过去偏重传播知识的教学方式，激发学生主动探索、勇于实践的精神；增加妇女从事科研工作的机会，充分发挥女性研究人员的力量。

（四）21 世纪以来

面对技术引进越来越困难、国际竞争日趋激烈的巨大挑战，日本长期以来执行的“赶超型”战略已日益显现出其重技术轻科学、缺乏创造性、忽视基础科学研究等弊端。进入 21 世纪，日本推出《第二期科学技术基本计划》（2000）、《关于科学技术相关人才培养与使用的意见》（2003）、《以社会角度培养科学技术人才》决议（2004）以及《第三期科学技术基本计划》（2006）等一系列科技政策，其中与人才相关的政策逐步深入和细化[23]。

对于拥有高技术的特殊人才，日本政府给予优惠的移民政策。在直接吸引高端人才的同时，日本还提出了将引进与培养相结合的大规模留学生接收计划，并将其上升到国家战略的高度。日本文部科学省、外务省、法务省等 6 部门于 2008 年 7 月公布了《30 万留学生计划》。通过简化入境审查手续，推动大学国际化，向留学生提供生活和就业支持等手段，争取到 2020 年吸引 30 万留学生到日本学习。

另外，日本还提出《240 万科技人才开发综合推进计划》（2002），目标是到 2006 年培养 240 万精通信息技术、环境、生物、纳米材料等学科的尖端科技人才，从根本上改变大学教育体制；《21 世纪卓越研究基地计划》（2002），目的是建立一流的人才培养基地，在取得重大国际领先科研成果的同时，让一批世界顶尖级人才脱颖而出；《科学技术人才培养综合计划》，目标是培养富有创造性的世界顶尖级研究人员、培养社会产业所需人才等。

纵观日本21世纪以来的人才相关政策，其主要特点和举措主要包括以下3个方面[24,25]。

1. 着力培养国际顶尖高端人才

日本政府2000年在《第二期科学技术基本计划》中提出了“50年内产生30名左右的诺贝尔奖获得者”的目标。归根结底就是要大力提倡创新，特别是呼唤原始性创新的人才及成果。

尽管日本获诺贝尔奖的人数相对全球不是很多，但毕竟是出自本土培育的成果，而且占亚洲自然科学奖获奖人数比例高达80%。截至2011年，已经有18位日本学者获得诺贝尔奖，其中物理学奖7人、化学奖7人、生理学或医学奖1人、文学奖2人、和平奖1人，体现出日本过去几十年在科技领域的人才政策和基础研究政策取得了实质性成效。

2. 培养青年优秀人才

为青年人才提供科研经费：大幅增加面向青年人才的竞争性科研经费，鼓励民间机构设立博士后研究基金，为青年人才独立主持科研项目、独自做出优秀科研成果提供更多机会。科研机构要为青年科研人员提供发挥才能的空间，竞争性资金的申请向青年科研人员倾斜，对做出卓越贡献的青年人才给予奖励。

优先让青年人才承担项目。在大学和科研机构中，破除论资排辈的传统用人制度，大胆起用青年科技人才，将确有真才实学的优秀人才及时晋升到高级岗位，优先安排主持重要科研项目。

以国际标准进行人才评价。研究国际性的评价方法和奖励措施，以培养全面的跨学科领域的人才。按照国际通用的标准和方法，对高层次青年人才的科研业绩进行评价，对于取得世界水平成果者及时给予奖励。

全球招聘人才，实行任期制。在大学和公共研究机构中全面推行聘任制，所有空岗和新设岗均应面向社会公开招聘，部分高级岗位可面向全球招聘，对青年科研人员一律实行任期制。

完善社会保障体系，解决青年人才的后顾之忧。为便于科技人才流动，改革现行的社会保障体系，科研人员的年金和退休金可在全国范围内的不同单位之间累积计算。

完善收入分配制度。改革现行的收入分配制度，提倡对高层次科技人才实行年薪制，支持企业提高博士和硕士学位获得者的起点工资标准。

3. 建立良好的社会氛围

建设公正透明的人才录用与管理体系。大学及国立科研机构的用人制度，以公开招聘为原则，不受性别、年龄、国籍限制，按能力与业绩评价给予相应的报酬。

搭建青年学者施展才华的舞台。引入“Tenure-track”制度，对推行Tenure-track 制度的大学及国立科研机构，从研究环境和启动资金上予以重点支持。

激发女性研究者的研究活力。要求研究单位积极聘用女性研究者，研究机构应设定并公布人数比例，保障女性研究者事业与家庭兼顾发展。

鼓励国外学者留居日本。构建具有吸引力的接收体制，吸引国外优秀学者定居日本，为其提供良好的研发环境和生活环境，例如住房、子女教育、出入境管理等。

表 1-2　21 世纪以来日本主要人才战略及计划

发布时间	人才战略或计划名称	战略或计划要点
2000 年	《第二期科学技术基本计划》	50 年内产生 30 名左右诺贝尔奖获得者；改革研究助手、助理教授的体制，充分发挥青年人才的独立研究能力；竞争性资金的申请向青年科研人员倾斜，对做出卓越贡献的青年人才给予奖励；博士后 1 万人支援计划，为博士后提供专心科研的环境；设立青年研究人才培养专项经费
2002 年	《240 万科技人才开发综合推进计划》	实现到 2006 年培养 240 万精通 IT、环境、生物、纳米、材料等尖端技术人才的目标
	《21 世纪卓越研究基地计划》	日本文部科学省自 2002 年起每年资助 50 所大学的 100 多项重点科研项目，以利于多出人才、快出人才、出优秀人才。其中，《科学技术人才培养综合计划》的目标是培养世界顶尖级富有创造性的研究人员，培养社会产业所需人才，创造吸引各种人才并使其充分发挥才能的环境，建设有利于科技人才培养的社会
2004 年	以社会角度培养科学技术人才	研究国际性的评价方法和奖励措施，培养全面的跨学科领域的人才；持续支持高素质技术人才的职业生涯发展；为培养有实践基础的创造性国际领先人才，拓展大学和研究所的学生实践经验；加强应用型优秀人才的政策改革；激发青年学者的能力，大幅度增加青年学者的培养资金；吸引优秀国际人才
2006 年	《第三期科学技术基本计划》	构筑公正与透明的人才录用与管理体系；引入“Tenure-track”制度，对推行该制度的大学及国立科研机构，从研究环境和启动资金上予以重点资助；控制高校录用本校培养人才的比率；促进更多女性参与研究活动；为外国学者提供良好的工作和生活环境；建立优秀退休研究人员的返聘机制
2008 年	《30 万留学生计划》	日本政府拟在 2020 年实现接纳 30 万留学生的目标。提供一站式服务吸引赴日留学生；畅通赴日留学渠道；推进大学的全球一体化进程；致力于营造使留学生能够专心学习的环境；为留学生毕业、结业后就业提供帮助
2010 年	《新成长战略—— 21 项国家战略计划》	为配合《新成长战略》中的 6 项政策措施，日本政府推出了面向 21 世纪的 21 项国家战略计划，其中第 8 项是关于全球人才培养与高端人才引进的计划，主要内容包括[26]：促进教育机构和企业与国外相关机构积极交流；扩大与国外大学的相互认定；促进接收国外教职人员和外国留学生，推动留学生在日本企业就业；到 2020 年，在日本的国外高端人才成倍增长，日籍留学生到国外交流的人数达到 30 万人，接收国外留学生人数达 30 万人

三、英　　国

工业革命以来，英国在科技方面一直居于世界领先位置。作为人类工业文明的发源地和最具科研传统的国家，当今英国的经济科技实力仍然雄厚，其在工业制造、数学、物理学、医学、生物技术、天文学、通信技术以及能源等领域所确立的传统优势无不得益于其一贯所尊崇的倡导自由、鼓励创新、重视人才培养的人才战略。

（一）20世纪40～90年代

尽管“二战”后英国的国力有所衰退，但依靠其发展战略的及时调整，依然维持了其传统经济大国和科技大国的地位。

针对“二战”后英国人才流失问题，英国皇家学会率先对此展开研究并提出“人才流失论”[5]，在遏制英国人才流失，培养和网罗高级科技人才方面发挥了不可低估的作用。英国皇家学会的宗旨之一就是发掘科学精英，平均每年资助1600多名杰出科学家开展科学研究和国际交流，其资助计划有30多种，如《大学研究人员计划》、“多萝西·霍奇金博士后奖学金”、“工业奖学金”、“教授基金”等，这些资助吸引和培养了来自世界许多国家的科技人员[27]。

20世纪80年代，英国政府提出培养高科技人才以满足技术创新的需求，并鼓励企业和研究机构联合开展创新，建立了许多用于创新的专项基金和专项计划[28]。如《LINK计划》、“高等教育创新基金”、“科学企业挑战基金”、“大学挑战基金”、“公共领域开发基金”、“智慧计划”、“法拉第伙伴关系”等，这些专项基金和专项计划在提高研究机构和企业创新能力的同时培养了大批富于创新能力的高科技人才。

（二）20世纪90年代至今

20世纪90年代以来，英国开始调整科技政策，以知识经济作为国家发展的基石，把创新作为立国之策，将依靠低成本的竞争转变为依靠独特价值和创新能力的竞争。此期，其人才战略特点及主要举措包括：

(1) 注重创新。1994年英国政府首次公布创新白皮书《实现我们的潜能——科学、工程和技术战略》，此后，《我们的竞争——建设知识型经济》(1998)、《卓越与机遇——21世纪科学与创新政策》(2000) 和《变革世界中的机遇——创业、技能和创新》(2001) 等三份政府白皮书均将创新作为主题。2002年之后，英国更是系统性地启动一系列创新行动计划，如《科学与创新投资框架2004～2014》和2004年贸工部发布的《从知识中创造价值》5年计划等，以此向公众昭示了其以创新为核心的新的国家科技发展战略[29]。

（2）加大经费支持。英国政府对科学的总投入从2004～2005财年的42亿英镑增加到2007～2008财年的53.6亿英镑；全国研发投资占GDP的比重将从2004的1.9%提高到2014年的2.5%，企业研发投资占GDP的比重将由1.25%增加到1.7%[30]。

（3）加强对科研的考核评价。对于每一项研究，所有研究理事会的拨款决定都必须基于独立、透明的同行评议做出，因此即使是资深教授也会因为项目欠佳而被拒绝，如果项目优秀，即便是初级研究人员也能够获得经费支持。这种考核评价有助于研究人员的自身发展和开发更具吸引力的研究方向。

（4）重视人才培养。在基础教育方面，英国政府采取一系列措施强化以物理、化学和数学为主的理科教育，使自然科学成为基础教育的优先重点；从2008年开始推行"中等教育理科普通文凭"最低理科学分标准；鼓励和吸引理科大学毕业生从事中学物理和化学教育[31]；推广继续培训计划，提升非理科背景教师队伍的整体素质。在高等教育方面，提高研究生教育培训质量，接受英国各研究理事会资助的研究生及博士生占到研究生总数的20%，研究理事会资助模式下研究生的竞争性及"认可式培养"在确保其高等教育质量方面成效显著。

（5）注重对高技能人才的引进。英国于2002年开始实施的《高技术移民计划》（High Skilled Migrant Programme，HSMP）一度被列为其吸引全球优秀人才促进英国经济发展的"旗舰"计划[32]。在《高技术移民计划》的试运行阶段（2002/01～2003/10），英国高技术移民项目共接纳3721名成功申请者。2009年由于受金融危机影响，英国政府调整了这项计划，提高了准许移民的标准，要求申请人必须具备硕士以上学历。2010年再次调整该计划，取消2009年对学历的限制，但提高了各学历层次的收入标准[33]。

2010年英国卡梅伦政府成立之初，英国前首席科学顾问阿德里安·史密斯就提出了实施旨在扩大研发投资、强化人才培养的所谓《10年10项计划》的建议。史密斯认为，如果不实行该计划，英国的科学将只能屈居世界二流水平。

《10年10项计划》的主要内容包括：①提高英国研发总投资在GDP中所占比重；②提高政府对研发的投资和科研预算在GDP中所占比重；③保持双重资助体系；④吸引和留住世界最高水平的科研人员，确立人才优势；⑤扩大自然科学、工程、技术及数学领域优秀大学生和研究生的培养规模；⑥扩大各研究理事会之间的交流、与其他部门之间的合作研究以及与国外著名科研机构的合作；⑦对关键战略研究能力建设及项目研究给予持续、可预测的长期资助；⑧采取战略措施保护英国在重要而薄弱领域的研究能力；⑨重视社会科学在政策制定方面的作用和影响力，使英国在行为科学、宏观经济学等主要领域成为世界的“领头羊”；⑩保持大学和慈善团体、产业界相互合作的动力，引导科研成果向新产品和服务的转化[34]。

2010年英国首相卡梅伦在给英国教育发展与支持理事会（Council for Advancement and Support of Education，CASE）的公开信中，就应对英国所面临的自然科学与工程学方面的挑战提出以下几点建议[35]：

（1）强化自然科学教育及职业技能培训。加大对自然科学教师以及自然科学、工程学、数学和技术领域优秀学生的支持和资助力度；调整国家教育课程设置，推广和普及英语、数学和自然科学教学；扩大面向14～16岁的职业培训规模，在英国12个重要城市开设新的技术学院，并逐步实现每个城市至少拥有一所技术学院的长期目标。

（2）保持良好的科研支持环境。为保证科研项目的持续进展，英国政府将启动一项长期的科学与研究财政预算计划，为研究理事会创造稳定的科研资助环境。

（3）开辟新的经济增长空间。重新调整航空航天、医药、信息技术、创意产业、高附加值制造业以及高技术工程等关键技术领域的国家政策，通过设立竞争性基金、推行鼓励研发的税收优惠政策等支持高技术企业，刺激新一轮的技术浪潮。

（4）积极应对科学挑战。鼓励各研究理事会开展合作共同应对气候变化、人口老龄化等重大科学挑战，充分重视和发挥科学家及科学团体在确定国家战略投资及科研重点的重要作用。

（5）尊重科学。尊重科学是政府重建其公信力的重要方面，政府通过重视并尊重科学重振国家研发活力，为英国高技术经济复苏创造条件。

英国《科学世纪：保障未来繁荣》（2010）报告中提出，优先资助优秀人才，将研究理事会基金向以研究者为主导的项目倾斜，延长英国博士生的培养时间并提高培训质量，支持对研究人员的可转移技能培训，增加博士后研究职位数量[36]。

表1-3　21世纪初英国主要人才战略及计划

发布时间	人才战略或计划名称	战略或计划要点
2000年	《卓越与机遇——面向21世纪的科学与创新政策》	通过领先的基础科研和更加富有活力的技术创新，进一步提高科技进步对本国经济和社会发展的贡献。更加强调：国立科研机构、大学与企业的密切合作；人才在知识积累和技术创新中的重要作用；建立适合科技创新的环境和体制
2002年	《高技术移民计划》	专门用于吸引高层次海外人才。以计分方法确定申请者是否达到准许移民的标准。申请人只要达到规定分数，就可获准在英国居住和寻找工作。工作年限最短为1年，最长可达4年（目前已不再接受新的申请，调整为《高技术移民计划（Tier1）》）

续表

发布时间	人才战略或计划名称	战略或计划要点
2004年	《科学与创新投资框架2004～2014》	在世界级的创新中心、可持续的财政投入、基础研究对经济和公共服务需求的反应能力、企业的研发投资和参与、高素质劳动力的培养、公众对科学研究的参与和信任等六个方面提出了29个子目标和40项指标
2006年	《2004～2014年科学与技术创新投资框架的新阶段》	加强对科学与创新投资的战略管理；调整研究理事会的职能使之更好地发挥作用；努力保持大学科研的优势；进一步发挥医学研究对经济的贡献率；加强科技教学和人才培养
2008年	《毕业工作类签证计划》	允许在英国完成学业的留学生留在英国工作长达两年
2010年	《高技术移民计划(Tier1)》	在原《高技术移民计划》基础上，吸引高层次海外人才，但提高了标准（主要是收入标准）

四、德　　国

德国的工业革命比英国晚了一个世纪，但德国仅用了半个世纪的时间就实现了赶超。“二战”前，德国作为全球科技引领国家，所拥有的诺贝尔奖得主数量是美国的3倍；“二战”后，其引领地位虽被美国所取代，但仍保持着世界经济和科技大国的地位，其卓有成效的人才战略和政策发挥着重要作用。

（一）20世纪40～90年代

德国在两次世界大战中都惨遭失败，大量优秀的科学家和工程师流失海外，其中20世纪最伟大的科学家爱因斯坦也被美国“抢走”。但经过几十年努力，德国就重新崛起。20世纪末，德国成为仅次于美日两国、具有雄厚实力、经济高度发达、科学技术领先的西方工业强国和科技大国，这很大程度上要归功于德国的人才资源优势[37]。

第二次世界大战之后，德国通过扎实的科技基础教育和职业技术教育，培养出大批优秀人才，促进了社会经济的飞速发展。建立以企业为主体的各种培训中心，用现代化的设备、教学设施和手段对学生和员工进行专业技能培训。此外，德国还通过建立高等专科学校，根据社会需要设置专业，使教育培训内容与实际紧密结合。这种教学与企业实践相结合的“双元制”教育体系培养了大量的专业人才，为德国经济起飞奠定了坚实的基础[38]。

德国向来重视依托高新科技来吸引和培养人才。20世纪60年代初期，德国为遏制人才外流，投资新建了一批高科技实验室，并加大了对企业和高等院校的科技研发投入。

为了促进人才的合理使用与流动，德国在全国各地设有700多个人才交流机构，并建立了全国联网的求职人员信息库。德国联邦劳动介绍中心向产业界推荐高级管理人员和专业技术人员，并开展国际劳务输入输出。此外，还有数千个私营人才咨询机构从事职业介绍、人才招聘、人才评价和工资咨询等业务[39]。

以民族精神和经济科技发展来凝聚国内外优秀人才。同时，注重员工的自我发展，创造优越的工作环境，确保工作的有效性和高效性。

（二）21世纪以来

随着知识经济的发展，新经济的竞争从原来的资本竞争逐渐过渡到技术和人才竞争。为应对新的发展形势，德国不断调整其人才战略，制定了一系列培养和吸引高科技人才的政策。

2004年，德国联邦政府启动《科研、教育和职业培训创新》改革计划。2005年默克尔政府开始实施大学创优计划，第一期计划从2005年到2011年，总投资19亿欧元，其中75%由联邦政府提供。2005年推出《与企业结合的应用技术大学研究计划》。根据2005年《研究和创新协定》，联邦政府为大学研究机构提供的资助经费增加3%（约1.05亿欧元，不含州政府的资助份额），重点用于增强科学研究的竞争力、促进合作和强化科学精英的培养。德国联邦政府与各州政府联合制定《2020高校公约》，扩大大学的招生名额总数，继续加强大学的科研[40]。2006年实施的国家高技术战略将人才培养作为重要内容之一。2008年德国政府出台《加强德国在全球知识社会的作用——联邦政府的科学研究国际化战略》，提出了吸引国际优秀人才的具体措施。同年发布《工作移民行动项目》，2009年起就业市场向非欧盟国家大学毕业生开放。

该时期德国的科技人才政策具有以下特点：

（1）制定法律和规范性文件，保障人才队伍建设。2000年实施新《国籍法》，旨在通过放松国籍政策最大限度保留非德裔人才资源。2005年实行“新移民政策”，有重点地吸引高层次人才移民。2007年修订《科学期限劳动合同法》，为德国青年科学家提供更具吸引力的工作条件。2007年修订《移民法》，并于2008年通过《工作移民行动项目》新政策，对国外精英人才敞开怀抱[41,42]。

（2）扩大经费支持，稳定和吸引杰出科技人才。2001年启动“赢取大脑”工程，投入上亿欧元的资金，以吸引本国和国外科研人才。2004年11月15日联邦政府和各州政府达成研究和创新协议，到2010年对亥姆霍兹国家研究中心联合会、马普学会、弗朗霍夫协会、莱布尼茨科学联合会和德意志研究联合会等国立科研机构的经费支持每年至少增加3%。2005年6月德国联邦和各州正式批准“顶尖科研资助”项目，将在2006～2011年投入19亿欧元，建设一批世界一流大学和科研机构。

（3）创造各种条件，支持青年科学家。2000年和2002年分别设立青年科研岗位和青年教授席位，为青年学者的职业发展创造条件。2004年重新启动“Sofia Kovalevskaja”奖，以吸引最优秀的青年研究人员到德国的研究机构开展研究，并鼓励其在早期阶段建立自己的研究团队[43]。2007年颁布了一项8200万美元的计划，用以培养和支持德国年轻的科技天才。

（4）设立科研奖项吸引海外人才。先后于2007年和2009年设立“国际研究基金奖”和“亚历山大·洪堡教席奖”，在全球范围内吸纳各个学科领域的顶级科学家[44,45]。

（5）加大吸引海外德裔人才的力度。2003年成立“德国学者组织”（GSO），为海外德裔青年学者提供教育或科研领域的高级职位，同时为其子女的教育及眷属的就业尽可能提供机会。

表1-4 21世纪初德国主要人才战略及计划

发布时间	人才战略或计划名称	战略或计划要点
2000年	实施新《国籍法》	放宽国籍政策，最大限度地保留非德裔人才资源
	青年科研岗位	每年选拔10名获得博士学位的青年学者，每人每年可获得25 600欧元的研究资金，用于独立开展研究项目，成员资格最长为5年
2001年	“赢取大脑”工程	德国政府和研究机构投入上亿欧元的资金，吸引本国及国外人才在德国从事科研工作
2002年	青年教授席位	是一种替代原有教授资格考试、申请终身教授的新途径，目的在于让青年学者能够尽早开始独立教学、科研和指导博士生。青年教授期满后可申请终身教授
2003年	德国学者组织（GSO）	吸引海外的德国籍高级人才回国
2004年	Sofja Kovalevskaja奖	吸引不同学科的最优秀的青年研究人员。获资助的青年研究人员可在其选择的研究机构工作4年，很大程度上不受行政限制的影响，并且能在其早期研究阶段建立自己的团队
2005年	新移民政策	有重点地吸引高层次人才移民
	顶尖科研资助项目	将在2006～2011年投入19亿欧元，建设一批世界一流大学和一流科研机构，着力培养青年科学家
	《研究和创新协定》	主要针对大学以外的大型科研机构。根据这一协定，科研机构的研究经费每年至少要保持3%的增幅，为优秀青年科学家开展科研工作提供机会，促进跨机构合作

续表

发布时间	人才战略或计划名称	战略或计划要点
2007年	国际研究基金奖	支持德国科学界与国际合作伙伴结成顶级国际联盟，吸纳全球范围内各学科的顶级科学家到德国工作。该奖项的最高奖金额度为500万欧元
	修订《科学期限劳动合同法》	简化了科学家订立期限合同及执行“第三者经费项目”的工作程序，为德国青年科学家提供更具吸引力的工作条件
	修改《移民法》	除了把包括欧盟研究人员和大学生在内的一整套欧洲准则转化为国内法律之外，还进一步降低了非欧盟国家科技移民的条件
	提高科技人员的法定退休年龄	将科学技术人员的法定退休年龄由65岁提高到67岁
2008年	工作移民行动计划	吸引国外科技精英
2009年	亚历山大·洪堡教席奖	为引进人才提供为期5年的科研资助

五、法　　国

法国是一个传统的科学强国，文艺复兴时期的文化艺术辉煌成就为法国奠定了良好的科技、文化及教育基础。尽管在“二战”后法国曾长期遭遇经济低迷、增长乏力的困扰，但仍然通过一系列的科技发展规划和人才战略维护了其科技和经济强国的地位，其人才战略规划方面的做法值得我们借鉴。

（一）20世纪下半叶

“二战”后，法国戴高乐政府试图进行教育改革达五六次，但都以失败告终，18位政府教育部长引咎辞职。直到20世纪80年代，法国高校中仍存在管理不善、师资缺乏、校舍破旧的现象，严重影响了国家科技人才的培养。为促进经济科技发展，缩小同美日等国的差距，确保其在欧洲和世界大国中的地位，法国政府在20世纪70～90年代采取了一系列措施，其主要特点如下[37]：

（1）改革基础教育，强化继续教育和培训。采取增加教育经费、提高教师待遇、加强教师培训、改进教学方法和考试方式等措施，提高教育质量和公民素质。1989年政府教育预算达2150亿法郎，主要用于扩大基础教育师资规模，推行带薪教育和培训制度，促进在职人员的能力提升。1984年颁布《高等教育法》，指出“终身教育是高等教育的重大使命之一”，法国国立大学和高等专门职业学校积极为社会人员提供继续教育。

（2）重视中青年人才，吸引国外人才。为鼓励科研机构选拔录用中青年骨干，法国科研部1989年拨专款吸引青年科研人员，使每年进入科研部门的青年科研人员从3%上升到5%，并向8%努力。扩大吸引外国留学生规模，1986年吸引外国留学生13万余人，仅次于美国。

（3）重视科研成果转化和高科技人才资源开发。20世纪80年代后，西欧在高科技方面同美国和日本的差距进一步拉大。为此，法国总统密特朗1985年率先提出“尤里卡”计划的建议，并在西欧18国外长和科技部长会议上通过。该计划的实施对法国技术人才的素质和数量提出更多更高的要求，极大地推动了法国人才资源的开发，防止了高技术人才的外流。并成立科研与工业部门共同利益小组，采用多种激励办法鼓励科技人员向企业自由流动。

（4）培养优秀的国家公务员。法国政府十分重视对国家公务员的培养和管理，建立了严格的公务员录用与晋级制度。法国国家行政学院在国际上享有很高声誉，不仅培养了许多优秀的高级官员，同时还促进了国家公务员培养的国际合作与交流。

（二）21世纪以来

为迎接21世纪新的挑战和实现其宏伟蓝图，法国政府沿袭20世纪末的科技人才发展道路，积极采取措施吸引和培养优秀人才。

（1）修订完善移民政策。为了提高全球竞争力，2006年法国通过了关于外国移民融入法国的新法律，其中“优秀人才居留证”适用于所有非欧盟国家的公民，主要面向高水平的学生和研究人员、企业家、艺术家及运动员。2007年再次修改《移民法》，为赴法留学的外籍学生提供了更多便利条件[46]。

（2）重视青年科研人才培养，防止优秀人才流失。2005年法国国家科研署（ANR）资助和鼓励任何科学团体中的青年研究人员自主确定研究方向、设计研究项目[47]。2009年初政府遴选最具潜力的130名青年教师和科研人员，提供为期5年的合同，每年颁发奖金6000～15 000欧元，并配套相应的科研经费[48]。

（3）激发科研人员的积极性。2007年法国成立最高科学委员会，并积极改组国立科研机构，努力增加人才积极性和学术活跃性。2009年法国总统宣布进行史无前例的4年一周期的研究创新战略的制定，到2012年研究经费投入将达到150亿欧元（占GDP 3%），并追加7.31亿欧元优先振兴高等教育和科研领域[49]。

（4）吸引海外科研人才。2007年在财政困难的情况下，设立“国家级海外研究人员归国奖励基金”，为回法国的海外顶尖学术带头人提供20万欧元的特殊奖励，并解决其家属的工作和保险事宜。为吸引中国35～45岁具有潜力的青年科技人员，法国驻上海总领事馆科技处于2009年推出《科研创新人才计划》，以吸引上海及周边的浙江、安徽、江苏的中国科研人才[50]。

(5) 吸引创业人才。2006年法国政府推出了近30项具体措施，以吸引外国投资者、留学人员、研究人员和移居国外的法国人回国投资创业。“杰出教授计划框架”为具有发展潜力的科学工作者和世界级研究人员提供资助；为成绩优秀的外国留学生提供就业机会；在美国、印度和巴西三个国家启动专门项目，鼓励青年研究人员或企业主在法国创办企业或与法国企业建立技术伙伴关系；移居国外的法国人回国，按其在国外的居留时间长短减免一定税收等。

近年来，法国政府通过大学自治改革、组建研发联盟、资助原始性创新项目、促进企业创新、推动科研成果转化等措施加强创新体系和科研能力的建设。2010年在尚未走出金融危机的困境下，法国政府发行国债实施未来科研战略性投资计划，以支持科技创新，提高法国创新能力，增强科技竞争力，确保法国的未来科技发展，打造世界级的研究与创新中心。

表 1-5　21世纪初法国主要人才举措

发布时间	政策、计划及措施	要点
2005年	竞争力集群计划	以振兴法国科技经济发展、提升企业国际竞争力为目标
2006年	杰出教授计划框架	为具有发展潜力的科学工作者和世界级研究人员提供资助
	优秀人才居留证	适用于所有非欧盟国家的公民，主要面向高水平的学生和研究人员、企业家、艺术家及运动员。该居留证有效期为3年，并可延长一次至6年。在法国获得相关文凭后，研究人员还可以享有欧盟国家范围内自由流动和进行各种选择的便利。2007年再次修改《移民法》，为赴法留学的外籍学生提供更多便利条件
2007年	国家级海外研究人员归国奖励基金	为回归法国的海外顶尖学术带头人提供20万欧元的特殊奖励，并解决其家属的工作和保险事宜
2008年	改革研发税收优惠政策	大幅度减免研发税收，如果企业研究项目委托公共研究机构完成，研究投入以双倍计算
2009年	防止优秀人才流失海外的措施	政府遴选最具潜力的130名青年教师或科研人员，提供为期5年的合同，每年颁发奖金6000～15 000欧元，并配套相应的科研经费
	法国科研创新人才计划	吸引中国35～45岁具有强大潜力的青年科技人员
	制定研究创新战略	进行4年一周期的研究创新战略制定，到2012年研究经费投入将达到150亿欧元（占GDP 3%），并追加7.31亿欧元优先振兴高等教育和科研领域
2010年	继续加大高教科研投入	发行国债振兴高教科研，在远景优先目标中高等教育和科研排在首位，拟建造世界上最好的大学和科研基地

参考文献

[1] 克里斯托夫·金．美国的高端人才移民战略．http：//book. ifeng. com/zhuanlan/jing/detail _ 2010 _ 04/29/1471768 _ 0. shtml［2010-12-6］

[2] Vannevar Bush. Science The Endless Frontier. http：//www. nsf. gov/od/lpa/nsf50/vbush1945. htm［2011-3-13］

[3] NSF. NSF sensational 60. http：//www. nsf. gov/about/history/sensational60. pdf［2010-5-25］

[4] 段莉．美国何以成为世界高科技人才首选之地——美国人才战略透析．中国人事报．2007-11-23

[5] 王辉耀．国家战略——人才改变世界．北京：人民出版社，2010：44～57

[6] 赵中建．美国 80 年代以来教师教育发展政策述评．http：//www. eol. cn/20011023/3006180. shtml［2011-3-13］

[7] 唐黎标．美国是如何培养创新人才的．职业技术教育研究，2004，9：60～61

[8] 王中银．美国吸引世界优秀人才的政策措施及其影响．http：//www. douban. com/group/topic/4758093/［2010-12-6］

[9] 兰泳．美国的人才战略．全球科技经济瞭望，2003，7：6～10

[10] 王志章．美国人才引进的政策机制分析．http：//www. zaobao. com/special/forum/pages5/forum _ us070611. html［2010-12-6］

[11] The White House. 21st Century Competitiveness ACT，2007. http：//democrats. science. house. gov/Media/File/Commdocs/hr2272 _ conference _ report. pdf［2010-2-3］

[12] NSB. The Science and Engineering Workforce Realizing America's Potential. http：//www. nsf. gov/nsb/documents/2003/nsb0369/nsb0369. pdf［2010-2-3］

[13] Rising Above the Gathering Storm：Energizing and Employing America for a Brighter Economic Future. http：//sciencedems. house. gov/Media/File/Reports/natacad _ compete _ exsum _ 6feb06. pdf［2010-2-3］

[14] The White House. Enhancing Science，Technology，Engineering，and Mathematics Education Act of 2009. http：//www. govtrack. us/congress/billtext. xpd? bill=h111-2710［2010-2-3］

[15] CAP. A National Innovation Agenda：Progressive Policies for Economic Growth and Opportunity Through Science and Technology. http：//www. americanprogress. org/issues/2007/11/pdf/innovation _ chapter. pdf［2010-2-3］

[16] RAND. U. S. Competitiveness in Science and Technology. http：//www. rand. org/pubs/monographs/2008/RAND _ MG674. pdf［2010-2-5］

[17] NSF. President Pledges Clean Energy Education Opportunities to Inspire the Next Generation of Scientists & Engineers http：//www. nsf. gov/news/news _ summ. jsp? cntn _ id=114700&org=NSF

[18] Whitehouse. Remarks by the President at the National Academy of Sciences Annual Meeting. http：//www. whitehouse. gov/the _ press _ office/Remarks-by-the-President-at-the-National-Academy-of-Sciences-Annual-Meeting/

[19] Obama. Obama State Of The Union Speech 2011. http：//www. huffingtonpost. com/2011/01/25/obama-state-of-the-union- _ 1 _ n _ 813478. html［2011-1-25］

[20] 梁忠义．略论战后日本经济发展与科技人才培养政策．现代日本经济，1983，(2)：1～4

[21] 刘孟州．日本新科技政策及其人才培养．日本问题研究，1994，1：32～36

[22] 闽英．日本提出人才培养的新举措．科学与管理，1996，16 (3)：15

[23] 杨斌，裴宏．日本的科技兴国与经济发展．http：//www. people. com. cn/GB/paper1631/4161/485350. html [2010-05-10]
[24] 杨书臣．近年日本人才战略浅析．现代日本经济．2004，138（6）：39～43
[25] 武勤，朱光明．日本科技人才战略及其对中国的启示．中国科技论坛，2008（1）：122～126
[26] 李众敏．日本“新成长战略”的前景．21 世纪，2010，9：19
[27] 乌云其其格．发达国家高科技人才培养、使用与引进政策述要．中国科技论坛，2007，10：122～127
[28] 许幼禹，徐绍颖．英国科技政策的发展动向及存在问题．国际科技交流，1989，（1）：6～8
[29] 宋鸿．或将带领英国走出金融危机的科技战略与政策．http：//www. istis. sh. cn/list/list. aspx?id=6506 [2010-10-20]
[30] Department of Education and Skills. Science & innovation investment framework 2004 - 2014. http：//news. bbc. co. uk/nol/shared/bsp/hi/pdfs/science _ innovation _ 120704. pdf [2010-9-20]
[31] 邱举良．英国政府提出科技创新的新政策．国际科技动态，2006-9-8
[32] 何屹．创新的落脚点是创造效益英国的科技创新政策．科技成果纵横，2006，(1)：44
[33] UK Border Agency. Working in the UK-For highly skilled workers. http：//www. ukba. homeoffice. gov. uk/workingintheuk/ [2010-10-20]
[34] 程如烟．英国公共科学开支：“10 年 10 项计划”．人民日报，2010-10-26
[35] David Cameron. David Cameron's letter to CaSE. http：//blog. sciencecampaign. org. uk/? p=1115 [2011-1-20]
[36] The Royal Society. The Scientific Century：securing our future prosperity. http：//www. psych. ox. ac. uk/epct/emily _ holmes/articles/scientificcentury [2010-3]
[37] 徐颂陶，徐理明，迟耀春．中国人才资源开发全书．北京：中国人事出版社，1998：748～760
[38] 王明杰，王伟英．国外人才战略的比较研究．http：//www. qstheory. cn/tbzt/gjzcqrcfzgy/gwrcpy/201006/t20100621 _ 33695. htm [2010-06-21]
[39] 聂生奎．德国的人才交流机构及其管理．中国人才，1994，6（102)：18～19
[40] 田闯．德国默克尔政府的大学创新政策．科教文汇，2008，28：24
[41] 黄群．完善政策措施 推进管理创新．http：//news. sciencenet. cn/html/showxwnews1. aspx? id=200022 [2008-1-23]
[42] 中国国际人才交流与开发研究会．德国：多样化的人才流动趋势．国际人才交流，2009，(3)：8
[43] EC. Implementation Report 2004 on “A mobility strategy for the european research area” and “Researchers in the ERA：one profession，multiple careers”. http：//ec. europa. eu/research/fp6/mariecurie-actions/pdf/sec _ en. pdf [2005-6-4]
[44] 盛景荃．德国如何吸引和培育优秀科技人才．华东科技，2008，(4)：62～64
[45] 李国强．“洪堡教席”奖——德国吸引海外尖子人才的新举措．德国研究，2009，(2)：63
[46] 李钊．法国吸引人才政策浅析．科技日报，2009-01-20
[47] 吕蓓蕾．法国国家科研署简介．http：//www. nsfc. gov. cn/nsfc/desktop/jjyw. aspx@infoid=7295. htm [2005-08-12]
[48] 中华人民共和国科学技术部．法国出台新政策吸引国内外科研精英．http：//168. 160. 11. 102/gnwkjdt/200810/t20081031 _ 64718. htm [2008-11-3]
[49] 汪凌勇，胡智慧，黄群等．2010 年世界主要国家科技与创新战略新进展. 北京：科学出版社．科学发展报告 2011：258～280
[50] 高峰，唐裕华，张志强等．21 世纪初主要发达国家科技人才政策新动向. 世界科技研究与发展，2011，33（1)：168～172

第二章　主要新兴经济体国家人才战略与政策概览

一、俄　罗　斯

俄罗斯1991年成为独立国家后其政治经济体制发生了重大变化，实现了自由市场经济转型，成为重要的新兴经济体国家。俄罗斯继承了苏联时期所拥有的世界一流的科研传统和科技人才基础，仍然是当今世界科技大国。20世纪90年代以来，俄罗斯的主要人才战略与政策如下[1~8]：

(1) 完善科技与人才政策制度。1996年正式发布《科学和国家科技政策法》，标志着俄罗斯政府全面重新勾绘国家未来科技发展蓝图、建立推动科学发展新机制新环境的决心。以此为基点，先后出台《2010年前和未来俄罗斯科技发展基本政策》(2002)、《国家保护科技综合人才潜力的措施构想》(2003)、《至2010年俄罗斯联邦发展创新体系政策基本方向》(2005)、《俄罗斯联邦至2015年科学和创新发展战略》(2006)、《2020年俄罗斯联邦长期社会经济发展纲要》(2008)、《2025年俄罗斯联邦科技发展长期预测》(2008) 等一系列指导性文件，为俄罗斯未来科技发展及创新体系建设提供了政策支持。

(2) 重构科研体系，力保科技优势。1991年苏联解体导致的社会动荡，使得俄罗斯科研体系濒临崩溃，大批科学家外流，科研管理陷入混乱，科研工作几乎停滞。为此，俄罗斯政府出台了一系列政策举措，以推动科研体系的重建工作。具体政策举措包括：①重新建立科研资助及管理体系：建立基础研究基金会、技术发展基金会和国家科学中心；设立总统科学与高新技术委员会指导下的跨部门科技、高新技术与职业教育领域人才问题专业委员会；成立由总统直接负责的俄罗斯经济现代化和技术发展委员会。②2010年实施“新学校”计划，旨在全面升级教育基础设施，建设满足高科技要求的现代化教育系统。继续开展研究型大学的网络建设计划，2015～2016年把这些大学建成新的科教综合体的核心，既能开展人才培养，又能完成大量的基础研究和应用研究工作。③科教体系重组：对高等院校进行整合，计划到2013年将1000所高等院校合并至100所。2011～2014年将根据同行评议对10%～15%的机构进行整顿和改组，对约20%的机构通过撤销低效率分支机构进行部分整改，以高效率的科研团队为基础成立新的科研中心。吸引青年科研人员投身科研，并使科研领军人才在选择研究方向、寻找资金来源和分配资金方面拥有更多的权力和责任。

（3）制定优先领域发展战略，对关键领域实行政府专项经费集中支持并以此带动关键领域的人才队伍建设。先后出台《俄罗斯联邦2001～2050年核能源发展战略》、《2002～2010年“电子俄罗斯”联邦专项纲要》、《2007～2011年国家技术基础计划》、《2008～2010年俄罗斯纳米产业基础设施发展》、《2008～2015年电子元件基础与无线电电子发展》、《2009～2013年俄罗斯科研与科教人才专项计划》等专项计划。2006年颁布《俄罗斯联邦科学、技术与工艺优先发展方向》和《俄罗斯联邦关键技术清单》两份政府文件，确定了俄罗斯2010年及未来科技发展优先领域和关键技术；在2008年美国次贷危机引起的金融危机背景下，俄罗斯政府预算集中向航空、航天及核工业高技术领域倾斜；确定节能、核技术、航天、医学及战略信息技术为俄罗斯由经济资源型国家向创新型国家转变的五大优先发展领域。按照“库尔恰托夫研究院”的模式成立国家研究中心，并通过此类中心提供从研发到成果转移的完整的创新链。

（4）加大科技教育投入，提升科研人员待遇，遏制人才外流。据统计，苏联解体后的1991～1998年，俄罗斯科研人才流失总量超过100万人，占其科研人员总量的54%，由此导致科研实力急剧下滑。为重振科技竞争力，俄罗斯政府采取一系列措施遏制人才流失：①大幅增加政府的科技及教育投入。从2000年开始，政府科学与教育预算增幅分别超过250%和300%。2010年俄罗斯政府科研、教育及高科技领域投资预算规模超过1万亿美元。《2020俄罗斯联邦创新发展战略》提出2020年前将科研、教育与创新的财政预算投入占GDP的比重提高至OECD国家水平。②大幅提升科研人员薪酬待遇。探讨建立对科技人才的激励机制，改革科研机构的劳动工资制度，大力支持青年科研人员的科技活动，扩大面向青年科学家的住宅建设规模。自2005年起，大幅增加面向科研队伍建设的投入，为从事科学研究、职业教育及高新技术研发的人员提供10～15年的住房优惠贷款，以法律的形式向俄罗斯科学院工作人员提供房价方面的优惠。在2016年前将科研人员的平均工资水平提高到经济领域平均工资水平的1.2倍，2020年前提高到1.25倍。③扩大对科研项目的资助及科技人才的储备。如鼓励研究机构与大学、大学和科学院与私营企业的合作研究（2010～2011年度，将拨款30亿卢布用于支持一流科研机构和大学合作项目）；增加优秀大学生、研究生及博士生的资助名额及资助经费；增加对研究型大学基础设施的投资，以吸引和培养本土青年科学家。

（5）强化人才培养与吸引机制，重振教育竞争力。2009年11月12日，俄罗斯总统梅德韦杰夫在其上任后的首份国情咨文中表示，为振兴俄罗斯教育体系，为俄罗斯长远发展培养人才，俄罗斯推出一系列重要举措，主要包括：启动“追逐大脑”行动，在全球范围内猎取人才；出台《建设和培养管理干部后备队纲要》，将最优秀管理人才纳入《总统千人计划》；建立俄罗斯人才资料库，汇集各领域最出色的专家；全面推行国家教育新标准，改善各级教育尤其是基础教育办学条件，提高教师的社会地位及待遇水平。

(6) 改善研究、就业及投资环境，吸引国外人才。尽量满足青年学者的要求，减少科研人才向其他领域外流；鼓励企业面向科研的投资；奖励公共科研机构与私立科研机构之间的合作；简化和修订移民及签证制度，有选择性地吸引国外专业人才（如在新技术商业化方面有经验的外国科学家和企业家），优先面向独联体国家引进人才，承认世界顶级大学学位和学历；设立大学特别津贴并面向大学创新基础设施建设和研发追加政府预算。

(7) 完善研究项目的竞争机制和科研机构的评估机制。广泛推广俄罗斯科学院主席团和科学院学部项目资源分配的竞争机制；将在俄罗斯科学院内部率先建立和推广科研机构独立评估机制，并将评估结果和资源分配及机构重组相挂钩。

(8) 重塑并提升俄罗斯基础研究的国际竞争力。2008 年俄罗斯政府首次公布专门的基础科学研究 5 年计划《国家科学院基础科学研究计划（2008～2012 年）》，以保障俄罗斯基础研究获得稳定的资金支持，提升俄罗斯科技竞争力，并确定了基础研究的优先发展方向[9]。2011 年俄罗斯联邦民用科学拨款将比 2010 年增加 32%以上、基础研究拨款将增加 9%。俄罗斯总理普京 2010 年 5 月在俄罗斯科学院全体大会上的讲话中强调，基础科学的实力和发展对塑造一个国家的国际形象、吸引投资、吸引创新型企业和吸引智力资源都具有重要作用。

二、韩　　国

1962 年韩国第一个经济发展 5 年计划的启动标志着韩国科技兴国战略的全面实施，也意味着其人才发展进入新轨道。在其《第一个经济开发 5 年计划》框架下，韩国政府制定了《第一次技术振兴 5 年计划》专项规划，旨在加强科技人力资源开发和国立科研机构的组建，促进国际先进技术的引进和吸收，为自主创新能力的建设奠定基础[10]。

实践证明，始于 20 世纪 60 年代的经济、社会、科技改革带动了韩国经济的迅速腾飞和科技的快速发展，使韩国一跃成为世界第十三大经济体（2010），并且在汽车制造、电子、信息通信以及机器人制造等科技领域迈入世界领先之列。

韩国卓有成效的科技发展战略和人才政策主要如下[11～14]：

(1) 从体制机制改革入手奠定人才发展的基础。韩国面向国家科技人才队伍建设的改革发展体现在两大方面：一是完善与之相配套的立法体系，为人才队伍建设提供法律保障。先后颁布并实施《科学技术进步法》（1967）、《技术开发促进法》（1973）、《基础科学研究振兴法》（1989）、《科学技术创新特别法》（1997）、《科学技术基本法》（2001）等一系列法律，并形成了以这些重要法律为支撑的韩国科技创新体系与人才培养机制，从立法层面推动了科技人才队伍的建设；二是以国立研究机构为核心构建支撑科技发展与人才储备的科研体系。1966 年韩国科学技术研究所（现为韩国科学技术院）的建立，是韩国人才战略发展方面的里程碑事件。随后，韩国政府统一部署，在各重要战略领域建立了众多国立科研机构和技术研究所，成为韩国科技创新体系的重要组成部分，为人才培养和遏制人才外流提供了关键保障。

（2）密集启动科技规划计划，全面带动人才队伍建设。1967 年韩国政府发布了 20 年远景规划《科学技术开发长期综合计划（1967～1986 年）》，其目标是使韩国科学技术到 20 世纪 80 年代末达到发展中国家最高水平[15]。20 世纪 80 年代后陆续发布了《面向 2000 年的科技发展长期规划》，《国家先进技术计划（G-7 计划）》（1991）、《2025 构想：韩国科技发展长期规划》（1999）等科技规划和计划，进一步明确了其科技发展的愿景。21 世纪以来，韩国又先后出台《至 2030 年的国家前瞻计划》（2004）、《李明博政府科技基本计划（2008～2012 年）》（2008）、《大韩民国的梦想与挑战：科学技术未来愿景与战略》（2010）等科技发展中长期规划，提出韩国到 2012 年跻身于世界七大科技强国之列、2040 年跻身全球五大科技强国的战略目标。这些不同阶段科技规划和计划的实施推动了韩国科技的全面发展，带动了其科技人才队伍的全面建设。

（3）不断完善科研管理制度。为创造鼓励创新的良好科研环境，韩国政府始终注意在完善科研管理机制方面“下工夫”。如引入“以研究课题为中心”的科研经费管理模式，将科研组织权下放给课题负责人，通过合同制灵活聘用外部研究人员，充分调动了科研人员的积极性。先后颁布实施《国家研究开发事业成果评价及成果管理法》、《研究经费管理认证制度》等法律法规，在从制度上明确政府及研发主体在成果管理过程中所应承担的责任的同时，为研究成果管理及评价提供了资助和支持保障。

（4）积极建设吸引海外人才的平台与网络。在关注“如何有效发挥海外人才对国家科技发展的作用”的同时，韩国政府积极探索建立有效吸引海外人才的机制和渠道，主要包括：①依托海外人员信息库构建国际高级人才网络。韩国政府自 20 世纪 60 年代开始就着手建立韩国海外人员信息库，并通过在全球范围内（如在美国、加拿大、俄罗斯和欧盟等国家和地区）成立韩国科学家及工程师专业组织协会，构建国际高级人才网络。通过这些组织和网络，韩国实现了对人才的国际通联与调用。②将跨国企业作为吸引海外高端人才重要平台。

韩国十分重视通过本国企业跨国投资来吸引高级研发人才，韩国政府已经将本国企业所设立的海外研发机构作为凝聚人才的重要渠道。目前在韩国三星集团供职的在美国获得博士学位的韩裔科学家总数就多达 200 人。③将综合性科技园区作为“招才引智”的重要渠道。可以说韩国实现科技的跨越式发展的法宝之一即是科学城（即综合性科技园区）的建设，目前韩国已在大田、光州、釜山、大邱等地兴建多个集技术开发、成果转化和人才培养为一体的综合性科技园区，其在发挥科技辐射带动作用的同时，也成为韩国吸引海外人才的重要手段。以最为著名的大田“大德科学城”为例，自 1973 年建成至今，“大德科学城”集纳 18 个政府研究机构、20 余所高校以及 27 个企业研究机构，成为韩国拥有博士学位的海外高端人才的主要聚集地。

（5）重视对海归人才的专门管理和政策支持。对海归人才实行归口管理并给予专门基金支持。为鼓励海外人才回流，韩国政府统一将海外人才回归事务纳入特定政府机构职能，实行归口管理。具体管理工作先后由科学技术部和专门设立的“韩国科学工程基金会”负责。目前，韩国科学工程基金会通过 3 类人才回归基金项目吸引和挽留人才：短期归国项目、国外学者引进项目和长期归国项目。同时，面向回归人才实施多种政府补贴政策。补贴政策精神与物质兼顾，惠及回归人员的工作及生活诸方面，如为其提供住房、搬家补贴、交通补贴、子女教育补贴等，还定期为其提供各种海外培训项目。

为应对新一轮的国际经济和科技竞争，培养一大批世界一流尖端人才，韩国政府把“人才战略”置于国家社会经济发展的核心地位。2005 年制定《大力培养科技人才，实现创新人才强国战略（2005～2010 年）》，以协调政府各部门的人才培养计划。2009 年启动《韩国全球奖学金计划》，目的是借鉴美国《福布莱特计划》和日本“文部科学省奖学金”计划，加强与国际著名学术机构的人才交流与合作，提高韩国在国际社会的地位和竞争力。同年启动的《世界一流研究中心计划》，旨在支持国立科研机构引进国外优秀学者、构建开放研究体系、建设世界一流研究中心。截至 2010 年 5 月，已聘请美国杜克大学、哈佛大学和加利福尼亚州大学圣迭戈分校知名教授为主任，组建了“激酶组学癌症研究中心”、“功能性神经连接组学中心”和“核聚变理论中心”等 3 个“世界一流研究中心”[16,17]。

三、印　度

印度作为世界新兴经济体和发展中国家的重要代表，其近年来的发展令世人瞩目。如果说印度凭借其悠久的教育文化传统，成为数学领域的引领者的话，那么其在工程学、信息技术（特别在软件开发方面）、航空航天技术、生物技术以及电子技术等领域所取得的惊人进步则要归功于其科技、教育制度改革以及人才战略的成功[18~23]。

(1) 坚持"精英教育"。为迅速弥补其在人才及科技发展方面的不足和差距，印度独立之后就将其人才培养定位于高端的精英教育层面。20世纪80年代中期，印度的高等教育规模就上升至世界第三，仅次于美国和苏联。20世纪90年代，印度的高等教育在校人数接近700万，并稳步提升至目前的1200万规模水平。2009年《全球竞争力报告》显示：在"公共教育支出占国民总收入比例"方面，印度升至第94位，大大超前于中国。精英教育战略对印度实现经济较快增长和科技跨越发展起到了"助推剂"的作用。

(2) 人才队伍建设优先面向高技术领域。同其教育的高起点战略相适应，印度将高技术发展作为其科技振兴的突破口，先后出台《科学政策决议》(1958)、《技术政策声明》(1983) 和《科学技术政策》(2003) 等国家科技发展政策，确定空间技术、核技术、生物技术、信息技术等为优先发展领域，并配套启动一系列科技计划，如《天文卫星计划》、《无人月球探测计划》、《一体化导弹发展计划》、《生物信息研究计划》、《2008年信息技术发展计划》等，其人才培养和储备也随之向上述领域倾斜。借此，印度在上述领域的科技实力迅速崛起，创造了信息技术产业发展的"神话"，2000年以来信息技术产业产值平均每18个月翻一番、软件出口始终处于世界第二位，已成为国际重要的高技术领域人才输出国。

(3) 倡导人才队伍建设的跨界合作。为促进基础研究与应用研发、科研与产业之间的联系，扩大适应高科技发展的硕士及博士等高级人才的产出，印度政府推出一系列人才跨界合作培养的新模式。如大学与企业间建立战略联盟、为实现国家大型研究基础设施的充分共享建立"校际中心"等。

(4) 人才国际化导向明显。在教育方面遵循国际标准，实现教育质量和人才素质的国际化；在人才培养模式方面，推行国际合作培养模式，如在信息技术领域同美国微软公司开展合作培养国际顶尖信息网络技术人才。提倡人才流动的国际化，鼓励科技人才和学生赴发达国家工作和学习。印度政府认为，这种人才"外流"实际上是智力的提升和积累过程，其最终的受益者仍将是"外流"人才的输出国印度本身。

(5) 大幅追加教育投资，持续扩大人才培养规模。印度将其第十一个五年计划 (2007～2012) 确定为《国家教育计划》，将政府教育预算比例大幅提升至19% (该预算比例为其上个5年计划的2.5倍)，投入力度空前。计划到2012年新建30所重点大学、5所印度科学教育与研究学院、8所印度技术学院、7所印度管理学院和20所印度信息技术学院。同时启动职业教育和技能发展行动，新建1600所产业培训学院和综合性技术学校、1万所职业技术学校和5万个技能发展中心，将学生职业培训规模扩大至1000万人/年，为现有规模的4倍。启动新的学生资助计划INSPIRE，到2012年将科技创新奖学金和高等教育奖学金资助规模分别扩大至100万名学生和1万名理工科高校学生。根据印度最新的未来科技人才培养规划，到2025年，印度将每年培养150万名本科、30万名硕士和3万名博士学位的研究人员，大幅度扩充科技人才队伍。

(6) 持续提升政府科研投入比例。继提出到2012年将政府科研投入占GNP（国民生产总值）比例由目前的不到1%提升至2%之后，印度政府计划到2020年将政府科研投入占GNP的比例提高到至少2.5%，并将同时促进地方加大对高等教育的投入。

(7) 积极开发海外人才资源。目前，海外印裔人才特别是在美印裔人才已成为全球科技创新的重要贡献者。据估计，在海外的印裔人口超过2500万人，其中约有1/10在美国。在美印裔人口中具有学士以上学位的人员比例高达67%，约40%的人员具有硕士、博士或者其他专业头衔，该比例比美国平均水平高出近4倍。为开发海外智力资源，发挥海外人才的作用，印度政府专门建立海外印裔人才库，并于2008年正式开通“在美印裔专业人士网络”，旨在以网络会员制方式广泛吸引在美印裔专业人才，服务于印度前沿研究和先进技术开发，促进印度科技实体参与国际合作与竞争，将印度打造为具有全球吸引力的国际研发平台。

印度总理科学顾问委员会2010年发布《使印度成为全球科学领袖》的报告，明确提出使印度成为一个知识型社会及科学领域的世界领导者，促进印度在基础科学尤其是水、能源和食品领域的研究，通过10年时间使印度对全球科学文献的贡献率上升到10%左右，申请并授权的专利到2020年增加到每年约2万件。采取各种措施努力建设印度的科学环境和科研生态系统，在世界范围内吸引科学家特别是青年科学家为印度的科技事业做出贡献。

四、巴　西

巴西作为拉美地区经济的“引擎”和新兴经济体国家的重要成员，近年来其经济、科技发展迅速，在生物技术（特别是热带农业生物技术）、深海石油勘探、信息技术应用及民用航空技术等领域取得了骄人成就，这是其大力推行科技、教育及人才制度转变的成效。巴西自20世纪70年代开始系统性地制定国家人才规划，1984年颁布实施的《信息产业法》成为其经济转型的重要标志，自此巴西进入了经济发展的“快车道”。

20世纪80年代以来，巴西主要的人才战略与政策如下[11,24~26]：

(1) 改革教育模式，提升教育质量。1988年巴西宪法改革中，在已经采用美国高等教育模式的基础上，赋予高等院校学术、财政及管理自主权，极大地促进了巴西高等教育水平的提升。

（2）加大政府科研预算比例。1991 年巴西以政府法令形式规定信息技术领域企业必须至少将国内销售总额的 5％用于支持科研活动。2001 年巴西开始大幅提高政府科技预算的比例，计划到 2010 年对科学技术和创新的投入提高到占国内生产总值的 1.5％。2002～2006 年，巴西科技部持续扩大对国家科技开发基金的投入，其方式是充分发挥“行业基金”的作用，通过所谓“横向行动”改善资金的使用状况。

（3）启动一系列国家科技发展计划。自 2000 年，巴西推出一系列中长期科技发展规划和重点领域发展计划，如《2000～2003 年科技发展 4 年计划》、《科技创新绿皮书》、《新千年研究所计划》、《十大行业研究开发基金计划》和《绿-黄计划基金计划》等，并先后启动面向重点领域的《社会信息发展计划》、《基因组计划》和《纳米科技计划》。这不仅有效推动了国家科技创新，促进了高新技术的发展和高新技术产业的升级，而且成为巴西凝聚和吸引高科技人才的重要手段。巴西 2007 年公布《2007～2010 年科学、技术和创新行动计划》，旨在巩固和加强国家科学技术与创新体系，推进企业技术创新，推动战略领域产业发展，促进社会发展并带动科技创新人才队伍建设。

（4）提高科技人才培养规模，提升高级科研人才待遇。为顺利推进“科学、技术与创新行动计划”的实施，巴西政府加大了人才培养资助规模，将每年博士研究生培养名额提高到 2010 年的 16 万个，并大幅度提高对高校研究生的奖学金资助规模。面向高级科研人员，改革职称体系及薪酬福利制度，通过设立高额奖学金与津贴，鼓励高级科研人才参与国内研发。设立“博士扎根特别计划”，重点资助生物、信息、农业等领域的博士及高级研究人员。

（5）改革移民制度。为吸引国际人才和海外巴西人才回国，巴西政府于 1995 年宣布承认“双重国籍”。在此基础上，自 2002 年开始向具有专业技能的国外移民颁发“人才签证”，并对在巴西高校就读的国外留学生给予申请巴西国籍方面的优惠政策。

参考文献

[1] Министерство образования и науки Российской Федераци. НАЦИОНАЛЬНАЯ ИННОВАЦИОННАЯ СИСТЕМА И ГОСУДАРСТВЕННАЯ ИННОВАЦИОННАЯ ПОЛИТИКА РОССИЙСКОЙ ФЕДЕРАЦИИ—Базовый доклад к обзору ОЭСР национальной инновационной системы Российской Федерации. http://window.edu.ru/window.scatalog/files/r64728/book449.pdf [2011-1-7]

[2] 刘向东，于俊. 俄罗斯的科技人才状况及对策. 全球科技经济瞭望，2004，11：48～50
[3] 李芳华，赛音托娅. 俄罗斯科研人才发展状况. 俄罗斯中亚东欧市场，2009，9：26～30
[4] 孙春梅. 俄罗斯拟建 200 个职教资源中心. 比较教育研究，2007，2：96
[5] 佚名. 俄罗斯计划 5 年内将 1000 所高等院校合并为 150 所. 世界教育信息，2008，9：12
[6] 梅汉成，郑明秋. 俄罗斯将实施现代化教育新标准. 基础教育改革动态，2009，7：37～38
[7] 高子平. 人力资本视角下的俄罗斯人才流失. 俄罗斯研究，2005，4：47～51
[8] ОКО ПЛАНЕ ТЫ. Председатель Правительства Российской Федерации В. В. Путин выступил на Общем собрании Российской академии наук. Российская Акаде́мия Наук. http：//oko-planet. su/politik/politikday/38383-predsedatel-pravitelstva-rossijskoj-federacii. html [2010-5-18]
[9] 米桂雄. 2007 年俄罗斯科技发展综述. 全球科技经济瞭望，2008，3：9
[10] 武福源，黄军英. 浅析韩国科技创新优劣势. 海峡科技与产业，2007，5：45～48
[11] 王辉耀. 国家战略——人才改变世界. 北京：人民出版社，2010：77～102
[12] 李建钟. 国外吸引人才的主要策略. 中国人事报，2009-1-21
[13] 张伟峰. 韩国大德科学城的成功实践. 科技管理研究，2008：29～31
[14] 中国“千人计划”网. 全球人才争夺战变局 亚洲“人才回流”趋势明显. http：//www. 1000plan. org/qrjh/article/12011？ page=2 [2011-1-7]
[15] 闵京基，潜伟. 1960 年以来韩国科学技术政策的发展历程. 科学性研究，2003，21（6）：603～610
[16] 교육과학기술부. 생명(연) WCI「Kinomics 기반 항암연구센터」개소식. http：//mest. korea. kr/gonews/branch. do；GONEWSSID = ZvtGLVRTrHL3kvTD9KSqLhnvGYM2J0LFR7t1vLcg1yltkNqW0SRy！ 1107624896？ act=detailView&dataId=155460833&sectionId=b _ sec _ 2&type=news&currPage=1&flComment=1&flReply=0 [2011-2-24]
[17] 韩国科技创新态势分析报告课题组. 韩国科技创新态势分析报告. 北京：科学出版社，2011：1～7，133～135
[18] Science Advisory Council to the Prime Minister . India as a Global Leader in Science：A Vision for India. http：//www. esocialsciences. com/data/articles/Document11102010407. 265806E-05. pdf [2010-9-24]
[19] 翁泰吉. 印度：一心发展教育竞争力. 上海教育，2010，01B：38～41
[20] 文富德. 略论印度高科技人才培养战略. 南亚研究季刊，2010，2：81～87
[21] 高子平. 人力资本视角下的印度人才外流. 亚太经济，2008，2：17
[22] Prime Minister's Office of Government of India. Prime Minister Addresses the 95th Indian Science Congress. http：//pib. nic. in/newsite/erelease. aspx？ relid=34357 [2010-9-24]
[23] 戈松雪. 印度政府开发海外人才资源的一项举措及启示. http：//www. escience. gov. cn/WSTDS/Search. do？ method=ViewDetailResult&result _ id=763 [2011-2-25]
[24] 张新生. 巴计划加大对科技和创新投资. 科技日报，2008-4-2
[25] 张新生. 巴西科技部长称：巴将推进“科学、技术和创新行动计划”. 科技日报. http：//www. stdaily. com/gb/stdaily/2008-04/19/content _ 800427. htm [2011-2-25]
[26] 胡智慧. 巴西 21 世纪科技发展战略与政策. http：//www. china. com. cn/chinese/zhuanti/286147. htm [2011-2-25]

第二篇

国际一流国立科研机构比较

2006年全国科学技术大会将“提高自主创新能力，建设创新型国家”确立为国家发展战略，并明确提出到2020年我国进入创新型国家行列的战略目标。从国际上看，一个国家的国立科研机构代表着国家的整体科技发展水平，支撑和引领国家经济、社会的发展和进步。国立科研机构肩负着服务国家战略目标、为国家安全和经济社会可持续发展提供科技支撑的重要使命，致力于推动基础科学与跨学科战略前沿研究以及社会公益重大技术进步，促使国家成为世界科学研究和科技创新的中心。

德国马普学会、美国能源部国家实验室、美国国立卫生研究院、法国国家科研中心、日本理化学研究所和英国研究理事会等国际一流国立科研机构，均具有各自鲜明的特点和备受瞩目的发展成就。这些机构都取得过重大原创性科研突破，拥有一批世界一流杰出人才，具备持续创新发展的自我修正能力，在发展过程中形成了独特的先进管理体制和卓越的创新文化环境。它们不仅代表着国家的整体科研水平，而且发挥着引领世界科技发展的作用，其前瞻的战略定位、合理的人才资源结构、有效的人才流动机制以及优越的人才成长环境等成为世界其他国家国立科研机构发展的标杆。

国立科研机构的人才政策集中体现在其科学的人才资源规划，尤其是针对不同层次人才的培养、引进和使用的政策措施，代表着当今国立科研机构争夺一流人才的新趋势。人才的合理流动、科学规范的考核评价与激励机制以及先进的文化氛围则是激发人才创新活力的关键因素。本篇通过翔实的数据和资料，对上述一流国立科研机构近10年来的战略定位、人才规划、环境文化、人才资源、人才流动、考核评价和激励机制等进行深入剖析，以期从中汲取国际一流国立科研机构人才队伍建设和人才管理方面可资学习与借鉴之处。

第三章　战略定位比较

“战略”在《辞海》中的解释是“泛指重大的、带全局性或决定全局的谋划”。战略包含三个关键特征：全局性、规律性和前瞻性。“定位”源于 20 世纪 60 年代美国的产业行销，其理论核心是，在激烈的市场竞争中通过调查分析和策划活动来提炼、凸显产品的品牌形象，使之在市场上占有某种优势地位。“战略定位”可界定为，在综合分析各种条件、因素、趋势的基础上，通过创造性地预测和谋划，确定努力的总体方向和要实现的远景目标，以确保在竞争中处于优势地位[1]。

国立科研机构肩负着推动国家科技发展的历史使命，其战略定位根据国际形势、国家战略需求及国情、科技发展进程而确定，是指导科研机构发展的宏观、长远性战略，决定着科研机构的发展方向和凝聚起高水平的人才队伍，并为科研机构进一步确立发展方针、愿景、目标和主要任务提供指导。

一、国际一流国立科研机构及其战略定位

一般而言，一流国立科研机构均具有多学科综合集成优势，其战略定位立足于世界科学前沿和国家战略需求，能够集中力量建立合作创新网络，系统性、规模化地开展国家重大战略科研任务和其他科研机构没有实力或者不愿承担的基础性研究及前沿研究，推动人类知识进步，为国家甚至世界带来社会经济效益。表 3-1 总结概况了本书重点调研分析的国际一流国立科研机构的基本情况。

表 3-1　国际一流国立科研机构基本概况

机构名称	战略定位	研发经费	杰出人才	特点及影响
德国马普学会（MPG，1911 年成立）	集中力量开展其他研究机构无力承担的研究	2009 年预算超过 16 亿欧元，2010 年受德国联邦政府和州政府资助的金额达 12.285 亿欧元	自 1911 年以来，诺贝尔奖获得者 32 人，菲尔兹奖 1 人，莱布尼茨奖 45 人	德国最大的研究机构。马普创新公司自 1979 年重组以来，该公司管理着 2309 件发明，并且签订了 1388 条使用许可合同

续表

机构名称	战略定位	研发经费	杰出人才	特点及影响
美国能源部国家实验室（DOE，1934年成立）	依托庞大的研究合作网络开展战略性基础研究及前沿研究	2010年能源部十大国家实验室的总预算42.4亿美元	美国能源部国家实验室共获得诺贝尔奖88项，自1977年能源部正式成立至今为48项	全球最为完备的物理学领域基础研究体系，在高能物理、核物理、核聚变研究等方面实力显赫
美国国立卫生研究院（NIH，1887年成立）	以改善人类健康和挽救生命为目标	2010年预算达310.9亿美元，在美国政府研发经费中的份额仅次于国防部	拥有生物医学领域全球最顶尖的科学家，受NIH资助获得诺贝尔奖的科学家超过130位，近10年为32位	全球最具影响力的医学研究中心和最大的医学研究资助机构
法国国家科研中心（CNRS，1939年成立）	促进科技进步，推动社会经济和文化发展	2009年预算为33.67亿欧元，大部分由法国政府拨款，其中约6.07亿欧元来自其科研活动的收益	拥有16位诺贝尔奖和9位菲尔兹奖获得者	法国规模最大的国立科学研究机构。1999年以来创建了503家公司，已持有3695项专利
日本理化学研究所（RIKEN，1917年成立）	开展尖端的自然科学研究和交叉学科研究	2009年预算1046亿日元，其中大型设备运行与维护的预算占很大比例	有7位诺贝尔奖得主与日本理化学研究所有关	日本唯一一家研究自然科学的综合研究所，集中进行尖端研究
英国研究理事会（RCUK）其中医学研究理事会成立于1913年	推动国家成为世界研究和创新的中心	2010年RCUK财政预算32亿英镑	医学研究理事会有23位科学家获得了诺贝尔奖	英国政府重要的资助与研究机构，是英国7个研究理事会的联盟

（一）德国马普学会

德国马克斯·普朗克科学促进学会（Max-Planck-Gesellschaft，MPG，简称马普学会）是政府资助的全国性非盈利学术机构，是德国最重要的基础科学研究机构，拥有强大的创新能力与完善的科研体系，其前身是成立于1911年的威廉皇家学会。1906年神学家和历史学家哈纳克与其他6位柏林大学教授一起上书威廉二世建议创建一系列州立基础研究所，1909年哈纳克再次上书建议建立独立于大学的研究机构——威廉皇家学会，以便让科学家从繁重的教学任务中解脱出来专心从事基础研究，“让科学天才来主持新的研究所”[2]。1930年诺贝尔奖得主、量子理论的奠基人马克斯·普朗克担任学会主席，因其对德国科学研究和发展做出的巨大贡献，1948年机构更名为马克斯·普朗克科学促进学会。

“二战”后，马普学会努力吸引国外（主要是美国）各领域的顶尖科学家，许多优秀的德国科学家陆续回国加入马普学会。20世纪60年代是马普学会的恢复期，70～80年代马普学会集中展开跨学科前沿研究，至1998年马普学会在德国东部新建研究所18个，开辟了诸多新的研究领域，21世纪初开始，马普学会在其已有基础上持续扩大与国外机构的合作研究[3]。

马普学会现拥有80个研究所。其宗旨是开展服务公益的研究活动，主要致力于自然科学、生命科学、人文科学和社会科学等领域的基础研究。

马普学会的发展目标是在未来10年内成为世界基础研究领域的顶尖机构。到2020年，不仅成为德国实力非常雄厚的科学组织，而且在欧洲重要地区建立起中等规模的研究所，是目标明确、能够成功履行其使命的科学管理机构[4]。

图3-1 德国威廉皇家学会第一任会长哈纳克（Adolf von Harnack，1851～1930）

资料来源：http：//www.dra.de

图3-2 马克斯·普朗克（Max Planck，1858～1947，1918年获诺贝尔物理学奖）

资料来源：http：//www.research-in-germany.de

图3-3 马普学会总部

注：马普学会的标志是罗马的智慧和工艺女神密涅娃（Minerva）。

资料来源：http：//www.qwiki.com

（二）美国能源部国家实验室

国家实验室是美国能源部科研人才最重要的组织形式。目前美国能源部下设国家实验室共计17个，其中，能源部科学办公室管理10个，国家核安全管理委员会管理3个、能源效率与可再生能源办公室管理1个、核能办公室管理1个、化石能源办公室1个、环境管理办公室管理1个。美国能源部所属的这些国家实验室，是高能物理和核物理、等离子科学、高分子化学、金属与冶金学、纳米科学等领域全球规模最大、综合性最强、研究水平最高的科研机构群体之一，拥有世界一流的大科学装置。特别是，能源部科学办公室管理的10个国家实验室在美国及在国际科学界享有极高的声望。按照其研究性质及部署，这10所国家实验室被分为两大类即多项目实验室和专一项目实验室，前者包括：阿贡国家实验室（ANL）、布鲁克海文国家实验室、劳伦斯·伯克利国家实验室（LBNL）、橡树岭国家实验室和西北太平洋国家实验室，其同时承担多个部门的研究项目；后者包括：阿姆斯实验室、费米国家加速器实验室、托马斯·杰弗逊国家加速器实验室、普林斯顿等离子物理实验室和SLAC国家加速器实验室，其所承担项目均来自能源部科学办公室[5]。

美国能源部国家实验室创建的最初目的是服务“二战”中美国的战事之需，自建立至今始终致力于保障国家安全、服务太空科技发展、开发新能源和高能效材料的国家战略目标，致力于化学、生物学、物理学、天文学和数学等五大学科交叉领域的基础前沿研发的重要使命，是相应领域内世界上最为全面的研究体系。

始创于1928年的劳伦斯·伯克利国家实验室为世界上首台粒子加速器——回旋加速器的诞生地，并借此开创了国际多学科研究的新时代。在建立初期，劳伦斯·伯克利国家实验室就吸引了物理学、化学、生物学、工程学及医学领域的国际顶尖科学家，并以一系列开创性成果确立了其在世界高能物理研究领域的奠基性地位。时至今日，美国能源部劳伦斯·伯克利国家实验室秉承多学科研究传统，致力于人类健康、技术、能源及环境等领域全球性问题的解决。

作为美国“曼哈顿计划”的重要组成部分，1943年成立的橡树岭国家实验室是美国能源部所属最大的科学和能源研究实验室。20世纪50～60年代，橡树岭国家实验室是从事核能和物理及生命科学相关研究的国际中心。目前在中子科学、能源、高性能计算、复杂生物系统、先进材料和国家安全方面的研究处于国际领先地位。

布鲁克海文国家实验室创建于1947年，旨在建造大型核科学研究基础设施，推动同原子科学相关的物理学、化学、生物学及工程学等基础研究的进步。创建至今，布鲁克海文国家实验室在实现美国能源部战略目标及促进前沿科技发展方面发挥了重要作用，目前负责设计、开发和运营复杂、尖端和以用户为导向的研究基础设施，承担前沿领域的长期性、高风险性基础与应用研究，并在传播科学知识、培养新一代科学家和工程师、提升公众的科学意识等方面负有重要使命[6]。

美国能源部国家实验室均拥有国际先进研究基础设施及各领域顶尖科学家团队并同全美高校建有庞大的研究合作网，拥有 2.5 万多名科学家、工程师、技术人员和其他员工。所承担的研究项目均面向美国联邦政府确定的战略性基础研究及前沿研究领域。作为联邦政府直管研究机构，美国能源部国家实验室拥有法定研究资助优先权。

图 3-4 劳伦斯·伯克利国家实验室创始人欧内斯特·奥兰多·劳伦斯（Ernest O. Lawrence，1939 年获得诺贝尔物理学奖）

资料来源：http：//m. browsebiography. com

图 3-5 橡树岭国家实验室

资料来源：http：//digital. szuy. com

（三）美国国立卫生研究院

美国国立卫生研究院（National Institutes of Health，NIH）始创于1887年，其前身是美国海军总医院（MHS）（即现在的美国公共健康服务中心（PHS））的卫生实验室，最初的使命是从事传染病学研究，服务公众健康。第一次世界大战期间成为服务战事需要的美国的重要卫生机构。1930年遵照美国Ransdell法案，在原卫生实验室基础上NIH被正式组建，其目标开始转向较大规模的基础生物学与医学研究。“二战”期间，应战争之需，NIH集中致力于军事医学研究。“二战”后，随着其医学研究及公共健康服务领域的不断扩展，NIH的规模也不断扩大，并于1998年发展成为拥有27个研究所，集基础与临床医学和生物医学研究的重要国立医学研究机构和全球最大的医学项目资助机构[7]。

NIH目前的战略定位是致力于生命及其行为机制研究，为确保人民生命健康、预防并减少疾病以及促进国家经济发展提供支撑。纵观NIH的发展，其战略定位的确定不仅同医学本身的发展需求直接相关，还受国家战略目标和公共卫生服务事业发展的影响。

图3-6　NIH美国国家环境健康科学研究所（NIEHS）

资料来源：http：//www.media.nih.gov

图3-7　NIH临床研究中心

资料来源：http：//marrowfailure.cancer.gov

（四）法国国家科研中心

法国国家科研中心（Centre National de la Recherche Scientifique，CNRS）于1939年创立，是法国最大的国立科学研究机构，也是欧洲最大的从事基础研究的机构之一。法国国家科研中心由诺贝尔物理奖获得者让·佩兰倡导创建，1945年确立基础科学研究方向，1950年后得到快速发展。CNRS主要任务是从事自然科学、人文科学和社会科学等各领域的基础研究和应用研究，同时还承担着科研成果推广与人才培养，跟踪和分析国内外科技形势及发展动向，参与政府的科技决策，为法国科技界提供大型科研设施等重要使命。2008年CNRS整合成立7个研究所和3个跨学科研究基地。

2009年法国教研部部长在庆祝CNRS成立70周年会议上的讲话指出，CNRS要成为研究所改组方面的战略家，继续加强与其他研究机构、私人组织和大学的合作；成立各类科学联盟，突破知识和技术层面的障碍、超越不同学科界限；把可持续发展作为优先研究领域之一，关注气候变化及其演变并预测其影响；加强技术转移，继续增加知识产权和技术创新企业的数量[8]。

图3-8 法国国家科研中心创始人让·佩兰（Jean Perrin，1926年获诺贝尔物理学奖）

资料来源：http：//www.nndb.com

为推动其“远景2020”（Horizon 2020）战略计划，CNRS在与政府签订的2009～2013年目标合同中提出，将加强合作研究，开展跨学科研究，增加财政资源，扩大机构规模，追求卓越研究[9]。

当前CNRS的使命是：评估并推动所有有利于知识进步，可以带来社会、文化和经济利益的科学研究；促进研究成果的应用与推广；促进科学交流；支持研究培训；参与国内外气候变化相关研究，为国家制定相应政策提供支持。

（五）日本理化学研究所

日本理化学研究所（RIKEN）成立于1917年，是日本唯一的国立自然科学综合研究所，为日本科学研究的正规化发挥了极为重要的作用。RIKEN创建之初的目标是，开展物理学、化学等领域基础研究和应用研究，推动日本工业和农业发展。1917～1947年RIKEN建立“科学主义工业”及公司集团，产业集团成员企业达63家，拥有国内外专利总数达1268件，为夯实国家产业基础、促进日本工业发展和提高人民生活质量做出了巨大贡献。其主任研究人员制度也产生于这个时期[10]。

1948～1958年日本理化学研究所的使命发生了三次转变：产业再造与科学技术振兴（1948～1952）、振兴科学与产业及提升国民福利（1952～1956）、发挥科技力量为产业振兴与发展作贡献（1956～1958）。1958～2003年，RIKEN确立了建设成为世界一流综合研究所的目标，由此拉开了日本新一代科学技术发展的序幕，大大促进了日本科技水平的提升和经济的发展。设立于1959年的“招聘研究人员制度”是当时RIKEN特有的制度，面向特定主题研究，不论国籍和年龄招聘杰出研究人员，并制定了严格的退休制度。

2003年RIKEN成为独立行政法人机构后，确定的发展方针是：①提高社会对RIKEN的认知度；②继承和发扬RIKEN研究精神，提高研究质量，维护知识产权并造福于社会和产业；③调动科研人员积极性，鼓励自主研究，培养有为人才；④使科技同产业与社会发展相融合，促进社会文明；⑤为人类文明和文化做出贡献。

目前，RIKEN的研究领域十分广泛，包括物理学、核物理、固体物理、应用物理、基础工程技术、化学、无机化学、生物化学、微生物学、脑科学、医科学等科学领域。20世纪90年代以来，对生命科学领域的研究与发展表现出了极大的关注和重视，新建了生命科学研究所和研究中心，旨在围绕日本政府提出的国家目标开展生命科学领域的研究活动。现在的使命是，开展最尖端的自然科学研究，通过不同学科的战略性整合开辟新的前沿研究领域，建设一流基础研究设施，创建新的研发体系并大力培养青年科学家。

图3-9　RIKEN第一任所长菊池大麓（Kikuti Dairoku，著名数学家和政治家）

资料来源：http：//ja.wikipedia.org

图3-10　RIKEN的现任理事长野依良治（Ryoji Noyori，2001年获得诺贝尔化学奖）

资料来源：http：//www.riken.jp

到2010年，RIKEN已发展成为一个综合性研究机构，其中央研究所包括41个独立实验室、5个研究技术中心和9个特殊研究计划。RIKEN还下属和光研究所、筑波研究所、播磨研究所、横滨研究所和神户研究所等5个非本部研究所。现有3327名固定职工、3091名客座研究员、1223名研究生；50多个实验室、5个研究所、7个研究中心和支撑机构，以及拥有目前世界上最大的第3代同步辐射加速器（8GeV）SPring-8。

（六）英国研究理事会

英国研究理事会（Research Councils UK，RCUK）共有7个研究理事会，每个研究理事会负责一个专门学科领域。其中，艺术与人文科学研究理事会（AHRC）、工程与自然科学研究理事会（EPSRC）和经济与社会科学研究理事会（ESRC）等3个理事会无下属研究所，主要通过资助研究项目、提供研究生奖学金以及与大学合办研究中心等方式从事科学研究及科研管理活动；生物技术及生物科学研究理事会（BBSRC）、医学研究理事会（MRC）、自然环境研究理事会（NERC）和科学与技术设施理事会（STFC）等4个研究理事会有下属研究所，除了资助研究项目、提供奖学金外，还支持其下属研究所进行科学研究（科学与技术设施理事会还主要负责提供研究所需的大型基础设施和设备）。英国研究理事会所属7个研究理事会均为独立法人实体，研究领域几乎涵盖所有学科。

RCUK是英国最大的支持前沿基础研究的国立科研机构，每年用于资助科学研究的经费高达30亿英镑。作为7个研究理事会的联盟，RCUK致力于：①提升研究理事会的综合显示度、科研领导力和政策影响力；②建立研究理事会联盟与其他机构和利益团体的合作交流机制；③协调研究理事会的整体运作及其行政职能。RCUK提供了跨理事会共同问题的解决框架，诸如科研经费的调配、研究评估、研究人员培训和发展、知识转移、国际合作和社会科技。

二、战略定位的特点与作用

国立科研机构的战略定位既具有长期性、连续性的特点，又根据时代和环境的变化不断与时俱进。从以上国立科研机构不同历史时期的战略定位，可以看出国立科研机构在世界科学技术发展和国家创新体系建设中的重要作用。

（一）服务国家战略目标，为国家安全、经济社会持续发展提供科技支撑

国立科研机构主要由政府资助，面向国家战略需求，开展对国家经济社会发展和国家安全具有战略性、全局性和长远性的研究是其重要使命，为社会

经济可持续发展提供重要的科技支撑，在国家创新体系建设中发挥着关键作用。

美国能源部国家实验室拥有国际先进研究基础设施和顶尖科学家团队，肩负着美国联邦政府最为关注的国家安全等战略性研究使命。这一战略定位使能源部国家实验室始终站在满足国家需求的战略高度，保持着世界领先地位。

日本理化学研究所紧密围绕国家经济和社会发展需求，根据不同发展阶段对其战略定位和研究方向进行调整，其服务于日本产业发展的定位，把基础研究和应用研究相结合促进了研究成果快速有效的转化应用，为“二战”后日本的经济腾飞和科技跨越发展做出了积极贡献。

俄罗斯科学院根据国民经济发展计划要求确定国家科学研究的总方向，协调和指导国内科研机构、高等院校和其他研究单位开展重大自然科学和社会科学研究。2010 年俄罗斯总理普京指出，俄罗斯科学院在面向未来创造新知识、培养俄罗斯知识精英方面，是国家和社会发展的一个关键机构。

（二）面向世界科学前沿，开展基础科学和跨学科领域研究

国立科研机构积极推动和承担具有原始创新性的基础科学研究、跨学科和风险性前沿研究等重大任务，是国立科研机构的重要科学使命，是其持续发展的原动力。

德国马普学会通过多种方式支持基础科学和跨学科领域研究。马普国际研究学院通过国际合作网络共同开展重大基础科学问题研究，以保持其基础科学研究的世界领先地位。马普学会《跨所研究行动计划》主要资助跨学科交叉研究，并建立了系统的跨学科研究网络。

美国能源部国家实验室依托其学科优势，在基础能源、生物学、环境科学、计算机科学、材料科学、化学、气候变化研究、地球物理学、基因组学、生命科学等领域的基础研究和跨学科研究引领世界。

美国国立卫生研究院认为未来能够取得实质性突破的研究必定是具有独创性和跨领域的研究，也必然是具有高风险和高回报性的研究，这是人类知识拓展和科学发展的必然，NIH 未来发展都将集中于此。

英国研究理事会所确立的 7 个跨领域研究主题包括能源、环境科学、全球粮食安全、老龄化研究、工程应用领域的纳米科学、数字经济和全球不确定因素研究。

日本理化学研究所为开拓新的科学领域，汇聚各学科领域研究人员，重点开展计算科学、化学生物学、功能材料制造、先进光学等 4 个领域的原创性研究，以期取得重大突破，同时还在积极推动脑科学、植物科学、再生科学、基因科学、分子影像学等研究学科的发展。

（三）整合科技力量和科技资源承担重大科学问题的研发

国立科研机构拥有其他研究单位所不具备的综合人才资源、大型研究设施、充足稳定的经费支持等优势，能够推动和承担重大科学问题研究和重要技术系统建设。

马普学会最大的特点是集中力量开展投资大、其他研究机构无法承担的研究项目，着眼于未来新领域及跨学科研究，开展需要大型专门设备和多学科人才团队合作的重大课题。

美国能源部国家实验室汇集了全球规模最大最先进的大型研究基础设施资源，服务国家整体研发需求，承担着大学、私营机构所无法独立承担的重大及跨学科研究项目。

英国研究理事会首要任务就是以大项目的形式对跨理事会的最新、最重要研究领域提出倡议并实施资助管理。

（四）致力于社会公益领域的科技研究

除了面向国家的战略需求和世界科技前沿，国立科研机构同时也致力于民生科技，关注人类健康和自然环境可持续发展，将先进的科研成果应用到社会诸多生产生活领域，以最大限度地造福社会和民众。

美国国立卫生研究院是全球最大的医学研究资助机构，承担着探求生命机制、致力于生物医学理论及前沿技术的应用与传播、改善人类健康和挽救人类生命的重要使命。NIH 科学家在核磁共振成像技术、癌症机制、胆固醇控制、大脑处理视觉信息过程等领域做出了具有重要影响的贡献。

美国能源部国家实验室不仅致力于国际科学前沿联合研究，推动全球能源及其相关领域基础研究与技术进步，而且承担着维护国家环境安全、应对全球气候变化等重大使命。

英国研究理事会鼓励并推动与高校、产业界、公众、慈善组织间的知识交流，以最大限度地造福社会和经济。

（五）推动国家成为世界研究和创新的中心

国立科研机构是国家科学研究的核心实力和战略性科技力量，一方面在国家科技创新和科技发展中发挥骨干和引领作用，另一方面代表国家与世界其他先进研究机构开展广泛的国际合作，从而积极推动国家成为世界科学研究和科技创新的中心。德国马普学会和美国能源部国家实验室分别在推动德国和美国成为不同时期世界科技中心方面发挥了非常重要的作用。

日本理化学研究所作为日本唯一的自然科学综合研究机构，集中进行物理、化学、工程学、生物学、医学等自然科学研究领域最尖端的研究，通过不同学科的战略性综合研究拓展新的前沿领域，创建完备的基础研究设施，旨在形成卓越研究基地和区域研究创新中心。

英国研究理事会的战略目标之一是：为全英国科研机构和科研人员提供数据、设备等研究资源，鼓励与世界一流研究机构开展高层次合作，致力于推动英国成为世界研究和创新中心。

参考文献

[1] 蔡宗模，姜峰. 学校战略定位：概念、策略与误区. 重庆高教，2009，22（1）：14～17

[2] 张柏春. 德国马普学会掠影. 科学文化评论. 2005，2（4）：124～128

[3] Max-Planck-Gesellschaft. Continuing and Developing Tradition. http：//www. mpg. de/183251/portrait? page=6 [2011-3-10]

[4] Peter Gruss. Rede des Präsidenten Max-Planck-Gesellschaft zur Förderung der Wissenschaften e. V. http：//www. mpg. de/234088/09wissRat. pdf [2009-2-18]

[5] DOE. Origins & Evolution of the Department of Energy. http：//www. energy. gov/about/origins. htm [2011-3-12]

[6] BNL. Tour Brookhaven's History. http：//www. bnl. gov/bnlweb/history/ [2011-4-18]

[7] NIH. A Short History of the National Institutes of Health. http：//history. nih. gov/exhibits/history/index. html [2011-3-24]

[8] Ministère de l'Enseignement supérieur et de la Recherche. Un CNRS ouvert et stratège. http：//www. enseignementsup-recherche. gouv. fr/ [2011-2-18]

[9] CNRS. Le conseil d'administration du CNRS adopte le contrat d'objectifs 2009-2013 avec l'Etat，http：//www. cnrs. fr/presse/ [2010-3-1]

[10] 日本理化学研究所. 理研精神八十八年. 2005. http：//www. riken. go. jp/r-world/info/release/riken88/book/riken88-all. pdf [2010-12-1]

第四章　人才规划比较

拥有人力资本是获得竞争优势的源泉，人才的贡献远远大于物质资本。面对激烈的国际人才竞争形势，国立科研机构根据国家人才规划和自身战略定位，适时制定人才发展规划，阐释并调整其特殊的人才政策，以获取人才优势，增强创新能力，确保国立科研机构的持续创新和跨越发展。

国立科研机构的人力资源规划，具有系统性、指导性、竞争性和现实性。针对不同层次的各种形式的人才培养和人才引进计划是人才规划的具体体现，代表了当今国立科研机构争夺一流人才的新趋势，在国立科研机构人才发展方面具有显著的导向作用。

一、德国马普学会

马普学会2000年公布的“研究前景2000 +”（Research Perspective 2010 +）战略，详细描述了可能的重大的必要的研究领域前景，同时提出了相应的研究计划和人才计划[1]。2003年出台《结构调整与创新计划》，对科技布局进行重新调整、优化科研团队力量。

2010年6月马普学会主席在《2009年回顾与展望》中提出，目前跨国科学精英已成为一种稀缺资源，政府对研究投入的越多，争取到的跨国科学精英也就越多。马普学会必须充分体现其世界顶级研究机构的价值，不仅吸引本国投资者，也要唤起国外投资者对马普学会的关注。未来10年马普学会计划招聘109位学科带头人，并将继续加强对青年科学家和女科学家的培养[2]。

二、美国能源部国家实验室

为确保能源部国家实验室国际创新的前沿地位，美国能源部近期制定了“未来劳动力战略”、“战略人力资本规划”和“人才引导计划”等。

1. 未来劳动力战略

由美国能源部教师及科学家劳动力办公室制定并配合《美国竞争力法案》

出台，旨在服务于国家未来发展开发多元化的科学研究、工程及教育人才，确保美国的国际创新前沿地位。该战略立足于国家层面，提出了凭借能源部独有的智力及物质优势全面提升美国教育实力，特别是自然科学、技术、工程学及数学关键领域的教育实力并培养和储备上述领域高素质人才的战略举措[3]。

该战略同时提出了选拔、培养及管理上述领域世界一流人才的 6 项原则和标准：符合能源部研究使命；公开公平竞争；对优秀人才实施同行评议及严格的评估制度；开放合作；充分开发潜能；保持并适应国家长期发展需求。

2. 战略人力资本规划

2006 年美国能源部出台《战略人力资本规划（2006～2011）》，旨在为能源部管理部门及以国家实验室为中心的科研系统提供人力资源规划及人才队伍建设方面的指导。规划基于对能源部在人力资本方面所面临的挑战的系统分析，在清晰界定其人力资本概念、组织、愿景及其价值的基础上，明确未来人力资本管理主题，提出为期 5 年的人力资本的规划框架，其要点包括：吸纳技能和知识同其职位相匹配的合适人才；强调“薪酬与绩效挂钩”的薪酬体系；优化领导层，改善领导环境；利用新科技优化人力资本管理；构建能源部人力资本管理架构。

该规划的重要意义在于：根据所面临的形势及挑战，建立面向未来的完善的人力资本管理及规划体系，将 DOE 打造为符合先进管理理念、真正重视人才价值（并将其视为全面提升机构表现及影响力的重要手段）的“人力资本组织”[4]。

三、美国国立卫生研究院

美国国立卫生研究院人才规划的目标体系是由美国卫生部总体战略、NIH 人才战略及下属机构人才战略构成，包括科研人才在内的各类人才战略的制定均是依据并服务于上述目标体系的。研究所（或研究中心）的人才战略必须以整个目标体系为依据，这样既能保证人才战略的可行性，又不致使人才战略脱离总体和最终目标。基于目标体系的人才战略规划不仅有利于实现人才配置的有效性及人才结构的合理性，也是促进人才合理流动的重要因素。

在未来人才规划中，NIH 仍将坚持“视人才为重要的组织财富并努力为其提供成功所需的各种资源”的传统，通过更为有效的人才吸纳、培训与留用措施，确保实现“才职相配，才尽其用”。基于此，NIH 未来人才规划将围绕“使人才清楚自身工作同组织使命之间的联系”这一最终目标，关注人才的教育、发展及培训，培育多元化的人才队伍[5]。

为应对面临的生物医学挑战，探索新的科研组织模式，NIH 于 2004 年全面启动《未来研究团队计划》。作为 NIH 未来发展路线图的组成部分，未来研究团队计划包括 3 个方向的研究团队建设：高风险研究团队、跨学科/多学科研究团队以及公私合作研究团队[6]。

1. 高风险研究团队建设

虽然 NIH 所取得的成功主要有赖于其“研究者为主导”的研究制度和同行评估与顾问委员会审查的双重评估体系，但是为应对未来挑战必须加强对高风险研究的鼓励和投入。生物医学研究所面临的不断变化的挑战要求高风险的投入和创新以产生应对挑战的新的概念性和技术性突破。作为支持高风险研究发展的第一步，NIH 专门设立“院长开拓奖”（Director's Pioneer Award）。

2. 跨学科/多学科研究团队建设

目前，人类生物学及行为学研究已经发展到必须依赖多学科相互协作和整合的阶段。开展多学科研究需要基于与科学研究方式及支持模式有关的各个方面的变革，包括科研人员的培训和新研究方法的开发。多学科研究资助主要面向多学科研究中心、创新培训项目以及旨在将行为学与社会学纳入多学科研究的方法开发等。

3. 公私合作研究计划

旨在面向更为复杂的生物医学领域难题，建立同私营企业、非营利机构的战略合作关系，拓展和开辟相关领域优秀人才队伍发展的新渠道。重点关注促进 NIH 和私营机构合作的中间过程及机制。

四、法国国家科研中心

法国国家科研中心高度重视人才规划，与政府签订的目标合同（2009～2013）中，指出为了吸引科学人才、对年轻的科学家进行优化配置、促进人才合理流动，确定以下人才工作的重点[7]。

1. 预测人才变化及未来需求

根据职业技能预测，结合大型优先研究项目，制定人才管理的中长期规划和评估标准；通过人才招聘、培训及流动确保岗位技能的更新；根据相关研究单位知识技能空缺与高校的就业政策，对研究人员的潜在离职进行长远预测；根据发展愿景、优先学科领域和科学结构，对人才资源补给进行系统的配置；除了跨国界的招聘外，还与合作伙伴开展有前景的研究。基于积极的培训政策和新工具，加强人员队伍的专业化，根据技能预测管理目标，制定和实施

2010～2013 年继续教育新计划。

2. 确保 CNRS 的职业吸引力

在各领域科研人才竞争日趋激烈的背景下，增强国际吸引力，从法国、欧洲和其他国家招聘最优秀的科学家、技术人才和管理人才。为此，提高评审团的水平，改进招聘待遇及条件；根据欧洲宪章和招聘准则，确定并实施非长期工作人员（博士生、博士后、高级人员）的就业政策；确保招聘的公平和多样化，提高女性工作者的地位，对残疾人的职业生涯给予适当的支持。

优秀员工的认可和奖励机制。CNRS 根据 LOLF（与金融法规相关的组织法）新提供的职业待遇改善标准，进行法定薪酬调整和岗位评估，改善工程技术和管理人员的职位/职级晋升率，调整和提高研究人员的职权和补贴，用现代化的分配方法进行绩效管理，鼓励研究者和研究团队追求卓越发展。

促进人员流动，为社会培养具有多年科研经验的研究人员，鼓励科研人员流向高校或企业的同时，还鼓励其在机构内部和区域间流动，以促进各职业和各部门间的跨学科交流；为科研人员在其职业生涯的每个关键时期提供有效支持，帮助他们融入工作，实现职业转型；借助科研人员跟踪系统，帮助新员工融入工作，对科研人员在工作中给予支持，预防就业困难，支撑研究领域的调整变动。

3. 确保高质量的管理

建立有效的人力资源管理策略，确保日常管理工作的连续性；提高人力资源部门工作人员的专业化水平，保证管理流程的质量；在管理政策中考虑员工的期望和动机，确保与社会的沟通以及同其他机构间的有效合作，以有效增强 CNRS 的凝聚力。

五、日本理化学研究所

为推动科技发展、培养青年人才、增强机构活力而构建新的体制是 RIKEN 的重要使命之一。研究机构不仅通过研究成果回馈社会，而且还为社会培养优秀人才和研究团队。与第一期中期计划（2003～2008）[8]相比，第二期中期计划（2009～2014）中 RIKEN 的人才规划有所改进[9]，详见表 4-1。

表 4-1　RIKEN 的第一、二期中期计划中关于人才规划的比较

比较内容	第一期中期计划	第二期中期计划
青年研究人员的培养对象	基础科学特别研究人员制度 独立主干研究人员制度	基础科学特别研究人员制度 国际特别研究人员制度 独立主干研究人员制度
青年研究人员的培养目的	开拓 RIKEN 新的研究领域	大力推动 RIKEN 的战略研究，开拓新的研究领域

续表

比较内容	第一期中期计划	第二期中期计划
接纳研究人员的数量	基础科学特别研究人员每年200人左右	基础科学特别研究人员与国际特别研究人员每年150人左右
促进研究人员的流动		汇集优秀的任期制研究人员在短时间内进行集中研究，创造出高效的研究成果。通过这种研究活动旨在提高研究人员的专业知识和技术，培养出专业性强和知识面广的科研人员和技术人员 通过加强与企业和大学的合作促进人才流动；对固定编制系列的主任研究人员和准主任研究人员实行年薪制

此外，在《日本理化学研究所2009～2014年中长期规划》中，明确提出人才流动率力争实现10%（这也是日本全部独立法人机构2006年的人才平均流动率）。规划明确提出为青年研究人员创建良好的科研环境，以吸纳国际优秀青年人才和高级人才，设立“青年研究伙伴计划”和“特别研究人员计划”。

六、英国研究理事会

英国研究理事会为保持其对最优秀的科研人员的吸引力、确保英国在欧洲整个研究体系中的地位，积极借鉴其他国家国立科研机构的人才机制，制定了以下吸引和培养卓越科研人才的战略规划。

2007年发布《RCUK研究职业生涯与多样化战略》（Research Careers and Diversity Strategy，RCDS）以吸引世界一流研究人员，其要点包括：建立跨国界、跨学科的研究资助机制，确保吸引最有潜力的研究者；建立具有世界先进水平的研究培训体系，帮助大学改善研究培训质量；提供更好的职业生涯发展机遇留住最优秀的研究人员；加强科研人员和管理人员的多样性[10]。

英国研究理事会的《2008～2012年研究人员发展规划》，计划投资1500万英镑，旨在通过培训下一代世界级的研究人员以提高英国研究基地的质量和产出。包括四大关键目标：制定和执行有效的政策；通过实践和资源的共享，扩大高等教育的作用和影响；为研究人员提供发展机遇和获取资源的有效途径；支持研究人员的职业生涯发展[11]。

根据《英国研究理事会2010～2011年度计划》，RCUK将加大对下一代世界级科研人员的培训和管理的投资，从而提升科学研究成果的数量、质量和影响力，促进英国社会经济的发展[12]。

参考文献

[1] Max-Planck-Gesellschaft. "Research perspectives 2000+" of the Max-Planck-Society. http://www.2000plus.mpg.de/index_eng.html [2010-3-20]

[2] Max-Planck-Gesellschaft. Annual Reports 2009. http://www.mpa-garching.mpg.de/mpa/institute/annual_rep/Jahresbericht_09.pdf [2011-2-1]

[3] DOE. Future Workforce Strategy. http://www.scied.science.doe.gov/scied/WDTS_StratPlan.pdf [2010-5-4]

[4] DOE. DOE Strategic Human Capital Plan (FY 2006—2011). http://www.hss.energy.gov/deprep/ftcp/about/Strategic-Human-Capital-Plan.pdf [2010-5-4]

[5] NIH. About the NIH Roadmap. http://nihroadmap.nih.gov/aboutroadmap.asp [2010-4-27]

[6] NIH. Research Teams of the Future. http://commonfund.nih.gov/researchteams/index.aspx [2010-6-23]

[7] LE CNRS. CONTRAT D'OBJECTIFS DU CNRS AVEC L'ETAT 2009-2013. http://www.cnrs.fr/fr/une/docs/Contrat-CNRS-Etat-2009-2013.pdf [2009-10-1]

[8] 日本理化学研究所. 中期计划 [H15.10.1～H20.3.31]. http://www.riken.go.jp/r-world/riken/info/pdf/c-keikaku.pdf [2006-6-30]

[9] 日本理化学研究所. 中期计划 [H20.4.1～H25.3.1]. http://www.riken.go.jp/r-world/riken/info/pdf/c-keikaku2.pdf [2009-3-31]

[10] RCUK. Research Careers and Diversity Strategy. http://www.rcuk.ac.uk/ResearchCareers/Pages/home.aspx [2011-3-10]

[11] RCUK. Research Councils invest over £15 million in programme to support the development of researchers. http://www.grad.ac.uk/downloads/documents/New%20contract%20updates/RCUK%20CRAC%20release%20FINAL%20Aug07.pdf [2010-3-6]

[12] RCUK. Delivery Plan. http://www.rcuk.ac.uk/about/aboutRCUK/Pages/DeliveryPlan.aspx [2011-3-10]

第五章　人才环境比较

人才环境是指人才赖以生存、得以发展的社会环境和自然环境，包括影响人才成长的各种外部要素，内容非常广泛，是人才成长、发展和发挥作用的重要条件。科研机构的人才环境主要包括人才政策、经费支持、管理机制、考核评价、薪酬激励、科研文化等，下面重点对人才的支持政策、管理政策和科研文化进行分析。

长期稳定的经费支持，科学、合理、高效的管理制度与管理模式是研究人员顺利开展科研活动的基本保障，是保证人才辈出、创新成果不断涌现的重要因素。和谐、自由、宽松、积极向上的机构创新文化有利于促使研究人员专注于学术研究以及人才的健康成长。国际一流国立科研机构在探索科学管理模式、创建具有吸引力的研究环境以及营造创新科研文化氛围等方面各具特色，为一流研究成果产出提供了沃土。

一、长期、稳定的经费支持

国立科研机构在一定程度上代表着国家科学研究的核心力量，为科学和社会的进步发挥着举足轻重的作用。在当前的全球金融危机中，许多国家的经济都受到不同程度的影响，但主要发达国家对其国立科研机构的经费支持仍呈稳定增长趋势，国立科研机构人员规模大多保持稳定，有的甚至还在增加，充分表明这些国家对科技和人才的高度重视。

德国马普学会 2009 年度预算超过 16 亿欧元[1]。马普学会为每位所长提供稳定的研究经费，并对其高度信任，如果事后表明研究所用的有关经费未能取得相应的成果则将其视为“风险投入”，鼓励研究人员在相对较小的压力下进行创造性研究[2]。确保长期获得财政资源为其顶尖科学家发挥创造力提供条件，鼓励开展独特的、有前景的和突破性的研究，是马普学会成就斐然的重要基础。

美国能源部十大国家实验室 2010 年度的总预算规模达到 42.4 亿美元，与创纪录的 2009 年基本持平[3]。作为联邦政府直管研究机构，美国能源部国家实验室拥有法定研究资助优先权。美国国家标准和技术研究所 2010 年度获得的研究经费为 8.6 亿美元，经费的 82.3% 来自政府拨款，11.8% 来自其他机构的资助[4]。

美国国立卫生研究院 2010 年度总预算规模达到 310.9 亿美元，比 2009 年增长 2.9%[5]。NIH 的经费中超过 80%用于资助全美国的大学、医学院、研究机构以及国外 32.5 万多位研究人员，另外 10%的经费用于资助 NIH 内部研究机构的 6000 多位研究人员[6]。2009 年设立“重大机遇”基金，高额资助“高影响”短期项目。

法国国家科研中心 2009 年预算为 33.7 亿欧元，由法国政府拨款，其中约 6.1 亿欧元来自其科研活动的收益[7]。经费主要用于人员工资，所属实验室与研究单位的运营、大型科研仪器设备的维护和运行，以及办公设施开支、公共活动费用等。

日本理化学研究所的年度经费呈稳定增长趋势，从 2005 年的 8.7 亿美元增加到 2009 年的 10.5 亿美元。其中，面向大科学装置的政府拨款增长较快，2009 年度日本理化学研究所大型研究设备的运行与维护费占预算很大比例，为 RIKEN 及日本全国科研人员提供了良好的科研环境[8]。在研究领域的分配方面，脑科学和加速器科学研究的经费预算较多。

英国各研究理事会都有管理运行基金的机制，以适应其相应领域研发活动所需[9]。这些经费包括研究者的工资和机构的支持费用，以及直接消耗品、差旅费和小型设备费等，其中最主要的开支是研究项目的人员费用。在全经济成本核算体系下，一个典型的 2 年期研究项目雇用一个全职研究人员的花费大约为 25 万英镑。

2011 年俄罗斯科学院获得国家财政拨款 620 亿卢布（约合 19 亿美元），与 2010 年相比增加了 26%，在基础科学研究拨款和科学院整体工资拨款方面增加了 6.5%。同时还获得 6 亿卢布的青年学者专项基金[10]。2009 年以来，俄罗斯科学院加大了对科研仪器设备及外文文献的经费投入。

随着经济的快速发展，我国近年来对科学研究的支持力度也不断提高。从图 5-1 可见，与国外一流国立科研机构相比，中国科学院的年度经费总预算已经达到中等水平，但如果按机构人均经费计算，特别是在获得政府资助的人员劳务费方面，中国科学院与发达国家国立科研机构间还存在较大差距。

随着我国科研投入的持续增加，科研产出规模日益扩大，研究实力也不断增强。近年来，中国科学院的论文总量已超过许多国外著名国立科研机构，论文的总被引频次不断增加，其在国际学术界的影响力正逐渐扩大，但篇均被引次数与国际一流研究机构相比仍存在一定差距（图 5-2）。

我国国立科研机构要实现不断缩小与国际一流科研机构在学术水平上的差距，取得重大科学和技术突破的目标，除了要有充足的研发投入做保障以外，还必须完善人才管理机制、创造有利于研究人员持续创新的科研环境。

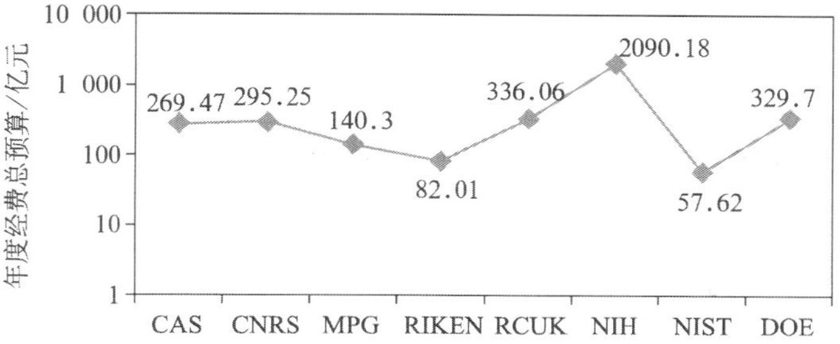

图 5-1 国立科研机构的年度经费预算

注：①根据 2010 年 9 月 20 日外汇汇率折合为人民币的金额；②除 CAS、RIKEN、CNRS 的经费是 2009 年的外，其他均为 2010 年数据；③NIH 和 RCUK 除为自身所属研究机构提供科研经费外，还进行对外项目资助。NIH 预算中约 53%用于研究项目拨款。

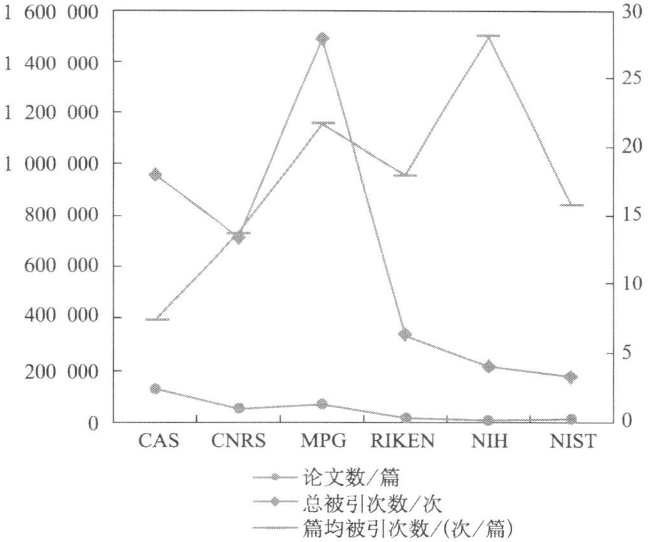

图 5-2 国立科研机构的论文产出及其影响力

注：数据来自 ESI 数据库，数据统计的时间范围为 2000 年 1 月 1 日至 2010 年 6 月 30 日。

二、管理运行机制

管理运行机制是构成人才环境的基本框架，其他人才环境围绕这个框架而形成。各国政府根据国立科研机构的性质和战略定位，对研究机构予以宏观指导的同时，以不同形式授予研究机构充分的自治权。国立科研机构根据自身特征和发展战略，探索制定适宜机构发展的人才科学管理模式，有效协调机构发展方向和学术自由间的关系。当前一流国立科研机构存在研究机构自治、政府托管、理事会负责、目标管理、综合管理等多种管理运行机制，各具特色和优势。

（一）研究机构自治制

马普学会的经费主要来自政府，但政府不能直接影响马普的科研决策活动，这种体制保证了马普学会的自治地位，从而确保科研活动能够灵活、自主地开展。马普学会最高权力机构是会员大会，其主要职责是选举产生评议会成员、修改马普学会章程、审议马普学会主席的年度工作报告、审批年度工作计划、审查马普学会科研机构的设置及工作情况。评议会设立常务理事会，作为马普学会的中心决策机构，由联邦政府研究技术部长、联邦政府教育和科学部长、联邦政府科学委员会主席、德国大型研究机构联合会主席等 15 人组成。评议会成员构成的国际化也为其科研决策的科学化提供了重要保障[11]。

马普学会主席是其最高领导人，由评议会选举产生，是马普学会的法人代表，对重大问题具有最终决定权。学术委员会（科学顾问委员会）是马普学会的最高学术机构，由著名科学家、学术带头人、各研究所所长等高层人士组成，负责讨论所属研究所的共同事务，对评议会的科学政策提出建议，如研究所、室的新建与关闭以及学术委员的任命等。

马普学会对其所属研究所的管理主要通过两个方面来实现：一是调整研究所的设置和研究方向；二是通过拨款制度来掌控研究所的研究水平和研究进度。马普学会通过关闭、合并和新建研究所的方式对其所属研究机构进行调整，以满足学科方向的需要和实现资源的优化配置。新建研究所的研究方向和研究重点，不仅是对高等院校以及整个德国科学研究空缺的重要补充，还体现了世界科技发展的前沿。马普学会还通过在研究所内任命杰出的科学家或是改变实验室和研究所的研究方向来实现对各研究单位的管理。

作为“诺贝尔奖的锻造场”，马普学会十分重视研究所的发展，以研究所为开拓科研新领域的动力[12]，对研究所实施充分授权：研究所具有独立自主性，能够自由独立地从事科学研究活动；拥有自主管理的财政预算，以第三方的项目经费为补充；科研活动的组织方式灵活多样，以适应瞬息万变的科研需要；选拔科研领导和资助研究项目以科研质量的高低为评判准则；从研究所外部和国外招募科研学术带头人。

（二）政府托管制

美国能源部国家实验室的运营实行政府托管制，即政府通过合同制委托大学、企业或非营利机构等第三方进行管理。政府对国家实验室的管理仅涉及宏观层面的政策制定、项目资助、计划协调及监督等，管理运营的具体实施则由委托方负责。这种管理模式主要基于对管理成本及管理效率的考虑，其优势在于在实现较低管理成本，取得较高管理效率，并避免政府直管的官僚作风倾向的同时，最大限度地确保了科学研究的自主和独立。

对于能源部国家实验室，宏观方面统一由美国能源部科学办公室管理。科学办公室下设科学顾问委员会（先进科学计算顾问委员会、基础能量科学顾问委员会、生物学及环境研究顾问委员会、核聚变能科学顾问委员会、高能物理顾问委员会及核科学顾问委员会），项目办公室（先进科学计算项目办公室、基础能量科学项目办公室、生物学及环境研究项目办公室、核聚变能科学项目办公室、核物理学项目办公室及教师与科学家劳动力发展项目办公室），预算办公室，保险、安全与基础设施办公室，计划评估办公室，以及综合支持中心。此外，科学办公室还在下属国家实验室设有专门的分支机构负责管理方面的协调联络工作[13]。

各实验室的具体管理运营由相应的委托运营方负责。以布鲁克海文国家实验室为例，实验室的管理与运营由布鲁克海文科学联合会专门负责。该科学联合会以有限责任公司的形式组建，合作方为美国非营利应用科学与技术组织Battelle和美国纽约州立大学石溪分校（由美国纽约州立大学研究基金会代表）[14]。

（三）理事会负责制

国际上一些科研机构采用理事会负责制，如英国研究理事会和日本理化学研究所。

英国研究理事会由7个研究理事会的首席行政长官组成的执行小组进行管理，执行小组下设5个联合战略工作组。科技发展组，负责与研究、培训、发展及基础设施等相关的国内外战略性问题的协调和监督；业务管理组，提供战略指导、卓越管理和成本效益等方面的服务；绩效评估组，负责经费配置、培训、知识传播、科学与社会活动、机构管理业绩等相关的评估；知识转化与经济影响组，旨在提升研究理事会资助的经济和社会影响力，提高公众满意度；科技社会组，以提高公众意识、鼓励公众参与科技与创新活动，提高青少年科学水平为目标[15]。联合战略工作组的运作模式，一方面有利于理事会的执行官对国家的科技政策和科技预算提供建议，另一方面也促使各个理事会的各项工作能够和国家科技与创新政策保持一致。

7个研究理事会都有自己的管理委员会。管理委员会成员来自学术界、企业和公共部门的代表。除理事会的首席执政官（通常任管理委员会的副主席）外，其他管理委员会成员都是非理事会雇员。委员会成员的提名通过发布公开通告，采取竞争方式竞聘，最后由科学部长任命，通常任期不超过4年。

日本理化学研究所的最高领导是理事长，由首相任命，任期 4 年。RIKEN 现任理事长为野依良治，2001 年获得诺贝尔化学奖。此外还有 5 名理事和 2 名监事，由理事长任命，他们和理事长组成了 8 人理事会。理事长代表 RIKEN 统管业务；理事辅佐理事长。监事的职责是监督审查研究所的业务。RIKEN 还设有咨询顾问机构，由学术界和工商界的著名人士组成，向理事会提供咨询和建议[16]。

（四）目标管理制

法国国家科研中心实行的是目标管理制度，每 4 年与政府签订一次合同，明确阶段性的发展目标和主要研究方向，政府提供所需的资金保障。根据政府 83－1260 号法令，CNRS 的正式编制人员享受公务员待遇[17]。

从 2006 年初开始，CNRS 的领导机制发生了重大变革，由行政理事会主席一元化领导制取代了上届中心理事会主席和中心执行总主任的二人分工负责制。行政理事会主席负责全中心的研究、管理及财政；设秘书长一名及学部主任若干名，协助行政理事会主席负责全中心的领导工作。

2010 年 7 月 9 日，CNRS 公布成立新的管理机构，即科学总代表局和资源总代表局。行政理事会主席、科学总代表局局长和资源总代表局局长负责 CNRS 的全面管理。科学总代表局协助中心主席安排机构的科学政策，负责管理 CNRS 的大装置，协调 10 个研究所的工作，提升各个层面上的跨学科合作研究，加强与资源总代表局的联系。资源总代表局协助中心主席安排机构的管理政策与财务，负责开发人力资源，支持研究行动，同时依赖各研究所的专家加强与科学总代表局的联系[18]。

（五）综合管理机制

美国国立卫生研究院兼具国立科研机构（拥有 27 个研究所或研究中心）、政府行业资助主管部门（代表政府资助国内医学研究）和国际合作资助部门（面向全球提供竞争性研究资助）的职能，因此不同于实行政府托管制的美国能源部国家实验室，NIH 采取综合管理模式，直属于美国卫生部，有三级管理体系：政府、职能管理部门（院长办公室）和研究机构。作为职能管理部门的 NIH 院长办公室负责整个体系的运营和各层管理机构的协调。

宏观方面，统一由 NIH 院长办公室管理。院长办公室为 NIH 中心机构，负责 NIH 政策制定、项目规划、管理和协调所有 NIH 成员单位的相关事宜。除下设顾问委员会即联邦顾问委员会政策办公室和行政秘书处之外，还设有以下四大职能体系[19]：

（1）研究、资助及协调部门：包括项目协调、制定与战略行动部，外部研究办公室和内部研究办公室；

（2）通信部门：包括通信与公共联络办公室和公共信息办公室；

（3）政策部门：包括科学政策办公室、立法政策及分析办公室；

（4）管理及服务部门：包括院长管理办公室、机会平等及差异性管理办公室、道德规范办公室、首席信息官办公室、管理办公室、协调处理中心和总律师事务办公室。

NIH 下属各研究机构的管理和运营由各机构自主负责，管理机制同一般国立研究机构相同，管理体系通常由所长办公室、科学顾问委员会、相关职能部门以及各研究部组成。

三、创新文化氛围

优越的科研环境、宽松的文化氛围是科研人才作用得以充分发挥的重要保障，也是凝聚人才的重要条件，培育和强化自身独特的价值和文化是机构长期发展的保证。浓厚的创新文化氛围，能激发和培育创新思维、造就创新人才、促进创新成果产出。国际一流科研机构十分重视有利于创新研究成果产出的机构创新文化建设。

（一）营造自由的学术氛围

人类历史上那些重要的基础科学发明，既不是权力导演的成就，也不是追逐金钱利益的猎物，而是发明者自由思考和不懈探求的结果。自由探索、宽松和谐的人才成长和科学研究氛围，能够充分发挥人才的积极性和创造性。一流科研机构为研究人员提供自由的研究空间并为其自由使用研究所最优良的设施提供便利，有助于研究人员将创意转化为现实的创新。德意志联邦议院 2008 年颁布《科学自由法》，为研究机构提供更多的独立权和自主权，用优越的研究条件吸引最优秀的国际科技人才。力求管理的业务少、繁杂的手续少，保证研究人员能够自由发挥以及不过分强调短期成果等理念，增强了马普学会研究所对世界一流人才的吸引力。日本理化学研究所充分调动科研人员积极性，通过倡导和鼓励研究人员自由思考和创意来培养卓越人才[20]。

（二）鼓励创新的高风险研究

国际一流研究机构重视创新型高风险研究，通过鼓励高风险研究取得原创性科研成果。德国马普学会研究所共同的任务是在前沿领域开展创新、跨学科及高风险研究。美国在《竞争力法案》关于科技创新项目的政策中明确提出鼓励和支持高风险及联合风险研究投资[21]。

（三）广泛的合作交流

为研究人员创造开放的自由讨论的空间，有利于研究人员之间的交流与合作，促进创新成果产出。欧洲十分重视开展有利于科技发展的国际交流，在增强对科研人才的吸引力和竞争优势方面不遗余力，每年在德国南部小镇林道召开的“诺贝尔科学奖得主论坛”，已发展成为诺贝尔奖获得者与国际优秀青年学者交流的平台。马普学会有些研究所，即使只有一位外国研究人员，所有的研究活动也必须使用英语进行交流。

（四）平等友好的人际关系

科学研究的开展及科研机构的发展是平等、不分种族与级别的所有人员共同努力的结果，因此国立科研机构将内部平等良好的人际关系视为推动研究及机构发展的前提和基础。美国能源部国家实验室推出“尊重劳动力政策”，旨在营造良好的组织文化氛围及机构内部人际关系，包括：平等一致地肯定所有人员对实验室完成使命所做出的贡献的重要性；实验室任务的顺利开展建立在不同层级人员之间良好关系及相互尊重的氛围基础之上；保证所有人员都可以畅所欲言而不必担心因其言论而遭到其他人员及管理者的报复[22]。

（五）从细节考虑科研人员的需求

从细节入手帮助研究人员解决工作、生活方面的问题，使其能专心致力于科研工作。美国国立卫生研究院通过实施培训计划、工作生活质量计划、灵活工作场所计划，设立儿童照料中心、工作与家庭生活中心等特殊政策吸引和留住人才。马普学会为青年学科带头人提供儿童保育服务。有的机构为吸引高级人才，为其子女提供高校择校权，甚至承担一流研究人员子女在国际学校就读的费用。

（六）职业生涯设计

国际一流研究机构积极为其员工的职业生涯设计提供帮助，力求实现机构的发展同个人价值的实现有机结合。日本理化学研究所于 2006 年在人事部设立了职业生涯支援室，帮助研究人员和技术人员获得资质、提高能力，同时，通过职业咨询为他们提供更多的职业选择机会。职业生涯支援室的受益者以 25～35 岁女性和 30～40 岁男性居多[23]。英国研究理事会计划投资 1500 万英镑以支持研究人员的职业生涯发展[24]。

参考文献

[1] Max-Planck-Gesellschaft. Annual Reports 2009. http：//www. mpa-garching. mpg. de/mpa/institute/annual _ rep/Jahresbericht _ 09. pdf [2011-2-1]

[2] 朱崇开. 德国基础科学研究的中坚力量—马普学会. 学会，2010，3（256）：56～62

[3] DOE. Office of Budget. http：//www. cfo. doe. gov/budget/10budget/start. htm [2010-10-20]

[4] NIST. Budget，Planning and Economic Studies. http：//www. nist. gov/public _ affairs/budget/index. cfm [2010-11-1]

[5] NIH. Office of Budget. http：//officeofbudget. od. nih. gov/ [2010-10-20]

[6] 王丹红. 促进转化医学和药物开发 NIH 筹设新中心. 科学时报，2010-12-14

[7] CNRS. Overview-Key figures. http：//www. cnrs. fr/en/aboutCNRS/key-figures. htm [2010-9-17]

[8] 日本理化学研究所. RIKEN ANNUAL REPORT 2009 - 2010. http：//www. riken. go. jp/engn/r-world/info/release/pamphlet/annu _ repo/pdf/2009-10. pdf [2010-11-21]

[9] Research Councils UK. Research Funding. http：//www. rcuk. ac. uk/research/Pages/Funding. aspx [2010-11-20]

[10] 张浩. 俄罗斯科学院通过 2011 年预算. 科技日报，2010-12-24. http：//www. stdaily. com/kjrb/content/2010-12/24/content _ 259583. htm

[11] 王洪奇，邢润川. MPG 科研管理模式初探. 科学技术与辩证法，1998，15（3）：43～46

[12] 房强. 德国马克斯・普朗克学会及其研究所. 科学对社会的影响. 2000，3：12～14

[13] DOE. About The Office of Science. http：//www. science. doe. gov/about/index. htm [2010-5-26]

[14] BNL. Administration. http：//www. bnl. gov/bnlweb/admindex. asp [2009-4-28]

[15] 孟溦，刘智渊. 英国研究理事会绩效管理与评估. 中国科学基金，2009，4：247～252

[16] 中国科学院国际合作局. 日本理化学研究所科研人事管理概要. http：//www. bic. cas. cn/hzkw/gjkjdt/2006/200906/P020090615553022394138. pdf [2010-3-15]

[17] 举良，晓风. 法国科研中心的人力资源管理. 国际科技动态，2006，6：5～7

[18] CNRS. Nouvelle organisation de la direction du CNRS. http：//www. dgdr. cnrs. fr/reorganisation. htm [2010-12-1]

[19] NIH. NIH Organization. http：//www. nih. gov/about/organization. htm [2010-4-27]

[20] 黄群. 德国为研究机构提供独立权与研究自由. 科学研究动态监测快报：科技战略与政策专辑，2008，16（87）：5

[21] The Whitehouse. AMERICA COMPETES ACT. http：//arpa-e. energy. gov/public/pl110-69. pdf [2009-4-27]

[22] BNL. Respectful Workplace Policy. http：//www. bnl. gov/HR/linkable _ files/RightColumn/RespectfulWorkplacePolicyPoster. pdf [2009-4-28]

[23] 日本理化学研究所. キャリア支援. http：//www. riken. go. jp/cso/index. html [2009-10-1]

[24] RCUK. Delivery Plan. http：//www. rcuk. ac. uk/about/aboutRCUK/Pages/DeliveryPlan. aspx [2011-3-10]

第六章　人才资源比较

人才资源是第一资源，是国立科研机构发展的基础，其他资源都围绕着人才资源进行配置，这些资源在一个良好的环境中健康地运转，从而创造出最大的价值[1]。大到如马普学会、法国国家科研中心等国立科研机构，小到一个实验室或科研小组，人才资源结构的优劣无不影响着其科研成效和未来发展。通过对国际一流国立科研机构人才资源的细致分析，为我国研究机构的人才资源优化配置提供有益借鉴。

不同的科研机构依据其主要任务、重点学科等在人才资源布局方面各有特色，国立科研机构根据自身发展战略和世界学科前沿，不断对人才队伍进行调整，以适应时代需求，更好地服务于国家和社会发展。下面主要对上述国际一流国立科研机构最近10年的人员规模、岗位类别、职称、年龄、性别、学历等进行分析，并比较分析了中国科学院的状况。

一、人员总体规模相对稳定

国立科研机构需要一定规模的人才支撑，才能集中人才力量取得重大科研成果，其人员规模呈现相对稳定的发展趋势。

德国马普学会最近10年人员总数呈不断增长趋势，从2000年的11 046人增长到2009年的13 384人，年均增长2.35%[2]。科研人员和非科研人员数量都明显增加，2004年以来，科研人员年均增长3.2%，非科研人员年均增长0.8%（图6-1）。

法国国家科研中心2000～2009年的正式专职人员数量虽然每年都略有增减但总体比较稳定，年均人数为25 804人（图6-2）。2009年正式专职人员有25 584人，合同制人员8234人，共计33 818人。加上其合作机构的人员，CNRS管理着约10万人的科研人才队伍[3]。

美国能源部国家实验室一贯奉行“人才资源多元化”的原则以实现人才资源配置的最优化及效率的最大化，共拥有2.5万多名科学家、工程师、技术人员和其他员工。其中全职管理与科研人员规模相对稳定，其他临时或流动人员则根据具体情况有所调整，但总体保持增长态势（表6-1）[4]。

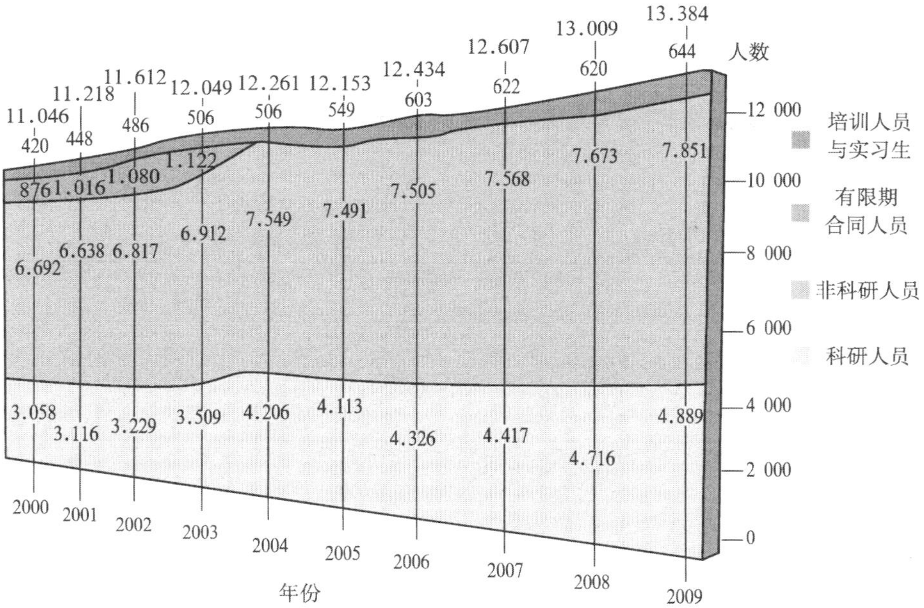

图 6-1 2000～2009 年马普学会人员规模与构成变化情况

注：马普学会的所有数据来源于马普学会 1999～2008 年各年度报告；2004 年以后有效期合同人员被纳入相应的分类中进行统计，没有单独统计。

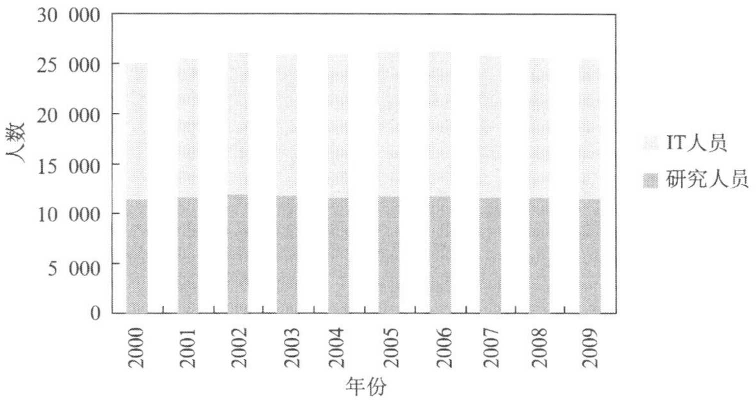

图 6-2 2000～2009 年 CNRS 专职人员数量

注：CNRS 的所有数据来源于其 1999～2009 年各年度人力资源报告；
CNRS 专职人员包括研究人员和 IT 人员；IT 人员包括工程和技术人员。

日本理化学研究所 1999～2008 年的人员规模如图 6-3 所示。从图中可见，RIKEN 进入 21 世纪以来人员总数尤其是合同制人员的数量增长较快，2006 年达到峰值，之后几年在职人员数量有所减少[5]。

表 6-1　2005～2008 年能源部国家实验室人员构成情况

实验室	全职人员/人				临时/流动人员/人								全职人员与流动人员比例/%
					学生				研究设施用户、访问学者、合作人员等				
	2005 年	2006 年	2007 年	2008 年	2005 年	2006 年	2007 年	2008 年	2005 年	2006 年	2007 年	2008 年	
阿姆斯	320	313	300	304	185	154	250	240	140	171	200	240	1.28
阿贡	2 635	2 552	3 000(包括 1 400 科学家和技术人员)	2 861	600	565		614	3 500	3 921	4 250（包括学生）	4 000	1.59
布鲁克海文	2 696	2 582	2 600	2 700	1 550	1 550		614	3 250	4 000	4 300	4 300	1.44
费米	2 085	1 968	1 950	1 775	602	615	615	500	2 258	1 695	1 685	1 800	1.26
劳伦斯・伯克利	3 014	2 862	2 708	2 710	1 418	1 712	495	501	3 232	3 270	6 935	3 940	1.92
橡树岭	3 974	4 146	4 250	4 345	1 736	2 456		800	2 478	2 478	3 900	3 900	1.11
西北太平洋	4 200	4 196	3 816	3 847		681		348		2 136	3 302	2 515	0.76
普林斯顿	408	408	475	475	35	35			119	250	250	250	0.54
斯坦福	1 532	1 546	1 496	1 385	100	128			3 000	3 000	3 036	3 237	2.10
托马斯・杰弗逊	617	628	620	656	315	230			2 200	2 200	2 200	1 300	3.37

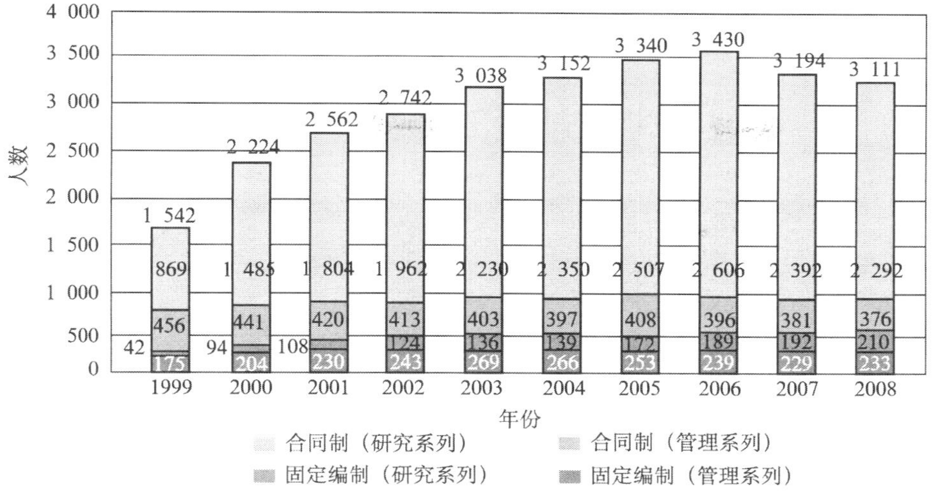

图 6-3　1999～2008 年 RIKEN 人员规模与构成

近 10 年来，中国科学院实施“按需设岗，按岗聘任，竞争上岗，动态择优”的用人机制对人员队伍结构进行了优化调整，2003～2007 年总人数和专业技术人员数比较稳定，近 3 年人员数呈现增长趋势（图 6-4）。

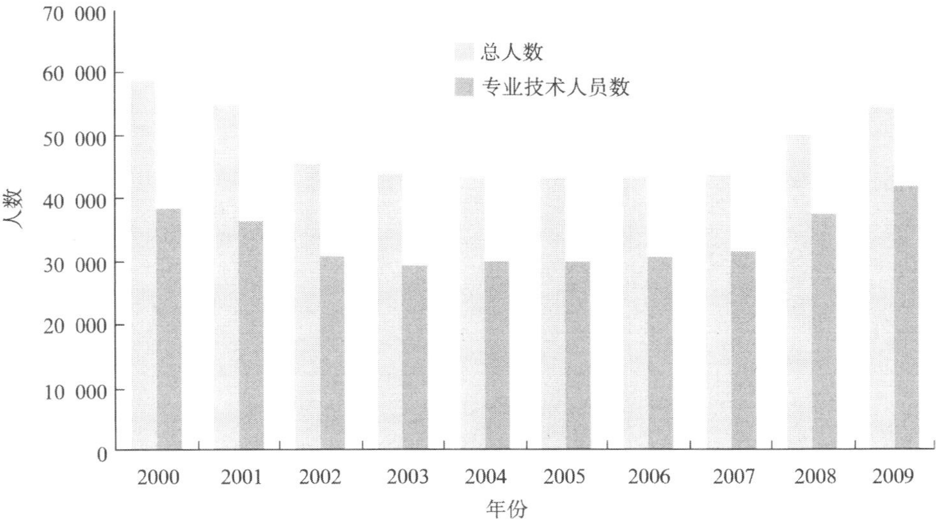

图 6-4　2000～2009 年中国科学院人员规模

资料来源：2001～2010 年各年度《中国科学院统计年鉴》

以上数据显示，国立科研机构一般都有较大的人才队伍规模，其人员总数比较稳定，但根据国际政治经济大环境、自身战略目标和发展阶段，会对人员规模和结构进行调整优化，因此表现出不同的个性化特征。德国马普学会人员数总体呈持续上升趋势；法国国家科研中心和美国能源部国家实验室的人员数量比较稳定；日本理化学研究所人员数量呈现先增后减的趋势。

二、研究人员和支撑人员保持合理比例

国立科研机构的人员构成因各国国情不同，分类体系各有特点、不尽相同。但其人员大体可分为3类：研究人员、科研辅助人员和管理人员[6]。

研究人员是科技研究队伍的主体，是研究方向、研究课题、研究思路的提出者，以及具体研究工作的组织者和实施者。

辅助人员是研究思想和工作计划的执行者，是科技研究队伍中不可缺少的组成部分，承担着大量日常科学实验操作和数据运算等任务。

科研管理人员是科技研究活动的组织者、管理者，科研管理工作的水平将极大地影响其所管辖的科研机构的发展和科研工作的进程。

德国马普学会的工作人员由科研人员、技术和IT等支撑人员、管理人员、医护人员，以及其他服务人员构成。近10年来，科研人员和服务人员数量增长显著（图6-5）。从人员构成比例来看，最近10年科研人员基本保持在接近40%的比例；技术和IT支撑人员自2006年以来呈下降趋势，从约40%降至28%；管理人员的比例为13%～15%；其他服务人员的比例在2006年陡增，由10%增加到20%（图6-6）。

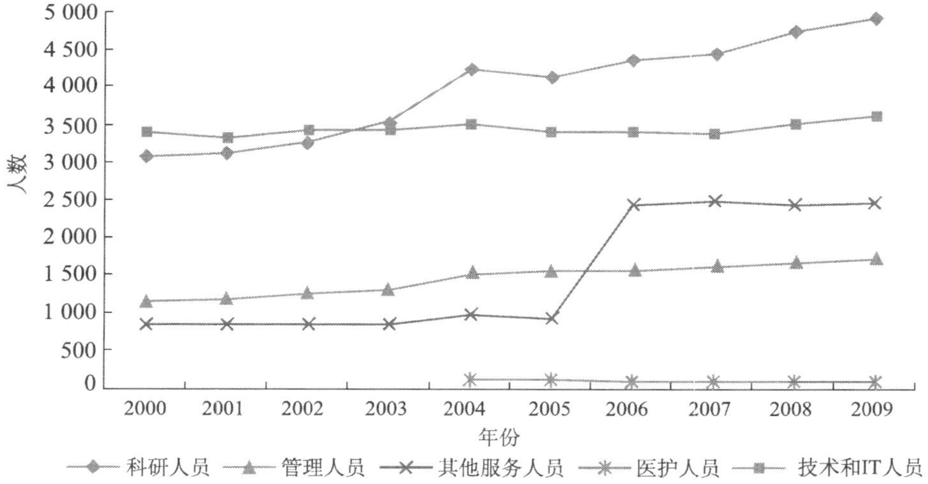

图6-5　2000～2009年马普学会人员构成变化情况

法国国家科研中心的工作人员由研究人员和工程技术人员组成，其中研究人员又分为科学研究人员、科研辅助人员和科研服务人员。近年来研究人员约

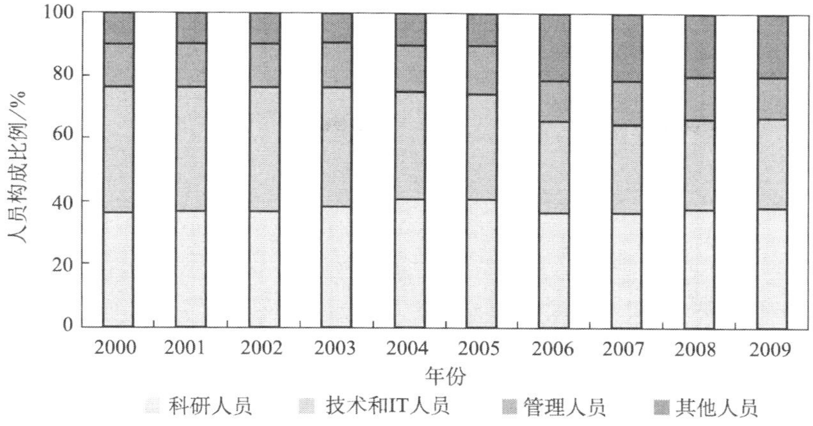

图 6-6　2000～2009 年马普学会人员构成比例

占 44%～45%，工程和技术人员约占 54%～55%。2008 年，工程师人数占专职人员的比例为 35.4%，技术人员的比例为 19.8%，该比例一直较高且稳中有升，二者合计所占比例从 2000 年的 54.4%上升到 2008 年的 55.2%（图 6-3）。在研究人员中，从事科学研究的人员占 44%～45%，科研辅助人员占 32%～33%，科研服务人员占 21%～22%（图 6-7）。另外，合同制员工中还有约一半人员从事辅助科研工作[3]。

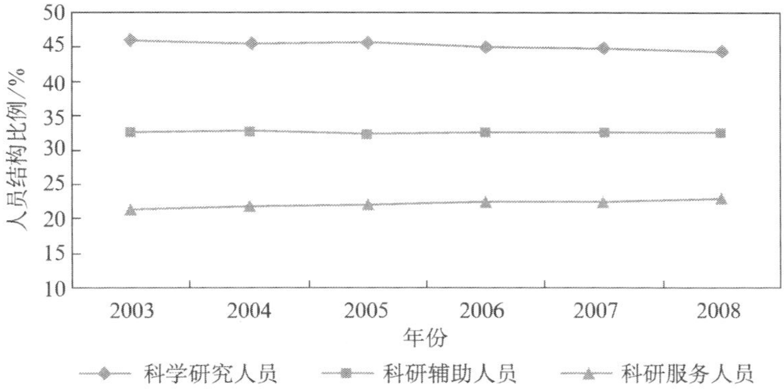

图 6-7　2003～2008 年 CNRS 研究人员结构比例

美国国家标准与技术研究所（NIST）现有 2900 位科研、工程、技术、后勤和管理人员，另外有约 2600 名来自学术界、产业界和其他政府机构的客座研究人员，在全国的附属中心还有 1600 名制造业专家和工作人员。

日本理化学研究所研究人员分为固定编制研究人员和合同制研究人员。研究人员总数量在 1999～2006 年期间增加，从 1999 年的 1325 人增加到 2006 年的 3002 人，2008 年减少到的 2668 人。管理人员（包括固定编制和合同制人员）数量一直在增加，从 1999 年的 217 人增加到 2008 年的 443 人（图 6-8），涨幅明显。管理人员所占比例在 12%～14%之间。

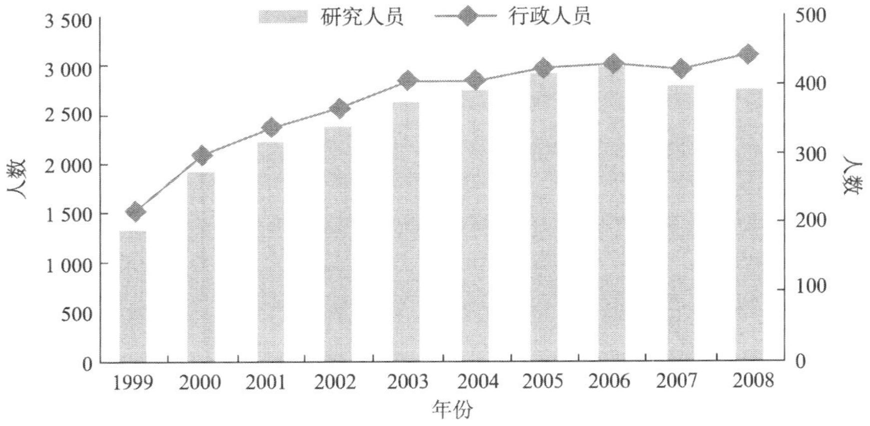

图 6-8　1999～2008 年 RIKEN 研究人员和管理人员数量

英国生物技术及生物科学研究理事会（BBSRC）人员结构比例如图 6-9 所示，2002～2009 年，科研人员比例从 52%降为 48%，服务辅助、工程技术和管理人员之和的比例在增加，其中政策与管理人员的比例从 14%上升到 23%[7]。

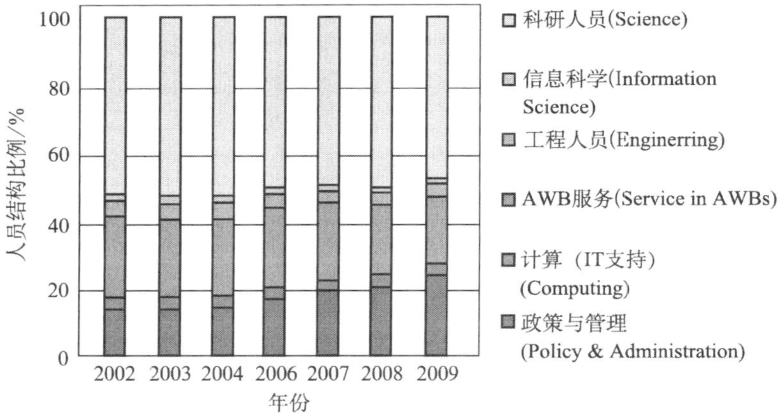

图 6-9　2002～2009 年 BBSRC 人员结构比例

注：BBSRC 的所有数据来源于其 2002～2009 年各年度人力资源报告；缺 2005 年数据。

总体而言，德国马普学会、法国国家科研中心的科研人员规模现对稳定，约占人员队伍规模的 35%～45%（图 6-10）。技术支撑、科研辅助、后勤服务和管理人员约占 40%～60%（图 6-11）。辅助人员在科研创新活动中发挥着不可或缺的重要作用，他们为科学家提供优质服务，打造良好的科研环境，使研究人员有充足的时间和精力潜心从事科研工作。

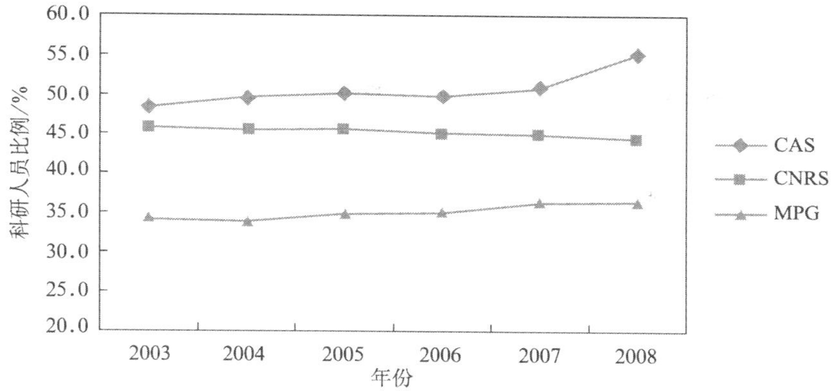

图 6-10 国立科研机构职工中科研人员的比例

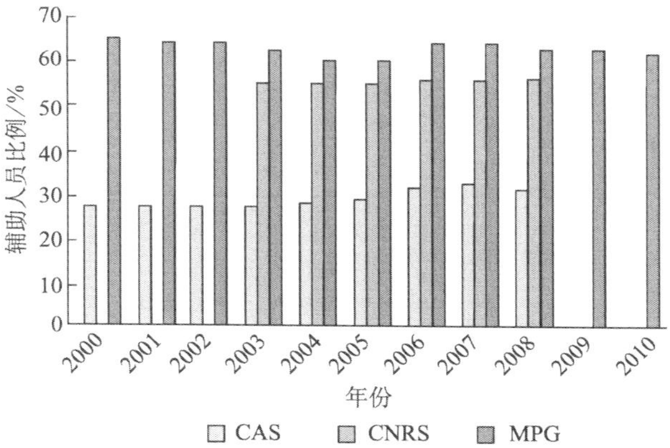

图 6-11 国立科研机构科技活动中服务辅助人员的比例

注：服务辅助人员包括技术、IT、管理、其他服务人员等参与科技活动但非直接从事科学研究的人员。

三、高级职称科研人员比例相对稳定

各国国立科研机构人员的职级分类及其标准各不相同，但总体来看国立科研机构的高级职称人员数量比较稳定。

德国马普学会的科研人员主要由所长和科学会员、独立青年研究小组组长、高级研究人员及其他研究人员构成。2009 年，有所长和科学会员 267 位，独立青年研究小组组长 102 位，高级研究人员 182 位，其他研究人员 4338 位，各自比例如图 6-12 所示，其中高级人才占 11%左右。马普学会强调雇佣合适的研究人员，员工尤其是高级员工的流动性较低，研究所主管领导可以一直在职 25 年直到退休[8]。近 10 年来，所长和科学会员人数基本保持不变，高级研究人员增长缓慢，独立青年研究小组组长和一般研究人员增长较快（图6-13）。

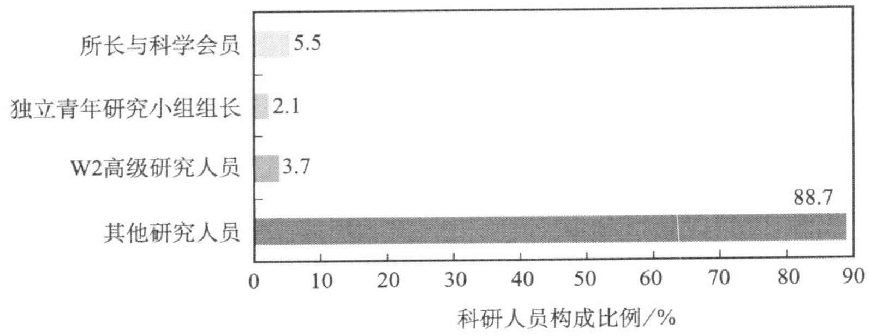

图 6-12　2009 年马普学会科研人员构成比例

注：W2 相当于副教授；其他研究人员包括博士后、青年教授和客座人员。

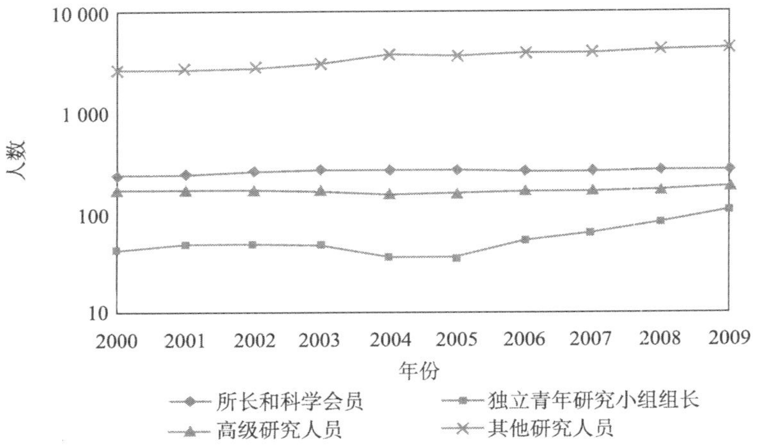

图 6-13　2000～2009 年马普学会科研人员构成变化情况

法国国家科研中心的正式编制人员分成研究人员、工程师和技术人员、科研管理人员等 3 个系列。研究人员分为特级研究员（DRCE）、高级研究员（DR）和初级研究员（CR），级别内按资历不同又分为 CR1、CR2 和 DR1、DR2 四档；工程师分为特级研究工程师、研究工程师、特级工程师、实验工程师和助理工程师；技术人员分为特级技术员、高级技术员、普通技术员和助理技术员。

2008 年 CNRS 有 119 位特级研究员、4449 位高级研究员，特级研究员、高级研究员和初级研究员的比例为 0.1∶3.9∶6。9089 位工程师中，研究工程师 2842 位，高级工程师、工程师、助理工程师的比例为 3∶4∶3，其中特级研究工程师 164 位，占 1.8%。技术人员 5080 位，其中特级技术员 864 位（占 17.0%）、高级技术员 940 位；技术员、助理技术员、初级技术员的比例为 8.4∶1.5∶0.1（图 6-14）[3]。

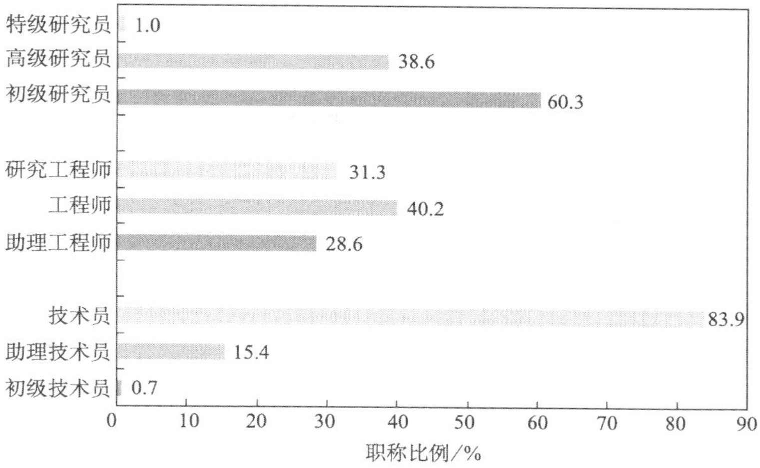

图 6-14　2008 年 CNRS 不同类型人员的职称比例

美国国立卫生研究院的全职研究人员包括以下 3 类：① 首席研究员（PI）：拥有博士学位，是终身研究员（即资深研究员）或者 Tenure-track 研究员，拥有自己的实验室并有资格雇用其职位以下的研究团队成员；② 专职科学家：普遍拥有博士学位，肩负首席研究员实验室管理或关键研究设施运营等关键职责；③ 临床研究人员：拥有专业博士学位（如医学博士学位或牙外科博士学位），已经通过实习医师及住院医师培训，承担临床服务及相关研究工作。NIH 研究人员的构成情况如表 6-2 所示。全职研究人员中，首席研究员有 1200 人，占 NIH 研究人员总数的 13%（其中约 3/4 为终身研究员）；专职科学家有 1300 人，约占 14%[9]。

表 6-2　2010 年 NIH 全职研究人员构成情况

人员类别		总体规模/人	大致占比/%
全职研究人员	首席研究员	1 200	13
	专职科学家	1 300	14
	临床研究人员	400	4

日本理化学研究所研究系列人员分为研究部长、研究副部长、研究课长、研究课长代理和研究人员，管理系列人员分为部长、副部长、课长、课长代理、组长和组员。

中国科学院事业单位在职职工分为专业技术人员、管理人员和科研支撑人员三大类，各职级人员的数量和比例，根据改革发展的需要不断进行相应调整，2009 年 4.20 万专业技术人员中，高级职称占 29.8%，中级职称占 28.2%（图 6-15）[10]。

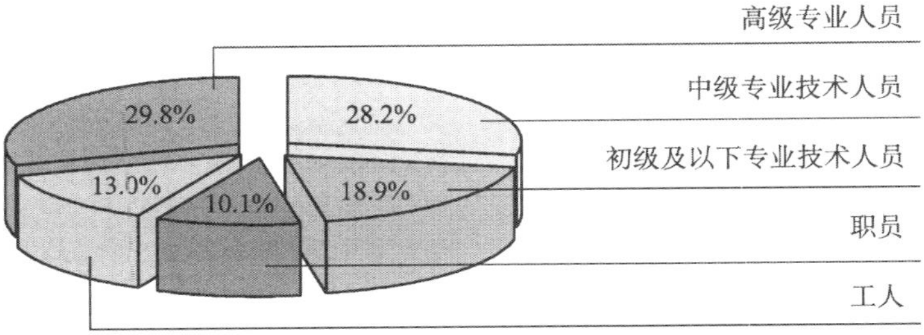

图 6-15　2009 年中国科学院事业单位正式职工职级比例

四、年龄结构变化不一

从国立科研机构员工的平均年龄看，德国马普学会 2008 年员工的平均年龄 41.2 岁，科学家的平均年龄为 39.8 岁。过去 10 年，德国马普学会员工的平均年龄显著降低，所有员工的平均年龄减少了 2 岁，其中科学家的平均年龄降低了 4.1 岁（图 6-16）。

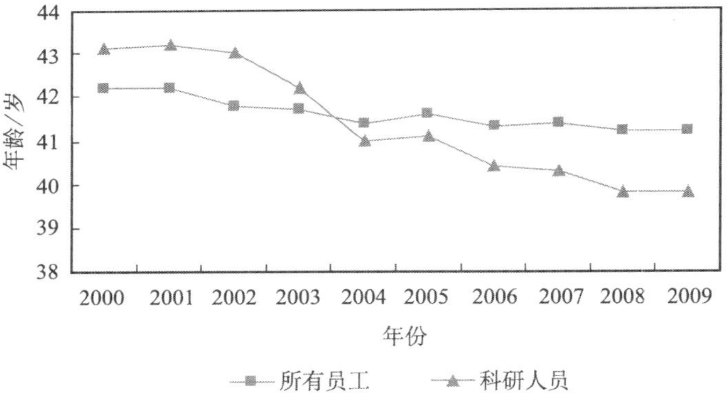

图 6-16　2000～2009 年马普学会人员年龄构成变化情况

美国国立卫生研究院首席研究员的峰值年龄由 1980 年的 36～39 岁增至 2005 年的 46～50 岁，基准年龄提高了 10 岁（图 6-17、图 6-18）。根据 NIH 做出的趋势模拟分析结果[11]，NIH 首席研究员的年龄结构呈逐年增高态势，2010 年其平均年龄为 50.9 岁，到 2015 年将可能增至 52.1 岁。预测模拟结果还显示，与首席研究员整体年龄分布特征相反，NIH 首次晋升首席研究员群体的年龄构成呈现年轻化趋势（图 6-19）。

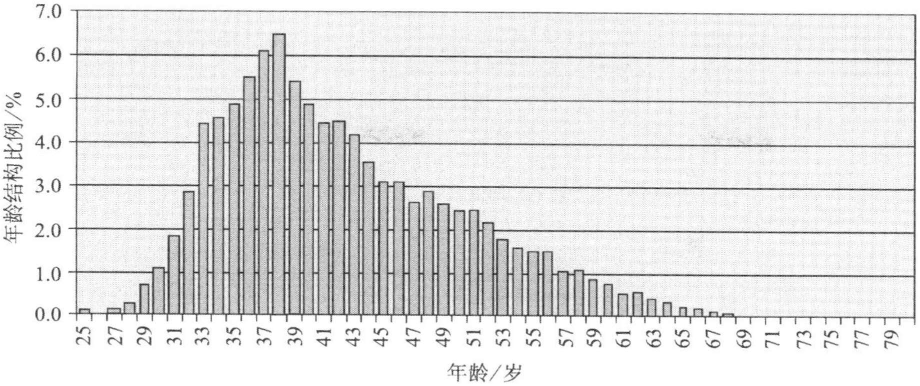

图 6-17 1980 年 NIH 首席研究员的年龄结构

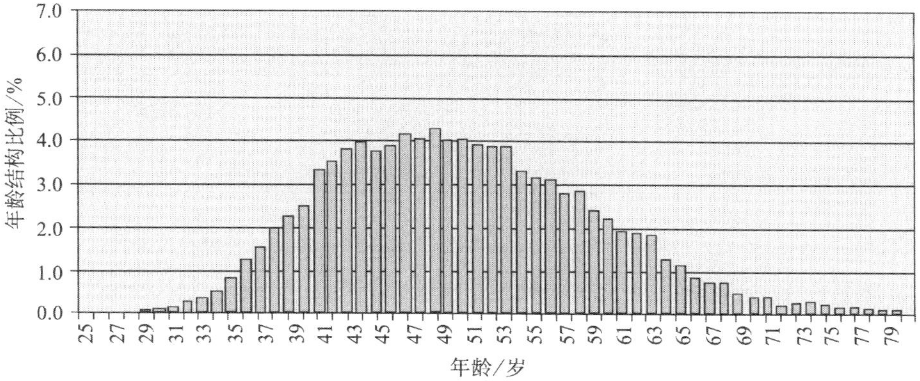

图 6-18 2005 年 NIH 首席研究员的年龄结构

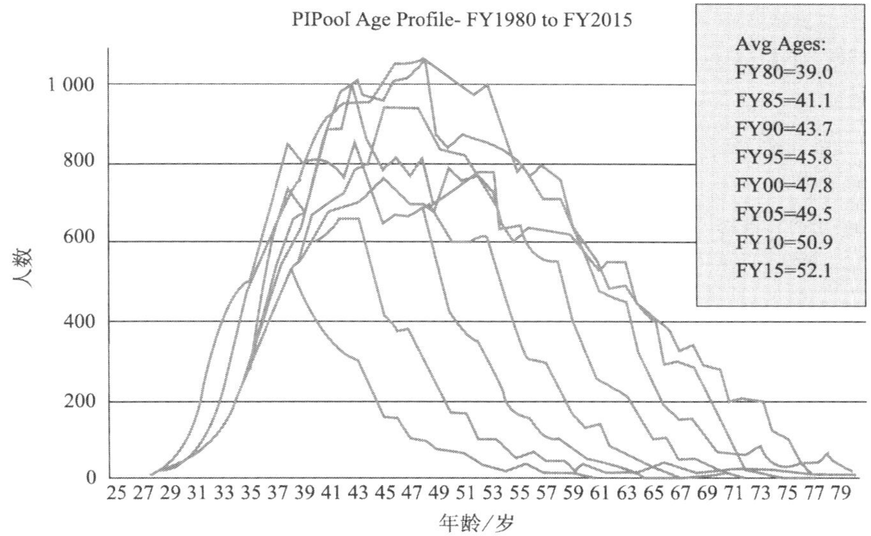

图 6-19 2015 年 NIH 首席研究员年龄构成模式预测

图 6-17、图 6-18 和图 6-19 来源：NIH Workforce Modeling for the National Institutes of Health

法国国家科研中心2008年在职职工平均年龄为45.6岁，其中，研究人员的平均年龄为46.9岁，工程技术人员平均年龄为44.5岁，工程技术人员的平均年龄比研究人员低2～3岁（图6-20）。研究人员和工程师大多处于35～49岁年龄组，技术人员大部分处于40～44岁年龄组。CNRS比例最高的年龄段是36～40岁（占16.2%），比例最低的年龄段是30岁及以下（占4.7%）[3]。

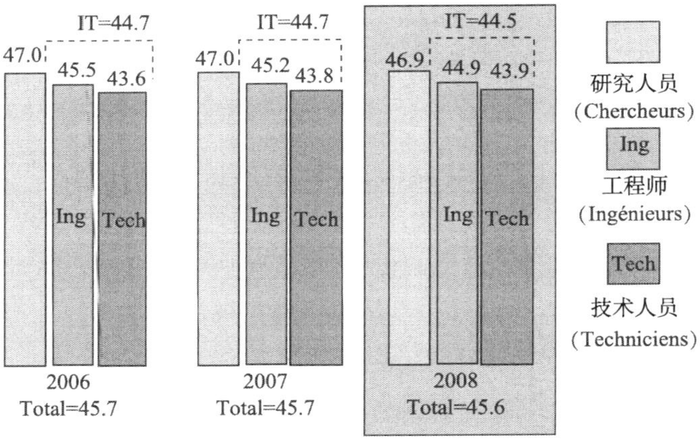

图6-20　2006～2008年CNRS员工年龄变化情况（单位：岁）
图片来源：CNRS Bilan Social 2008

CNRS新聘人员（初级研究员为主）在一定程度上弥补了老龄化问题，但总体来看35岁以下所占份额较小。新聘研究人员的年龄一般超过33岁。新聘工程技术人员的年龄介于32岁（技术员和助理工程师）至34岁（研究工程师）之间，近年来其平均年龄有上升趋势（不包括助理技术员），表明有一定工作经验的工程技术人员更受青睐。

不同学科部门人员的年龄分布有所差异。“公共事务”部门人员的平均年龄最低，因为该部门主要由工程技术人员构成；“信息工程技术”部门人员的平均年龄较低，为44.5岁；“人文与社会科学”部门人员的平均年龄最高，为49.3岁；“化学”、“数学、物理、行星和宇宙”、“生命科学”、“环境和可持续发展”部门人员的平均年龄与总体平均水平相当。

英国生物技术及生物科学研究理事会（BBSRC）工作人员年龄分布如图6-21所示，2004～2009年BBSRC各年龄段所占比例没有明显变化，但35岁以下人员数量总体来说减少，60岁以上人员数量增多，50～59岁年龄段的人数逐年减少[7]。

英国自然环境研究理事会（NERC）不同学科的科研人员年龄分布如图6-22所示。35岁以下占16%～20%，化学领域35岁以下人员的比例最高，其次是地理学和物理学；35～55岁年龄段占57%～65%，数学领域在该年龄段的人员比

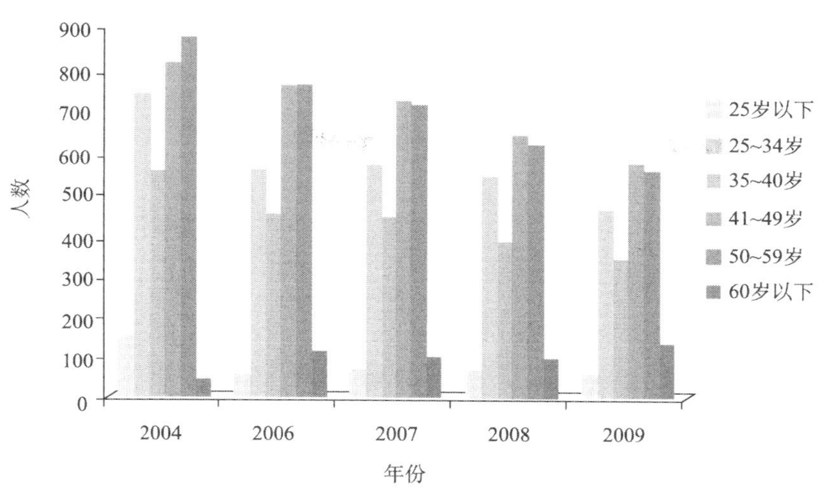

图 6-21 2004～2009 年 BBSRC 员工年龄分布

例最低，其他学科的比例相接近；55 岁以上占 15%～25%，化学领域该年龄段比例最低，数学领域该年龄段比例最高。整体来看，35～55 岁的科研人员是各学科领域的中坚力量，化学、地理学的研究队伍相比更为年轻，数学、环境学和工程学的队伍中经验丰富年龄较大的人员比例略高[12]。

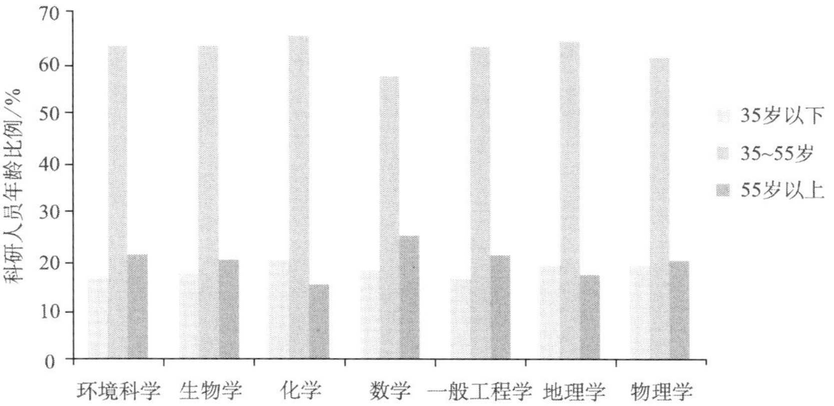

图 6-22 2009 年 NERC 科研人员年龄的学科分布

中国科学院 2009 年人员队伍平均年龄为 41.8 岁，与 1998 年相比 40 岁以下人员所占比例提高了 9%，正高级科研人员的平均年龄由 54 岁降低至 46 岁。

从图 6-23 可见，近几年各相关国立科研机构的队伍平均年龄变化不大，中国科学院的队伍平均年龄与德国马普学会的相接近，法国国家科研中心和日本理化学研究所的员工平均年龄相对较大。从年龄段分布来看（图 6-24），中国科学院 35 岁以下人员占 41.3%，尤其是新进的 30 岁以下年轻人的比例高，36～

40岁和46～55岁年龄段的中年科研骨干比例略低。

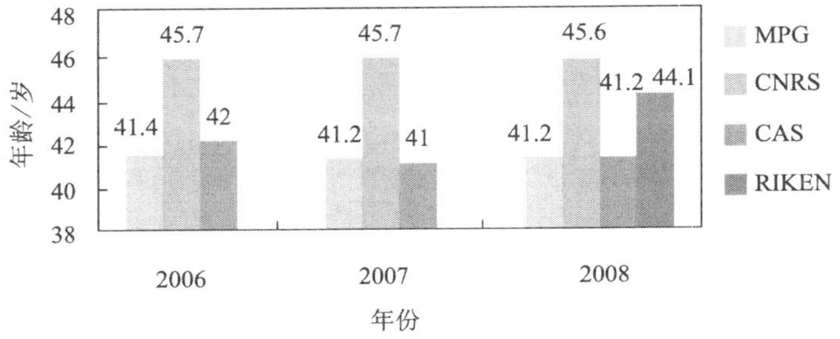

图 6-23　国立科研机构员工的平均年龄

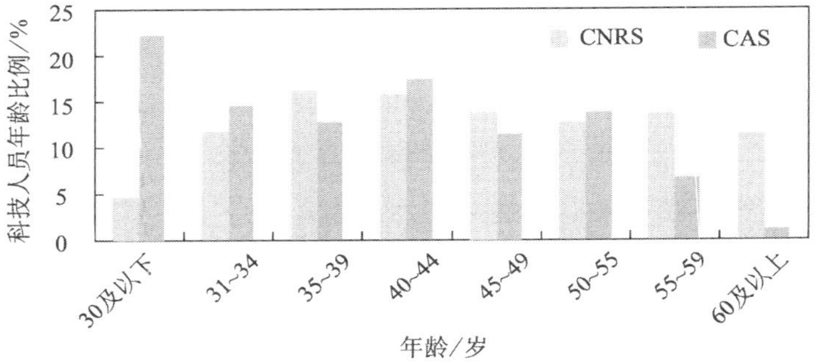

图 6-24　2008年CNRS和CAS科技人员的年龄组分布

科研队伍的年轻化能使机构充满创新活力。不同学科领域研究人员的年龄分布特征有所不同，高新技术领域的年轻人员相对较多，基础研究领域研究人员平均年龄相对较高。

五、普遍重视发挥女性员工的作用

发达国家通过优惠的录用政策、良好的待遇条件等积极鼓励女性从事科研工作、参与科学研究活动，并重视对女性科学家的培养。国立科研机构女性员工总体上的比例在提高，但在不同岗位、不同学科中的比例有所不同。

德国“Minerva计划”为具有较高素质的女性科学家提供获得大学或研究机构从事科研工作的机会。马普学会非常重视员工中女性的比例，创造条件让女性工作者尤其是女性科研人员到马普工作。近10年来，女性员工在总员工中的比例呈缓慢增长趋势，其中科研人员中女性的比例增长幅度较大，技术人员和IT人员中女性的比例呈下降趋势。管理人员中女性比例高，约占70%（图6-25）。

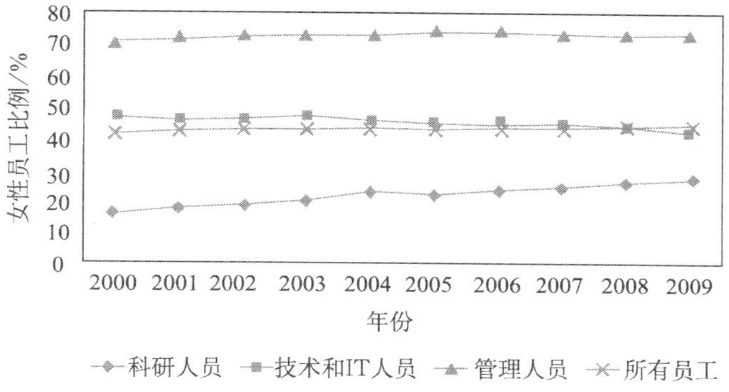

图 6-25　2000～2009 年马普学会女性员工所占比例的变化情况

美国国立卫生研究院在职研究员的性别比例保持相对稳定，男性约为 73%，女性约为 27%，男女性别比为 2.7∶1；终身研究员中的女性比例明显较低，约为 18%，男女性别比为 4.3∶1。NIH 终身研究员与在职研究员性别分布特点的差异反映出终身研究员资质要求更高[11]。

日本理化学研究所研究人员中女性的总体比例与马普相近，但女性在高级职称中的人员比例比 NIH 更低。2008 年，女性研究人员和男性研究人员的数量分别是 333 人和 1571 人，女性占 17.5%。首席研究员中女性和男性数量分别为 30 人和 334 人，女性仅占 8.2%（图 6-26）[13]。

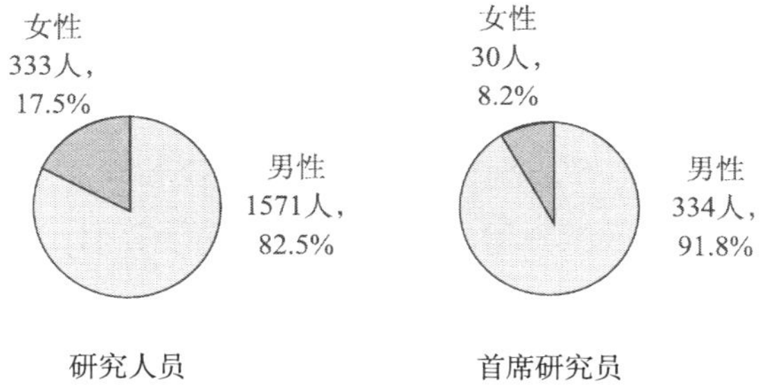

图 6-26　2008 年 RIKEN 研究系列员工的性别比例

英国生物技术及生物科学研究理事会（BBSRC）男女员工的数量差别不大，近几年女性所占比例在逐年提高，趋近于男性比例（图 6-27）[7]。

法国国家科研中心的女性员工占专职人员总数的 42.6%。女性在工程技术人员中的比例为 65.2%～76.3%，研究人员中的比例为 31.4%～44%。

性别平等指数＝女性人数/男性人数，若比值等于 1 表示男女人数一样多，大于 1 表示女性人数多于男性，小于 1 表示女性人数少于男性。2008 年 CNRS 工程技术人员的性别平等指数为 1.05；研究人员的性别平等指数从 1998 年的

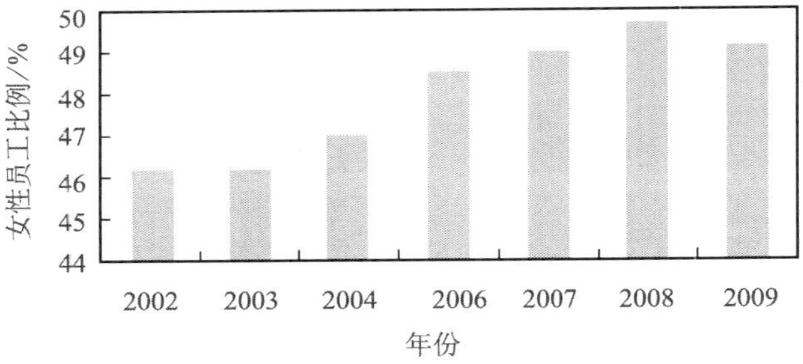

图 6-27 2002～2009 年 BBSRC 的女性员工所占比例

0.43 上升到 2008 年的 0.47。随着职级升高，CNRS 的平等指数呈下降趋势。普通研究员的平等指数为 0.6，高级研究员为 0.32，特级研究员仅为 0.12。技术员的平等指数为 2，工程师为 0.94，研究工程师为 0.42。

CNRS 不同学科之间的男女比例差别较大。总体来看，“人文社会科学”和“生命科学”部门中女性人数较多，平等指数分别为 1.18 和 1.10。“数学、物理、行星和宇宙”与“信息工程技术”部门中女性人数相对很少，平等指数均为 0.39。在“纯科技”学科类别中女性人数明显偏少，服务辅助等事务岗位的平等指数高。此外，非全日制工作的女性人数要远远高于男性，平等指数为 9.25，居于首位[3]。

根据《中国科学院统计年鉴》，2000～2008 年中国科学院所有职工及从事科技活动人员的性别平等指数的平均值都为 0.48，近年来科技活动人员中女性比例呈上升趋势（图 6-28），其中“生物学”和“技术支撑”部门的平等指数上升较快。2008 年，“技术支撑”部门的平等指数居首位为 0.93，“生物学”部门的性别平等指数为 0.75，“化学与化工”部门高于平均值为 0.51，“数学、物理”部门的平等指数最低为 0.39。CAS 平等指数较高的部门与 CNRS 基本一致，尽管这些部门平等指数的值低于 CNRS，但目前呈增长趋势。

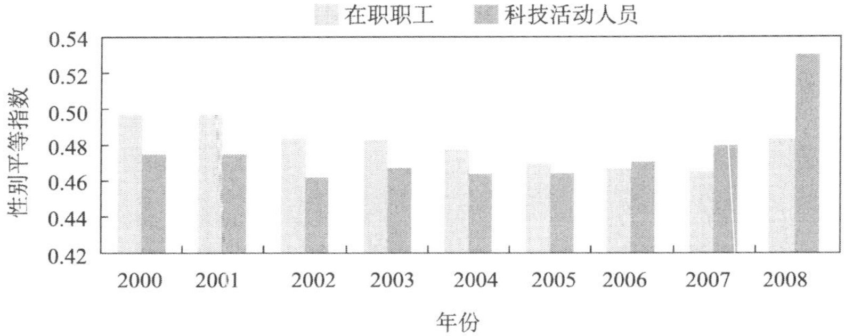

图 6-28 2000～2008 年 CAS 在职职工和从事科技活动人员的性别平等指数

国立科研机构普遍重视发挥女性员工的作用，女性员工所占比例呈增长趋势。但由于存在性别特征差异，高级职称和纯科技类别中女性的比例普遍较低，生命科学领域和支撑、服务岗的女性员工人数较多。

六、高学位员工比例呈不断增加趋势

国外一流国立科研机构在职人员普遍具有较高学位，并呈走高的趋势，而且还有高学位的技术支撑和管理服务辅助人员为科学家们提供良好的服务。

美国国立卫生研究院的正式研究人员普遍拥有博士学位。法国国家科研中心的专职研究人员全部拥有博士学位或同等学力。日本理化学研究所的固定编制研究人员中，大学以上学历人员占 96.4%，研究生以上学历占 92.8%；管理人员中，大学以上学历占 85.7%，研究生以上学历占 23.5%。

中国科学院的员工中，博士占 26.4%、硕士占 19.8%、学士占 15.9%。其中，院属研究所中研究生以上学历人数占 43.1%。中国科学院需要进一步提升研究队伍的博士学位人员比例，逐步优化研究队伍的学位结构。

七、根据学科发展需要调整和新建研究单元

国立科研机构一般都根据学科发展趋势和需要，及时调整或新建研究单元，开展前沿和新兴领域的开拓性研究，动态调整人才队伍结构。

德国马普学会的研究所如果开展的研究活动新颖性不高或者研究成果少就会被关闭，或者任命杰出的科学家来改变实验室和研究所的研究方向，并对人员进行重新组织调整。马普学会青年研究小组组长有独立的权力根据研究需要招聘或解聘组内科研人员及其他工作人员。马普学会“研究前景 2010 +”中指出，由于马普生物无机化学研究所原来的研究方向已被相关几所大学取代，马普学会正在筹建新的“马普化学能源转换研究所”以取代原来的研究所[14]。

美国法律规定，美国国立卫生院所属研究所的数量在 27 个以内。为新建研究所，2010 年院长弗朗西斯·柯林斯宣布把所属药物滥用研究所和国家酒精滥用与中毒研究所合并为一个新的研究所，以空出一个研究所编制，新建转化医学和药物开发中心，随着研究所的合并和新建，其研究队伍也将随之进行相应调整和重组[15]。

法国国家科研中心根据国家工业发展的需要，1975 年建立工程科学部，其后提出能源、环境、材料跨学科计划，并于 1980 年对 25 000 名科研人员、工程师、技术与管理人员进行了重组。2006 年改组设立六大学科研究部门，工作人员可挂靠在几个研究部门，此次调整在一定程度上改变了人员的分布格局。其

中，“数学、物理、行星和宇宙”部门的员工最多，“生命科学”部门的相当一部分人员被调整到新建的“环境和可持续发展”部门。

日本理化学研究所根据国家发展目标和任务、国际科技发展趋势调整其组织结构和研究方向，其学科方向发生了显著变化，从建立之初以物理和化学为主要研究方向到20世纪90年代中期以来逐渐向生物科学、新材料与生物医学方向扩展。1997年日本启动“生命科学研究和发展计划”、“脑研究发展20年长期战略”，日本理化学研究所因此建立基因组科学中心与脑科学研究所；1998年在筑波研究所成立基因科学中心；2000年成立横滨研究所，新建3个生命科学研究中心；2001年成立生物资源中心和免疫与过敏症科学综合研究中心；2002年成立神户研究所，设有发育生物学、再生医学综合研究中心。2005年新建传染病研究网络支援中心和辐射光科学研究中心；2006年新建仁科加速器中心。

可见，国立科研机构的人才队伍布局并非长期不变，而需要根据其战略目标和学科发展态势，及时地进行动态调整，以适应发展需求，更好地服务于国家和社会。

参考文献

[1] 施尔畏等. 关于研究所管理. 北京：科学出版社，2007：99

[2] Max-Planck-Gesellschaft. Annual Reports 2009. http：//www. mpa-garching. mpg. de/mpa/institute/annual _ rep/Jahresbericht _ 09. pdf [2011-2-1]

[3] CNRS Direction des Ressources Humaines. Bilan Social 2008. http：//bilansocial. dsi. cnrs. fr/pdf/bilan-social-2008. pdf [2010-2-3]

[4] DOE. Department of Energy Laboratory Plans FY 2007-FY 2011. http：//www. science. energy. gov/National _ Laboratories/DOE _ Laboratory _ Plans/DOE% 20Lab% 20Plans% 20Final. pdf [2009-4-20]

[5] RIKEN. RIKEN ANNUAL REPORT 2009-2010. http：//www. riken. go. jp/engn/r-world/info/release/pamphlet/annu _ repo/pdf/2009-10. pdf [2010-11-21]

[6] 钱文藻. 科研管理随笔. 北京：科学出版社，2010：3～5

[7] BBSRC. Human Resources & Corporate Services Group Statistical Summary 2009. http：//www. bbsrc. ac. uk/web/FILES/Statistics/hrcsg _ sum _ 2009. pdf [2010-9-10]

[8] 经济合作与发展组织. 公共研究的治理——走向更好的实践. 北京：科学技术文献出版社，2006：120

[9] NIH. WHO CONDUCTS RESEARCH AT THE NIH? https：//www. training. nih. gov/applicants/who _ conducts _ research [2010-6-25]

[10] 中国科学院. 中国科学院年报 2010. http：//www. cas. cn/jzzky/nb/nb2010/ [2010-3-10]

[11] NIH. Workforce Modeling for the National Institutes of Health. http：//report. nih. gov/UploadDocs/Workforce%20Modeling. pdf [2010-6-25]

[12] NERC. ECONOMIC IMPACT REPORTING FRAMEWORK Report for 2008/2009. http://www.nerc.ac.uk/about/perform/documents/eirf0809.pdf [2010-9-10]
[13] RIKEN. RIKEN ANNUAL REPORT 2008-2009. http://www.riken.go.jp/engn/r-world/info/release/pamphlet/annu_repo/pdf/2008-09.pdf [2010-11-21]
[14] Max-Planck-Gesellschaft. Research Perspectives 2010+ of the Max Planck Society. http://www.mpg.de/17877/perspectivesEn.html [2011-2-10]
[15] 王丹红. 促进转化医学和药物开发 NIH 筹设新中心. 科学时报，2010-12-14

第七章　人才流动比较

人才追求自身价值的全面实现是人才流动的内在动力，人才竞争对人才流动有着重大的调节作用。人才供需平衡是相对的、暂时的，人才供需不平衡是绝对的。研究机构的工作人员如果长期不变，虽然有利于熟悉工作、积累经验，但可能会导致某些领域科研工作停滞不前或进展缓慢。人才流动有利于博采众长、集思广益，使研究思路更加活跃，促进科研创新。

国立科研机构根据其社会使命和科学进展来部署研究方向和制定人才政策，鼓励多种形式的人才流动，保持机构科研人才的流动性。充分利用全球科学智慧充实科研实力、实现人员结构及资源的优化配置，在有效提高科研机构的科研效率与活力的同时，避免了正式员工过多、机构臃肿等问题。

一、主要国立科研机构的人才流动

（一）人才队伍的国际化与国际合作

科研机构中外籍人员的数量和比例可以反映其国际开放度，一流国立科研机构普遍通过引进国际化人才为机构注入创新活力。

马普学会人员的国际化程度比较高，15%的员工来自于国外，其中青年科学家和访问学者中的外籍人员比例最高，超过50%。2008年来自中国的青年科学家和访问学者人数达701人（图7-1）[1]。近10年来，外籍人员比例不断增长。科研人员中的外籍人员增长最快，从2001年的20.6%增长到2009年的30.7%（图7-2）[2]。在马普学会进行学习和研究的博士生有1/3是外籍，博士后有2/3是外籍。

法国国家科研中心2002年外籍人员比例为5.9%。至2008年在聘外籍人员共1855名，占员工总数的7.2%，其中，60.4%的外籍人员来自欧盟成员国，其他来自美洲、非洲、欧洲非欧盟成员国、亚洲和大洋洲（图7-3）。研究人员和支撑辅助人员中的外籍人员比例分别为13.1%和2.5%。近年每年招聘的研究人员中有25%来自国外，来源最多的前5位国家依次为意大利、德国、英国、比利时、美国[3]。CNRS通过国际科学合作项目、联合实验室和

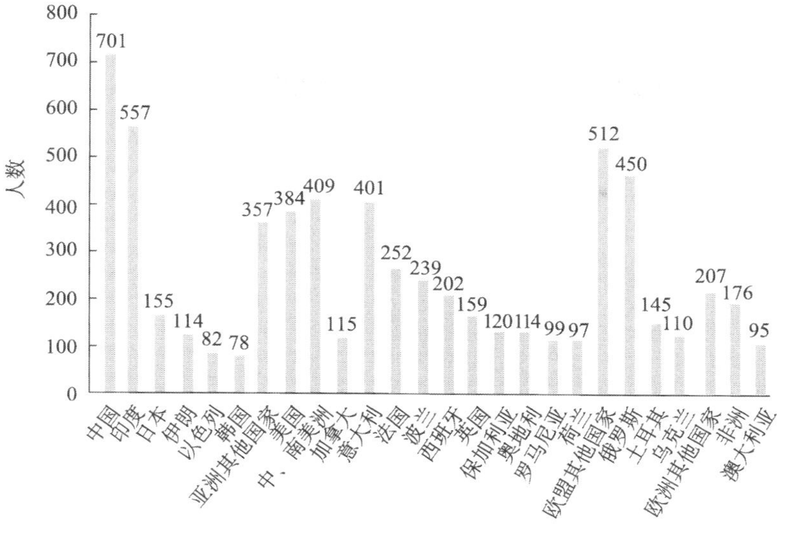

图 7-1　2008 年马普学会来自国外的青年科学家和访问学者分布情况

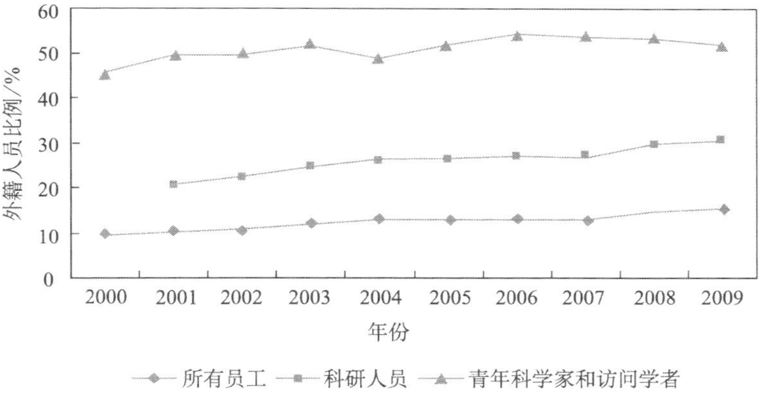

图 7-2　2000～2009 年马普学会外籍人员数量变化情况

联合单位扩大国际合作，每年发表的科研论文中约有一半是与国外合作者联合完成的。

日本理化学研究所员工中的外籍人员数在 2005～2007 年间呈增长趋势，从 640 人增加到 739 人，2008 年外籍人员数量有所下降。其外籍人员主要来自欧洲和亚洲国家，其中中国籍人员占了外籍人员总数的 20%左右（表 7-1）[4]。日本理化学研究所每年提供 150 人的基础科学特别研究人员和国际特别研究人员席位，其中 1/3 必须是外籍研究人员，独立主干研究人员席位主要面向国外广纳贤才。

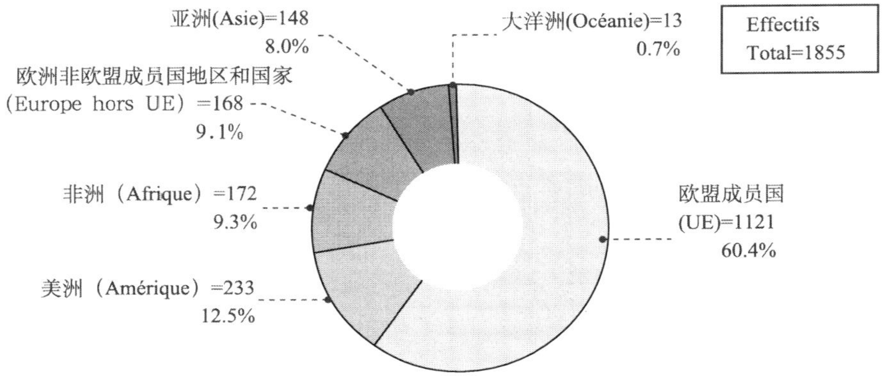

图 7-3 CNRS 外籍人员来源地分布（2008）（单位：人）

表 7-1 RIKEN 外籍人员数的年度变化 （单位：人）

国家（地区）	2005 年	2006 年	2007 年	2008 年
亚洲（除中国和韩国外）	90	90	115	94
非洲	6	4	13	2
大洋洲	10	16	16	11
欧洲	268	293	314	194
韩国	49	58	55	54
中国	129	137	145	114
中东	11	14	14	0
中、南美洲	6	9	8	5
北美洲	71	64	59	37
总计	640	685	739	511

2008 年，RIKEN 有日本籍研究人员 1684 人、非日本籍研究人员 220 人。在日本籍研究人员中，首席研究员（principal investigator，PI）占 19%；非日本籍研究人员中，首席研究员占 18%（图 7-4）。

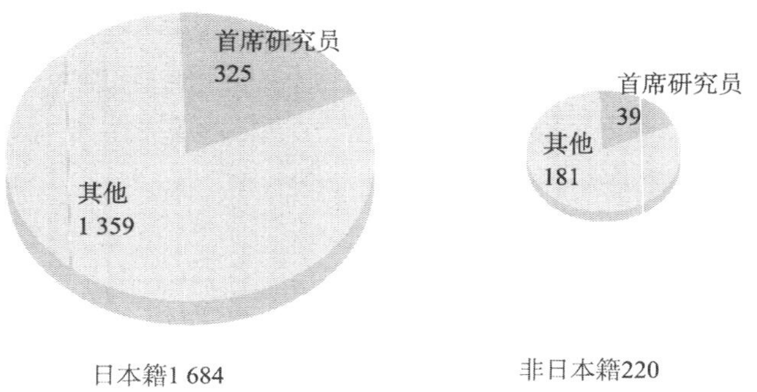

图 7-4 2008 年 RIKEN 研究人员的数量与国籍分布（单位：人）

英国医学研究理事会2006～2007年新加入人员的人种分布情况如图7-5所示，除本国白人外，其他国家的白人数量也较多，另外，还有来自中国等地的亚洲人，黑人、混血儿及其他[5]。

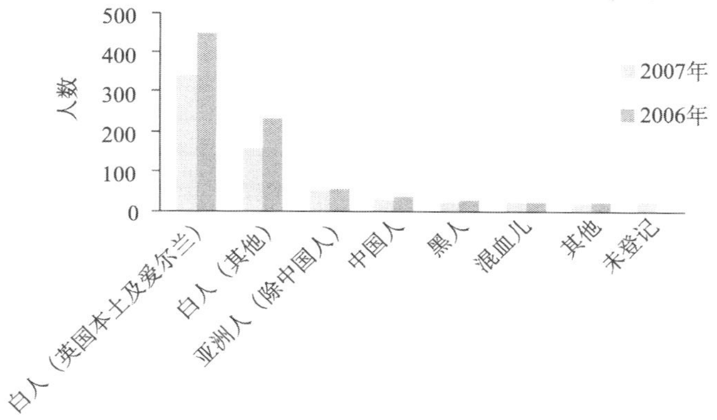

图7-5 2006～2007年MRC的流入人员人种分布图

中国科学院的国际科技合作不断深化。2000年以来，中国科学院邀请来访和派出开展国际科技合作研究的科研人员数量增长明显（图7-6），邀请来中国科学院进行学术考察访问和参加国际会议的人员数也逐年增多。

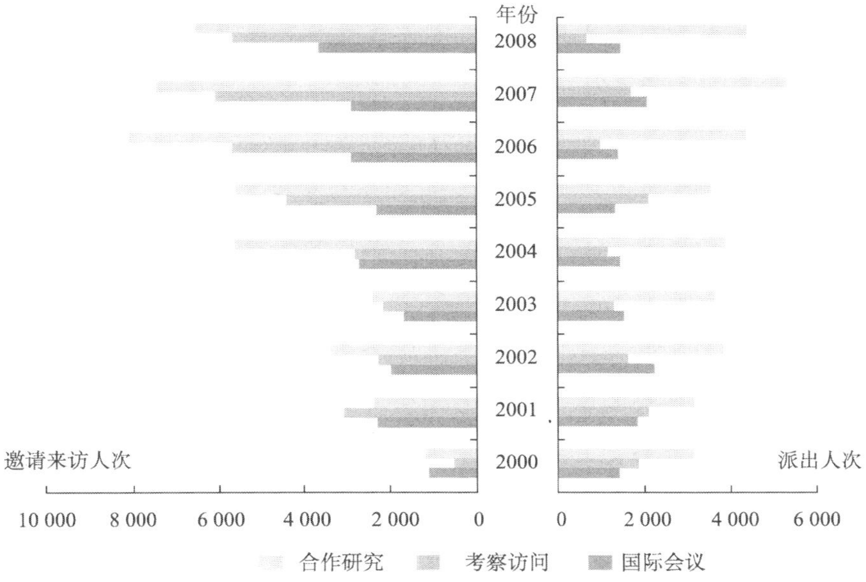

图7-6 2000～2008年中国科学院国际合作与交流人员数量

国际一流国立科研机构都重视人才队伍的国际化，重视引进外籍研究人员加盟；同时注重开展国际科技合作研究。德国马普学会的外籍人员比例从2002

年的 11.9%上升到 2008 年的 15.3%，法国国家科研中心外籍人员比例从 2002 年的 5.9%上升到 2008 年的 7.2%，日本理化学研究所 2008 年的外籍人员比例为 9.7%（图 7-7）。这三个国立科研机构的外籍人员比例都较高且呈明显增长趋势，马普学会尤为突出。

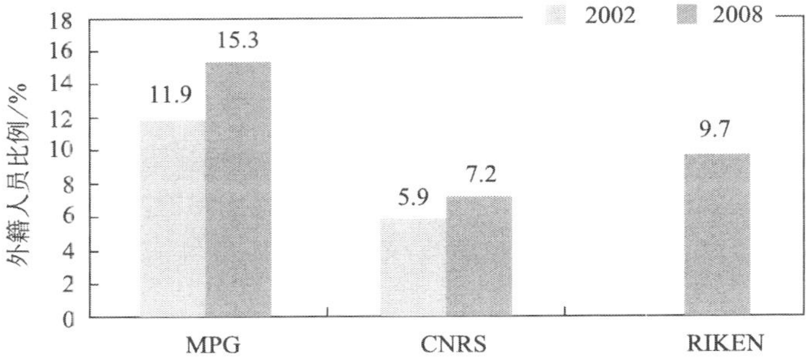

图 7-7　2002 年和 2008 年国立科研机构的外籍人员比例

注：缺 RIKEN 2002 年的数据。

（二）人员流动状况

国际一流国立科研机构的科研人员有序和良性流动，为科研活动注入源源不断的创新活力和思想。

德国马普学会近年来员工的流动率基本保持在 11%以上，这一数字还不包括国内外客座科学家、访问学者和博士生[6]。75%的人在马普学会的工作年限不会超过 8 年。

马普学会研究所与大学之间的人才双向流动关系密切，鼓励研究人员在大学担任兼职教授，超过 80%的所长和室主任都在所在地大学任兼职教授；大学的教授也可应聘马普学会研究所的研究员和所长职位。2009 年，马普学会兼职人员的比例达到 25%，而且呈增长趋势。马普学会限期聘用人员比例日益增大，尤其是限期聘用的科研人员的比例，从 2000 年的 40.3%增长到 2009 年的 59.4%，年均增长约为 2%（图 7-8）[2]。

法国国家科研中心约 32 000 名员工分布在 1200 个研究及服务单位。CNRS 与 190 所高等院校保持着非常密切的对口协作关系，有 3/4 的实验室设在这些高校内，CNRS 为这些协作实验室、协作课题组、协作个人提供科研经费。实际上，CNRS 有一半科研人员在大学工作。同时 CNRS 与法国其他研究机构也保持着密切的联系，加上其合作机构 CNRS 主管着约 10 万人的科研团体。2008 年 CNRS 有 71%的人员在联合型研究单位（即两个单位派出的研究人员数和分摊的研究经费大致相同，责任和权利也相近的研究单位）工作，占研究人员总数的 80%、工程技术人员总数的 60%。在协作型研究单位（即以一个单位的研究

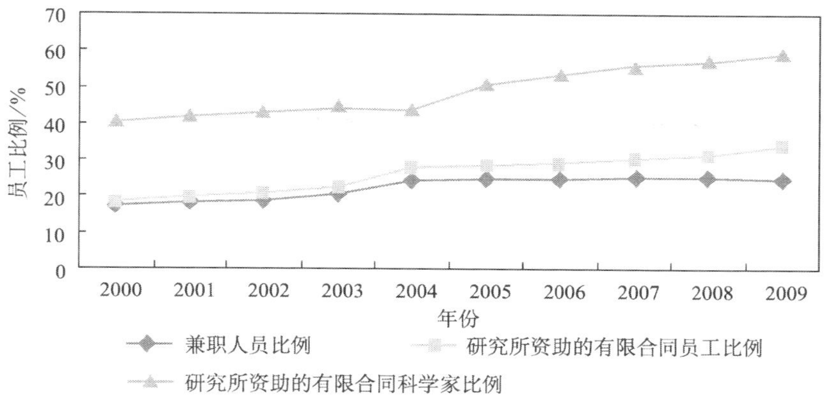

图 7-8 马普学会兼职人员与研究所资助的有限合同员工比例

人员和研究经费为主，其他愿意联合的单位派出一些研究人员并拿出一些研究经费参加的研究单位）工作的人数占人员总数的 1.3%[3]。

CNRS 的合同制员工近年来人数持续增长，2008 年签订合同并在此工作或学习的人数约为 1.2 万多人，与 2007 年相比博士后和定期合同制研究人员增长了 46.1%。

CNRS 一直鼓励其人员向高等教育机构、公共部门以及企业流动。2008 年人员流动数量较前几年有所增加，其中外部征用人员增加了 1.2%，临时调动人员增加了 2.7%，完全外调人员增加了 6.7%（表 7-2）。完全外调人员中，因为私事外调者最多，占总数的 69.2%；随配偶外调和科研原因外调的分别占 18.6%和 4.8%；因创办企业而完全外调的人数相对较少，占总数的 1.7%。据统计 CNRS 平均的潜在离职率为 34.5%。

表 7-2 2006～2008 年 CNRS 人员流出情况 （单位：人）

类型	2006 年 12 月 21 日	2007 年 12 月 21 日	2008 年 12 月 21 日
外部征用	432	485	491
临时调动	715	764	785
完全外调	595	600	640
破格调动	11	11	8
总计	1 753	1 860	1 924

2008 年 CNRS 共有 315 名研究员和 432 名工程技术人员流动，占总人数的 2.9%。在这 747 名人员中，有 65.1%属于国外流动、34.9%属于国内流动。人员的内部流动促进某些重要新岗位的设置并能填补相关岗位空缺。2008 年的岗位变动中，内部流动占 68.3%、人员的重新安置占 5.5%、临时人员借调占 26.2%。

有地区流动经历人员的平均年龄为 39 岁，大部分介于 25 岁至 44 岁之间（占总数的 75.1%，相当于 2008 年 CNRS 工作人员总数的 47.7%），55 岁以上人员较少（占流动人员总数的 6%）。女性工作人员的流动要比男性频繁，占流动人员的 71%，为工程技术流动人员的 57%，其中助理工程师和技术员岗位上的女性流动最为频繁。

另外，2008 年 CNRS 有 464 名研究人员和 974 名工程技术人员晋级，与前几年相比呈上升趋势。研究人员中，由初级研究员 2 级经过 4 年工作经历后自然晋升到初级研究员 1 级的人数为 288 位，有 249 名人员通过竞争性考核晋升为特级/高级研究员（图 7-9）。自 2006 年以来，晋级人员比例提高了 5%（由 CR2 晋升到 CR1 除外，因为 CR2 经过 4 年的工作经历后自然晋级）。晋级人员中，女性平均比例由 2007 年的 28.2%上升到 2008 年的 30.7%，在“高级研究员 2 级→高级研究员 1 级”中尤为明显（从 2007 年的 18.3%，上升为 2008 年的 31.6%）。

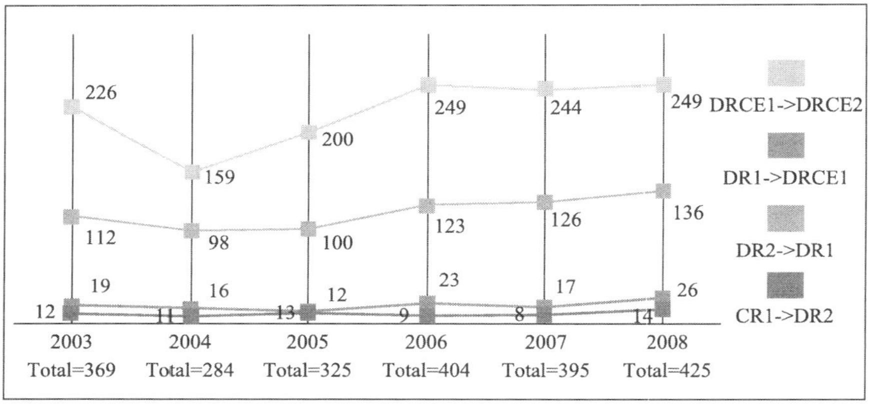

图 7-9　2003～2008 年 CNRS 研究人员晋级情况（单位：人）

德国马普学会和法国国家科研中心的合同制员工比例都比较高。马普学会合同制员工的比例从 2006 年的 30.7%上升到 2008 年的 33.7%；法国国家科研中心合同制员工的比例从 2006 年的 25.3%上升到 2008 年的 29.7%（图 7-10）。

美国国立卫生研究院流动人员包括临时研究人员和合同制研究人员，临时研究人员包括博士后、研究生、医学专业学生、学士后培训人员和暑期实习医师（表 7-3），合同制研究人员包括 3 类即合同制专科医生、助理医师及技师。2010 年临时研究人员约为全职研究人员的 2 倍。在临时研究人员中，博士后研究人员和在读博士研究生占到 45%；合同制研究人员规模根据实际工作及项目需求灵活确定[7]。

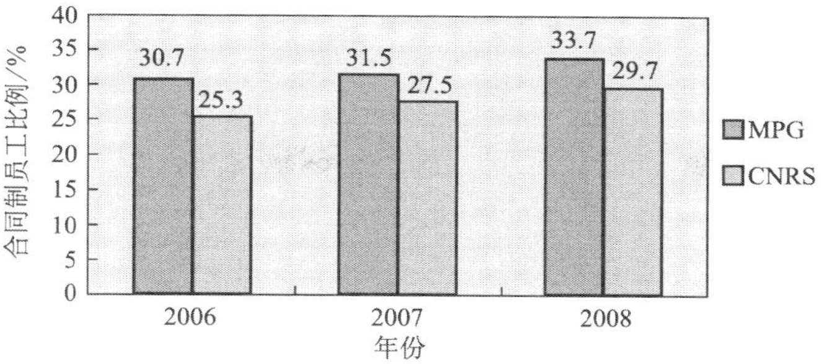

图 7-10 2006～2008 年 MPG 和 CNRS 合同制员工比例

表 7-3 2010 年 NIH 临时研究人员构成 （单位：人）

人员类别	人员数量
博士后	3 600
研究生	480
医学专业学生	70
学士后培训人员	700
暑期实习医师	1 200

美国能源部国家实验室一贯奉行“人力资源多元化”的原则以实现人力资源配置的最优化及效率的最大化。其人员大致由全职管理与科研人员、学生、访问学者、研究设施用户及合作人员等组成，其中全职管理与科研人员规模相对稳定，其他临时或流动人员则根据具体情况有所变化，总体保持增长态势。平均而言，全职人员与流动人员比例维持在 1∶1.5 左右。维持较高的流动人员比例是基于机构运营及管理成本的考虑，同时也保证了机构的科研活力。

1999～2008 年，日本理化学研究所固定编制人员比例从 41％下降到 20％，合同制人员从 59％上升到 80％（图 7-11）。其中，固定编制研究人员从 1999 年的 30％下降到 2008 年的 12％，固定编制管理人员从 1999 年的 11％下降到 2008 年的 8％；合同制研究人员从 1999 年的 56％上升为 2008 年的 74％，合同制管理人员从 1999 年的 3％上升为 2008 年的 7％。合同制人员尤其是合同制研究人员的增加，使 RIKEN 研究人员的流动更加通畅。

RIKEN 在 2007 年度合同制流动人员的数量约为 500 人左右，其中转向固定编制的人员有 0.2％，继续作为合同制人员在 RIKEN 内流动的人员有 18.0％，另有 29.6％的人员去向不明，除此之外，到大学任职的人员数高达 20.8％（图 7-12）[8]。

英国研究理事会除固定人员外，还通过项目聘用流动研究人员（Fellow、PostDoc）。流动人员的收入主要通过项目收入支付，他们在研究方向选择和时间安排上相对较为自由。其中，普通博士毕业生可以申请 PostDoc（即博士后），

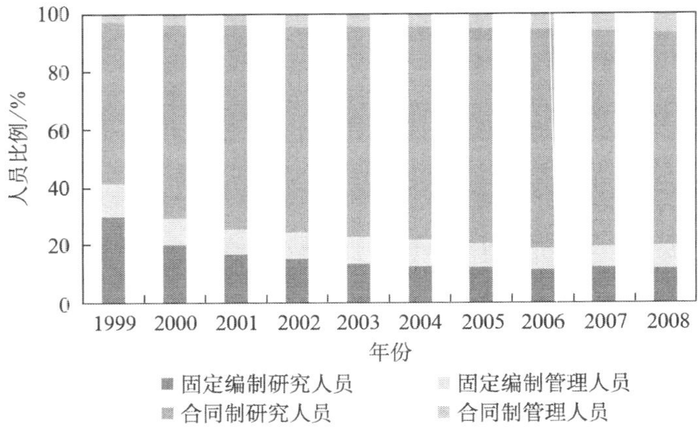

图 7-11　1999～2008 年 RIKEN 固定编制和合同制人员比例

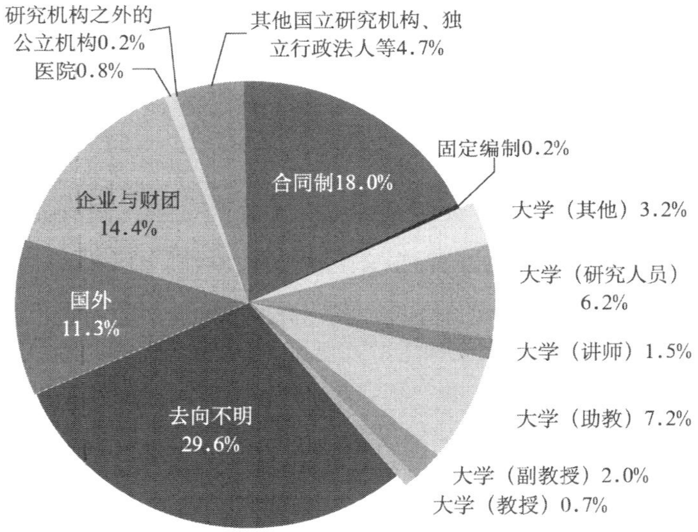

图 7-12　RIKEN 合同制人员的流动去向（2007）

参与适合的研究方向；Fellow 对申请者资质有一定要求，为其提供为期 5 年、每年 2.5 万英镑的经费支持[9]。

英国生物技术及生物科学研究理事会（BBSRC）2006～2009 年人员流出数量逐年减少。从年龄分布来看（图 7-13），30～39 岁的人员流出最多，其次是 21～29 岁年龄段的人员，40～49 岁的人员在 2007 年流出比较多，50～59 岁的在 2006 年流出较多，每年 60 岁以上的退休人员数量比较稳定，21 岁以下工作人员数本身很少，所以流出的也少[10]。

从性别分布来看，流出的人员中女性多于男性（图 7-14）。

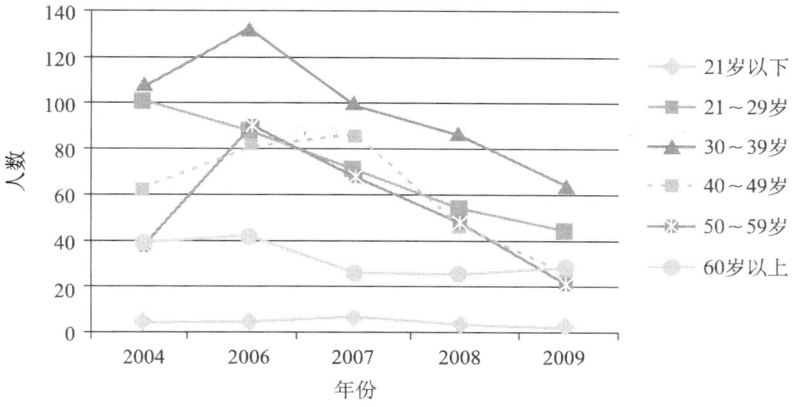

图 7-13 2004～2009 年 BBSRC 流出人员年龄分布

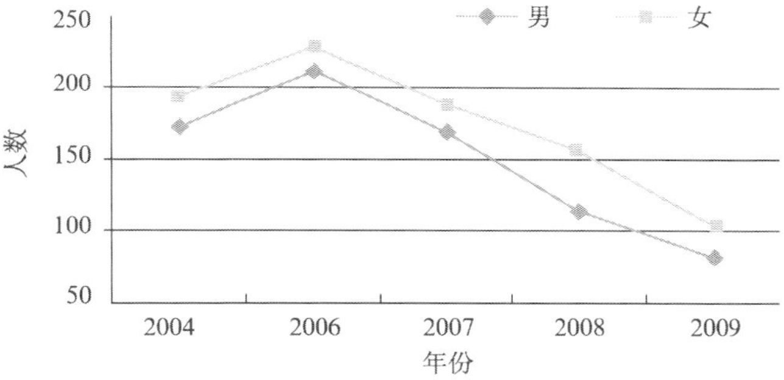

图 7-14 2004～2009 年 BBSRC 流出人员性别分布

2008～2009 年 BBSRC 人员流出的原因分析（图 7-15）表明，女性流出的首要原因是个人或家庭因素，其次是合同到期和被解雇；男性离开的原因更多与薪水和事业发展有关，另外由于人际关系不融洽而离开的人数也多于女性。

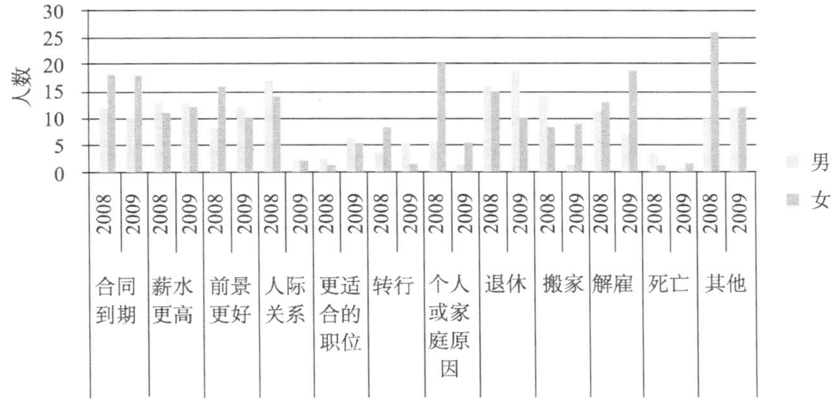

图 7-15 2008～2009 年 BBSRC 人员流出的原因分析

分析可见，一流国立科研机构十分重视国际人才的引进，呈现出人才国际化的特点，多样化思维的交流有助于更多创新思想火花的迸发。正式员工中外籍研究人员比例普遍较高，流动人员中访问学者、博士后和研究生数量多。中青年及女性员工的流动频率相对较高，女性离职原因侧重于家庭，男性则偏重于事业发展。

二、人才流动机制分析

建立科学的人才流动机制，保持合理的人员流动率，有利于加速人才资源的合理配置和有效利用，以及人才潜能的开发。一流国立科研机构重视员工构成的多元化，通过合同制、年薪制、兼职、访问交流、博士后、研究生等多种引智方式，实现人才队伍结构的优化，不断为科学研究注入新鲜活力。

（一）开放的用人制度

开放的用人制度能提升科研机构人才的国际化程度，国家的经济发展水平、文化、语言、制度等影响着机构用人制度的开放程度。

德国马普学会采取固定人员与流动人员相结合、专职人员与兼职人员相结合的人事管理制度，防止年龄老化和知识老化，达到优化年龄结构和知识结构的目的。马普学会所属研究所与大学之间建立了紧密的人才双向流动机制，并以限期聘用制度保持马普学会在人事管理方面的灵活性，从而促进人才流动。

美国国立卫生研究院为优化人才资源，在促进内部人才岗位良性流动的同时，强调人才引进的多元化和合理流动以确保其科学研究和自身发展的活力。

日本理化学研究所为了充分发挥人才的积极性作用，采取年薪制和合同制结合的方式汇聚各领域人才，通过有效的激励和约束机制，促使高层次人才在新的科学领域进行自主创新的开拓研究。

法国国家科研中心的临时合同岗位是其人才结构体系中流动性最强的一部分，由 CNRS 各研究机构和实验室根据自己的任务需要而确定，申请者不限于法国国籍，申请成功后可签订半年至 3 年的合同，并可续签。CNRS 还通过科研项目或基础设施建设任务而临时借调合作机构的相关人员参与工作[3]。

（二）留用与退出机制

合理的留用与退出机制，能够使机构最需要的优秀人才沉淀下来，也促进不适应机构发展的员工流向其他机构寻求更好发展。

美国国立卫生研究院实施的 Tenure-track 制度是一种“非升即走”的促进人才流动的机制，即处于 Tenure-track 序列中的研究人员如果不能在规定时间内升入高一级职位，就必须离开其所在单位。

NIH 对于所有临时、非 Tenure-track 序列和博士后层次的个人有明确的留用机制，以确保优秀人才的合理使用和有序流动[11]。博士后培训人员在 NIH 的停留时间不超过 5 年，在 NIH 的整个期限不超过 8 年，不考虑任命机制，除非被批准晋升为 Tenure-track 科学家、终身研究员、专职科学家、专职临床医生或其他永久/连续职位。若延期则必须符合以下规定：如果机构负责人希望保留临时培训者超过 5 年，那么期限调整必须伴随其相应职位的任命；对外籍科学家期限的调整在上述政策之内，但取决于其签证状态。如果上述临时研究人员在离开一段时间之后返回 NIH，那么期限将继续累计而不被归零，上述规则适用于博士后，不适用于博士生、客座研究人员或大学教授。

德国马普学会从事研究工作的人员分为长期聘用人员和限期聘用人员，长期聘用人员对应的最高职位为 C4 教授（其下为 C3 或 C2 教授），如果限期聘用人员在 6 年内未获得长期职位，则必须离开教学和科研岗位转入公司或企业工作；在科研工作中业绩突出、成为课题负责人的限期聘用人员，可聘为长期聘用人员。德国规定一般每位 C4 教授可以拥有 2～4 名长期聘用人员[12]。

（三）退休制度

美国没有年龄一刀切的退休制度，Tenure-track 制不用退休，因此使人才沉淀，出现人员老化现象。因为医学领域高层次人才较难培养，高龄研究者占据了终身研究员的位置，这使得 NIH 首席研究员基准年龄从 1980 年的 36～39 岁增至 2005 年的 46～50 岁，整体提高了 10 岁。

德国 2007 年将科学技术人员的法定退休年龄由 65 岁提升到 67 岁。马普学会按国家规定实施退休制度，优秀的研究人员退休后可通过返聘继续其研究生涯。

法国国家科研中心是公务员制，退休人员养老金交纳年限为 33 年，至少应在公共部门工作 25 年[13]。CNRS 一般研究员要到 65 岁才退休，工程技术人员多数在 60 岁时退休，提前退休人群中，工程技术人员居多。

日本理化学研究所的固定编制和聘任制员工无论是自愿离职还是已满退休年龄，必须在离职或者退休前的 1 个月向直管领导提交离职或者退休申请书。固定编制的退休年龄是 60 岁[14]。

综上所述，国际一流国立科研机构采取多种措施积极有效地促进人员的内外部有序流动，通过人员流动与世界其他国家和地区进行合作交流，采用学术访问、研究生培养、限期聘用、临时合同和兼职等方式进行人才和智力的引进，并与大学和企业等建立密切的人才交流关系，从而不断为科研机构注入新的思想和活力，保持其研究的卓越性与创新性，推动科学和社会的发展进步。

参考文献

[1] TÜBITAK Ankara. The Max Planck Society: Attracting Research Talent. http://www.fp7.org.tr/tubitak_content_files/Presentation_MaxPlanckSociety.pdf [2009-2-12]

[2] Max-Planck-Gesellschaft. Annual Reports. 1999/2000/2001/2002/2003/2004/2005/2006/2007/2008/2009. http://www.mpa-garching.mpg.de/mpa/institute/annual_rep/annual_rep-en.html [2011-2-1]

[3] CNRS Direction des Ressources Humaines. Bilan Social 2008. http://bilansocial.dsi.cnrs.fr/page/download [2010-2-1]

[4] RIKEN. RIKEN ANNUAL REPORT 2008 - 2009. http://www.riken.go.jp/engn/r-world/info/release/pamphlet/annu_repo/pdf/2008-09.pdf [2010-11-21]

[5] MRC. MRC Annual Report. (01-02/02-03/03-04/04-05/05-06/06-07/07-08/08-09). http://www.mrc.ac.uk/Newspublications/Publications/AnnualReport/index.htm [2010-9-10]

[6] 林豆豆，田大山. MPG 科研管理模式对创新我国基础研究机构的启示. 自然辩证法通讯，2006，28 (4)：53～60

[7] NIH. Policy for Use of Contract Workers to Support Scientific Functions in the Intramural Research Programs. http://sourcebook.od.nih.gov/irp-policy/contractproposal.htm [2011-3-22]

[8] 日本理化学研究所. 人材開発課の相談・転身状況. http://www.riken.go.jp/cso/consult/index.html [2010-5-11]

[9] RCUK. RCUK Academic Fellowships. http://www.rcuk.ac.uk/ResearchCareers/fellowships/Pages/home.aspx [2011-3-10]

[10] BBSRC. Human Resources & Corporate Services Group Statistical Summary 2009. http://www.bbsrc.ac.uk/web/FILES/Statistics/hrcsg_sum_2009.pdf [2010-9-10]

[11] NIH. 5 Year/8 Year Duration Rule. http://sourcebook.od.nih.gov/irp-policy/5-8-yr-rule.htm [2010-6-24]

[12] 施尔畏等. 关于研究所管理. 北京：科学出版社，2007：106～107

[13] 中国科学院人力资源管理研究组. 关于我院创新三期人力资源管理的若干思考. 中国科学院院刊，2007，22 (5)：355～373

[14] 日本理化学研究所. 定年制職員就業規程. http://www.riken.go.jp/r-world/disclosure/info/pdf/teinen_kitei.pdf [2010.5.21]

第八章 人才引进与培养

领军人才的引进是国家人才战略的重中之重，一流国立科研机构为确立和巩固其国际科学前沿引领地位，积极响应国家人才政策，创立多种人才计划面向全球猎取高端人才。对青年人才的培养是国立科研机构着眼未来的重要人才发展战略，建立多元化的人才培养机制既是未来人才需求多样化所必需，也是人才发展和人才队伍优化的必然要求。

一、高层次人才的引进与使用

纵观当今科学技术发展进程，杰出的领军人才往往能促进实现重大技术突破，乃至带动一门学科、一个产业的兴起。要实现建设创新型国家的战略目标，创新是核心，关键在人才，特别是领军人才[1]。为引领世界科学发展前沿，一流国立科研机构纷纷创新人才计划，通过极具吸引力和竞争力的条件待遇猎取国际高端人才。

（一）设立特殊岗位招聘杰出人才

通过“给位子、加担子”，引进所长、创新群体团队负责人、首席科学家等，相应的岗位指向明确，要求严格且数量有限。

德国马普学会强调其研究所应由国际著名科学家（不要求一定是德国籍）担任所长，每一个候选人必须要求有来自国际科学界的10～12份推荐信。目前马普学会250多位所长及其所级领导人中，有60余名非德籍科学家。马普学会学术带头人或承担研究项目的主要研究人员均在全球招聘。外籍科学家广泛参与马普学会的科研与管理工作，被认为是马普学会取得高水平科研创新成果最重要的因素之一。

作为世界开放型研究所，日本理化学研究所面向全球招聘具有创造性和独创性想法的外籍青年科学家作为国际特别研究人员，2010年国际特别研究人员的招聘名额为15名。借助此计划创建国际研究环境，将RIKEN建设成为更为开放的世界顶尖研究所[2]。

（二）通过资助研究项目吸引人才

通过资助项目或者根据机构重点学科发展需求招聘、吸引国内外高层次人才。

美国国立卫生研究院设立的“院长开拓奖”（Director's Pioneer Award）是一种针对优秀人才的项目资助方式。用于支持具有突出创造力的科学家建设高风险研究团队，开展创新性研究。该研究资助面向中青年、女性及少数民族研究人员，同时要求受资助者必须是项目的主要承担者，所承担的研究工作量至少达到全部研究工作量的 51%[3]。

美国能源部科学办公室每年资助的研究项目分布于全美 300 多所高校及研究机构，凭借其先进开放研究基础设施，美国能源部国家实验室每年所吸引来自全球的科学家及研究人员超过 21 000 名[4,5]。“杰出科学家项目”是美国高等教育机构与能源部联合培养和选拔杰出科学家的项目。入选对象是高等教育机构的教授、国家实验室最高级别的优秀科学家或技术人员。“杰出科学家”项目为期 6 年，分两个阶段实施，以 3 年为一个资助周期，第二阶段的资助经费的具体分配取决于第一阶段的评审结果。2009 年资助经费为 2000 万美元，2010 年增至 3000 万美元。

“美国能源部教师科学家培养项目”（DOE ACTS）旨在将自然科学、技术、工程学及数学领域的优秀教职人员培养成为高素质的研究人员，并使其发展成为上述领域教育的领军人才。该项目为期 3 年，项目执行期间要求参加培训的教师选择一所能源部国家实验室开展 4～8 周的研究（利用连续 3 个暑期完成）。

（三）设立合作研究岗位“引智”

通过合作项目、客座访问等方式，以引智为核心，采取不求所有、但求所用的柔性策略短期吸纳国内外高级人才。

德国“马普学会会士”（Max Planck Fellows）计划旨在加强马普研究所与大学之间的合作。大学教学人员可被任命为马普学会会士，期限最长为 5 年。在此期间，会士将在马普研究所领导一个小型研究小组。此外，该计划还可使大学杰出的研究人员在退休后或获得名誉地位后继续其研究生涯，这种情况下期限为 3 年。研究经费主要来源于战略创新基金（Strategic Innovation Fund）以及其他机构的资助，总额约为 2500 万欧元[6]。

日本理化学研究所“名誉研究员项目”（RIKEN Honorary Fellow program）的前身是 1994 年开始的 RIKEN 杰出科学家项目（RIKEN Eminent Scientists Program）[7]。该制度面向海外杰出科学家（包括居住在国外的日本人），招聘对象分为：Super Eminent Scientist（SES），主要指诺贝尔奖得主或同等水平的科学家；Eminent Scientist（ES），主要指世界知名的、能为 RIKEN 发展提供建议的科学家；Visiting Professor（VP），指比较知名的科学家，以进行合作研究为目的。

日本理化学研究所“客座研究员制度”有以下4种类型[8]。一是客座主干研究员，负责RIKEN某个基础研究课题的一部分研究工作，要求具备与RIKEN主任研究员同等的研究水平和管理水平。二是客座研究员，参加RIKEN与其原单位的合作研究课题及其他有关课题的研究，要求具有与RIKEN高级研究人员同等以上的研究水平，以及对研究工作提出建议、发现研究工作中存在的问题、指导其他研究人员工作的能力。三是共同研究员，要求具有较高研究水平，仅对自己的具体研究工作负责。以上三类人员聘用时间一般为2～12个月，所需各种费用由研究室课题费支出。四是访问研究人员，支持已获得有关国立机构科研资金资助、需使用RIKEN科研设备和实验室的研究人员，RIKEN不支付其薪金，并收取设备及实验室使用费，所获研究成果由RIKEN和有关资助机构共有。

二、中青年人才的吸引与培养

发达国家的国立科研机构主要通过优越的科研条件和杰出的培养机制来吸引和培养青年人才，进行人才战略储备。

（一）遴选并稳定支持青年研究小组

德国马普学会自1969年以来，一直通过“独立青年研究小组”（Independent Junior Research Groups）支持有天赋的青年科研人才。这种支持方式为经过国际评审招聘到的优秀青年人才提供充足的研究经费，为他们在事业开创阶段开展独立自主的科研活动铺平了道路[6]。

2001年以来，青年研究小组进一步国际化，即德国青年科研人员可以担任国外伙伴组织的青年研究小组组长，国外伙伴组织的科研人员也可以到马普研究所领导一个研究小组开展研究。2004年以来，马普学会在招募独立青年研究小组时不指定特定的研究重点，目的是吸引新的有创造力的研究人员。青年科学家小组组长在其科研领域内的各项科研工作是独立的，特别是在选题、安排和实施其科研工作计划时不受任何限制，而且有权招聘或解聘组内科研人员和其他工作人员[9]。独立青年研究小组的资助年限一般为5年，期满时通过专门评估，可后续支持2～4年，最长资助年限可达9年[10]。

（二）设立面向青年人才的项目和计划

1. 专门的人才培养项目

美国能源部国家实验室通过各种人才培养项目建立服务能源部战略使命及未来发展的人才储备。

“工作实习项目”作为能源部人才引进的辅助手段，以灵活而多样化的待遇，在面向特定工作和任务引进所需专业人员的同时，也成为其遴选后备人才的渠道。项目周期为2年，培养未来科学家/工程师和商务人才。

“维持美国竞争力研究生奖学金项目”为优秀研究生提供专项攻读博士学位奖学金资助，资助期限为3年。2009年经费预算为1200万美元，2010年增至2000万美元。

“教育及人力资源发展项目”为与美国国家科学基金会联合人才培养项目，旨在为保持美国在自然科学、技术、工程学及数学领域的国际引领地位提供多元化和具有竞争力的人力资源支撑。包括科学与技术卓越研究中心项目、计算机科学、工程学与数学奖学金（CSEMS）项目等15个子项。

“自然科学、工程学及数学领域研究者早期职业资助项目”专门支持自然科学、工程学及数学领域正处于职业初期阶段的科学家与工程师（已取得博士学位或获得其他学位不超过10年），资助期限最长为5年，资助额度为8万～12.5万美元。

美国国立卫生研究院为吸引和培养后备人才，每年都会面向不同层次的专业群体，通过各种不同形式的职业发展及培训项目吸引其参与NIH科研活动。其一，由NIH资助，主要面向不同层次的学生及高层次专业人士开展的内部培训，培训规模为5000～6000人，包括暑期实习项目、大学生奖学金项目、“学士后”项目、研究生项目、博士后项目等[11]。其二，主要通过各种NIH以外的资助渠道及项目机制的外部培训，包括Kirschstein-NRSA项目、NIH事业发展奖项目等[12]。此外，还有面向特定群体的专门项目以及国际培训与事业发展项目等。

NIH为促进跨学科/多学科研究团队建设，推出以下青年人才培养项目：

（1）“行为、环境及生物学多学科健康研究培训项目”，旨在培养和发展一支能够整合不同科学方法的多学科科学家骨干队伍以解决复杂的健康问题。

（2）“多学科研究人才培训项目”，面向大学本科到博士后不同层次的学生，通过新培训项目培养多学科研究力量，目标是发展一支专门应对日益复杂的健康及生物医学研究多学科研究科学家队伍，参与或领导未来研究。

（3）“多学科研究课程开发奖”，旨在培养从大学本科到博士后各个层次的学生开展协同性的多学科研究，以使其成为未来多学科研究的领军力量。

（4）“多学科研究短期培训项目”，面向青年科学家及已经掌握某一领域或多个领域基础知识的学生，旨在促进多学科领域培训以推动创新性问题解决方案的开发和新的综合领域的形成。

2. 青年人才发展计划

德国马普学会“Minerva计划”来源于最初的“C3特别计划”（C3 Special

Program)。“C3 特别计划”由马普学会评议委员会（Senate of the Max Planck Society）于 1997 年提出，其主要目的是通过为期 5 年的 C3 合同，为具有较高素质的女性科学家提供获得大学或研究机构从事科研工作的机会。2004 年，“C3 特别计划”被“W2 特别计划”取代。自 2007 年以来，“W2 特别计划”被作为“Minerva 计划”而得以延伸。在大学和研究机构，W2 职位是迈向高级职位的一个跳板。2010 年该计划面向马普学会所有女科学家[13]。

日本理化学研究所针对获得博士学位的青年研究人员，创立了不同层次的青年人才计划[14]：

（1）“独立主干研究人员制度”，创建于 2001 年，以开拓新的研究领域为目的，为优秀青年研究者提供独立进行创新研究的机会。

（2）“副主任研究人员制度”，创建于 2006 年 4 月，目的是培养具有战略眼光并能主持独立研究室的青年研究人员，成为下一代科技领域的引领者。

（3）“基础科学特别研究人员计划”，主要为富有创造性和独创性的青年研究人员提供自由探索的机会。合同期限为 1 年，最长可达 3 年。早期得到支持的许多研究人员，现已成为各大学的教授。

（4）“青年研究伙伴计划”，每年择优支持 140 名青年科研人员，支持不满 30 岁的在读后期博士研究生，并从企业等机构积极吸纳研究人员和技术人员，在实现技术转移的同时培养青年人才。合同期限为 1 年，最长可达 3 年。

（三）国内合作培养方式

美国能源部国家实验室遵循其建制和相关法案，依托联邦政府研究型大学、国家实验室和大型开放研究基础设施在国内构建起完善的立体型人才吸引及培养机制。

1. 依托研究型大学

目前全美受美国能源部科学办公室资助的高等院校超过 300 所，经费占其预算总额的 1/3。一方面，通过研究型大学全面开展相关研究；另一方面，将这些高校作为其后备人才的重要来源。研究型大学已成为美国能源部国家实验室完成“大科学”与跨学科研究计划以及实现未来使命的重要支撑。

2. 依托国家实验室

《能源部直属实验室研究与发展计划》旨在激发创新科研思想、增进研究机构的科研活力、把握研究机构的战略方向、发展并保持研究机构新生科研力量。重点支持博士后和研究生，并为青年人才在能源部相关研究机构继续深入研究提供支持。2008 年，该项目提供的科研经费占到相关实验室及研究机构经费总额的 4.9%，获得资助的博士后比例达到 37%[15]。

3. 依托大型开放研究基础设施

大型研究基础设施不仅是美国能源部国家实验室在诸多领域引领世界的重要优势所在，而且也是其吸引和培养国际一流人才的关键平台。凭借核聚变设施、高能及核物理探测装置、重离子加速及对撞设施、基本粒子加速及对撞设施、同步辐射光源、中子散射装置、超级计算机等先进大型研究基础设施，美国能源部国家实验室每年吸引超过 21 000 名科研人员从事世界一流研究[16]。

（四）国际交流与合作培养

一流国立科研机构积极创建有利于创新发明的国际研究网络平台和尖端研究基地，吸引世界优秀人才开展合作研究，从而推进开放的、全球性的创新。

1. 马普国际研究学院

1999 年马普学会与德国大学协会（Association of Universities）及其他教育机构联合发起了一项促进青年科学家的倡议——马普国际研究学院（International Max Planck Research Schools，IMPRS）。IMPRS 已成为马普学会博士生奖学金计划的基础，为德国及国外极具天赋的青年研究人员的博士工作提供优越的研究条件，尤其侧重国际合作并努力吸引国外博士生，以达到外国学生比例至少占据一半的目标[17]。资助期限一般为 2 年，也可延长 1 年。

每个 IMPRS 都是由一个或多个马普研究所与大学与其他研究机构（其中某些机构位于国外）合作建立，为青年博士生提供一流的教育和研究机会，为他们提供参与跨学科研究项目的机会[10]。IMPRS 已成为马普学会跨学科研究的卓越的科学研究中心。

资助金额将根据申请者的资格水平和家庭情况来确定，德国博士生每月大约为 900～1000 欧元，国外博士生每月大约为 1000 欧元（若带有家属，将会给予补助）。

2. 马普伙伴小组

“马普伙伴小组”（Partner Groups）旨在加强马普研究所与国外研究机构联系，通过建立联合伙伴小组开展项目合作研究的一种方式，是促进受资助的青年学者深入开展国际合作研究的一种重要手段[18]；期限为 3 年，其研究工作受双边科学顾问委员会的监督。如果伙伴小组成功通过评估，其期限可再延长 2 年（最长为 5 年）。

马普学会研究所所长都有资格推荐潜在的候选人担任新伙伴小组的组长。推荐的基础是提交的研究项目的质量及其伙伴研究所的研究潜力。

3. 马普-印度访问基金计划

“马普-印度访问基金计划”（Max Planck-India Fellowship）是一项专门针

对印度杰出青年学者（年龄不超过 35 岁）的资助计划，资助期为 4 年。受资助者每年到马普研究所访问 1～2 个月，可在允许的框架内自由支配资助资金[19]。

4. 跨所研究行动计划

“跨所研究行动计划”（Cross-Institutional Research Initiatives）是支持研究所之间开展基础领域跨学科交叉研究的一种资助方式，在该计划资助下，马普学会建立了一系列跨学科研究网络，如国际马普老年人研究网络（2004 年成立）、国际马普研究网络“科学对象史”（2005 年成立）和国际马普认知研究网络（2008 年成立）[6]。

5. 合作共建实验室

法国国家科研中心的研究主体是实验室，CNRS 约 90％的实验室是与国内高等院校、其他科研机构以及工业企业共同建立。CNRS 还与其他国家合作共建实验室和积极参与欧洲实验室的建设。2007 年 CNRS 和 NIH 签署“NIH-CNRS 研究生涯转换奖”（NIH-CNRS Research Career Transition Award）培训方案意向书，旨在培育和加强法美实验室和两个研究机构之间的合作[20]。美国实验室将资助法国博士后研究人员在 NIH 实验室开展为期 3 年的研究，回法国后再由 CNRS 资助在实验室工作 2 年。

6. 国际联合大学研究生培养计划

作为日本理化学研究所的青年人才合作培养计划，“国际联合大学研究生培养计划”创建于 2006 年，目的是培养希望获得 RIKEN 博士学位的 35 岁以下外籍留学生，根据 RIKEN 与国内外高校间的合作协议，通过与大学联合的方式培养未来优秀科研人才，并形成国际研究网络。2011～2012 年项目将资助 100 人，国内大学接收 60 人，国外大学接收 40 人。资助期限最多 3 年[21]。

参考文献

[1] 赵亚辉．白春礼院士：创新呼唤领军人才．人民日报，2009-09-29

[2] 日本理化学研究所．独立行政法人理化学研究所の役職員の報酬・給与等について2009 年度．http：//www. riken. go. jp/r-world/disclosure/info/pdf/kyuyosuijyun21. pdf [2010-11-2]

[3] NIH. NIH Director's Pioneer Award program. http：//commonfund. nih. gov/pioneer/ [2011-3-22]

[4] DOE. Research Universities. http：//www. science. doe. gov/about/handouts/Universities. pdf [2010-4-20]

[5] DOE. Scientific User Facilities. http：//www. science. doe. gov/Scientific _ User _ Facilities/index. htm [2010-4-20]

[6] Max-Planck-Gesellschaft. Annual Reports. 2005/2007/2008. http：//www. mpa-garching. mpg. de/mpa/institute/annual _ rep/annual _ rep-en. html [2011-2-1]

[7] 中国科学院国际合作局．日本理化学研究所科研人事管理概要．http：//www. bic. cas. cn/hzkw/gjkjdt/2006/200905/P020090615553022394138. pdf [2010-3-15]

[8] 日本理化学研究所．人材育成/研究制度．http：//www. riken. go. jp/r-world/research/research/index. html [2010-3-15]

[9] MPG. How does one become a leader of an Independent Junior Research Group at an MPI. http：//www. mpimf-heidelberg. mpg. de/english/metanavi/contemporaryIssues/faqs/ [2009-5-3]

[10] MPG. Looking to the Future - Supporting Junior Scientists. http：//www. mpg. de/english/institutesProjectsFacilities/schoolChoice/researchSchools/index. html [2009-5-3]

[11] NIH. Training Programs. https：//www. training. nih. gov/trainees [2010-6-25]

[12] NIH. Extramural Training Mechanisms. http：//grants. nih. gov/training/extramural. htm [2010-6-25]

[13] Max-Planck-Gesellschaft. New web presence for Minerva-FemmeNet. http：//www. mpg. de/619383/pressRelease20100414 [2010-4-14]

[14] 日本理化学研究所．中期计划 [H20. 4. 1～H25. 3. 1]．http：//www. riken. go. jp/r-world/riken/info/pdf/c-keikaku2. pdf [2009-3-31]

[15] DOE. FY 2008 Laboratory Directed Research and Development（LDRD）Report. http：//www. cfo. doe. gov/cf1-2/Final%20FY%202008%20LDRD%20Report. pdf [2009-4-27]

[16] DOE. Current User Facilities by Program. http：//www. science. doe. gov/Scientific _ User _ Facilities/Facilities _ by _ Program. htm [2009-4-27]

[17] MPG. IMPRS for Surface and Interface Engineering in Advanced Materials：Requirements. http：//www. imprs-surmat. mpg. de/Application/requirements. html [2009-5-6]

[18] MPG. Partner Groups：Mission and Profile. http：//www. mpg. de/english/institutesProjectsFacilities/partnergroups/aboutPgrp/index. html [2009-5-6]

[19] MPG. Cooperation between Germany and India：the Max Planck Society. http：//www. mpg. de/english/aboutTheSociety/scientificCooperation/cooperationAbroad/bilateralCooperation/india/index. html [2009-5-10]

[20] CNRS. Un accord de formation de jeunes chercheurs a été signé entre le CNRS et les National Institutes of Health des USA. http：//www2. cnrs. fr/presse/communique/1202. htm [2007-10-19]

[21] 日本理化学研究所．国際プログラム・アソシエイト（IPA）について．http：//www. riken. go. jp/r-world/riken/organ/ipa. html [2011-1-12]

第九章　考核评价与激励机制

当前，考核评价与激励机制已成为各国科技管理的重要手段和优化资源配置的关键环节。科研机构的考核和研究人员的任职晋升遵从优胜劣汰的竞争机制，体现开放、竞争与流动，从而促进人员结构优化和科研成果产出。考核评价与薪酬体系是国立科研机构吸引和留住人才，保持机构健康、持续发展的基本保障。

建立具有国际化标准的科学考核评价机制，促进研究的科学价值和社会意义的实现，充分调动科研人员的积极性和创造性，是国际一流研究机构人才管理所追求的共同目标。国际一流国立科研机构通常将对人员的考核同项目及机构发展目标相结合，既将研究人员晋升制视为优秀科学家的遴选机制，也将其作为人才的引进和淘汰机制。注重有助于个人能力提升的评估考核机制，最终引导人才的能力朝着适合机构使命和目标的方向发展。

一、机构考核评估

（一）德国马普学会的考核评价机制

德国奉行市场经济下的科研体制，研究机构的评估考核体现出面向不同目标灵活多样的特点。马普学会的科学评价体系是一套动态、高效的科研评估体系，包括预先评估、常规评估和拓展评估。对新所成立、所长任命、研究项目与计划资助等要进行预先评估；常规评估结合了外部专家评估和自我评估，每 2 年进行一次；科研状况整体评估每 5 年一次；领域评估每 6 年一次。同行评议是马普学会科学评价的核心，科学顾问委员会由相关学科领域国际公认的代表组成。发表论著数量、争取第三方资金情况、投入产出结果、学生培养情况、奖励等因素，是同行评议的补充，用于中长期的趋势分析[1]。

1. 预先评估

评估对象包括研究所和马普国际研究学院的建立、重要职位的任命、新计划概念的提出以及个人的科学建议。

以马普学会各研究所科学成员（通常是所长）的任命为例，其评估以同行评议为基础，评价标准包括：候选人的独创性、国际排名、领导能力、与研究所研究领域的结合程度、评估其对研究所研究概念的潜在贡献。

2. 常规评估

对所属研究机构进行常规评估是资金得以高效分配的保证，通常每 2 年 1 次，并根据评估结果确定以后 2 年的研究经费额度。常规评估由各研究所的科学顾问委员会负责开展。科学顾问委员会的任务是：在当前研究所开展的活动范围内就马普学会的研究方向进行咨询，审慎评估研究所存在的价值，以保证研究工作保持在国际最高水平；公开评价各个研究所取得的科学成就，并对研究所以及马普学会今后的研究方向提出意见[1]。

马普学会对研究所的常规评估已形成一套系统方法。该方法由外部专家评估（external expertise）、自我评估（self-evaluation）、主观评价（subjective appraisals）和绩效指标（performance indicators）共同组成。

组成外部专家评估的科学顾问委员会成员是相关领域国际公认的高水平人士，由马普学会主席任命，一般为马普学会科学家所信任和接受，其建议将被采纳用于研究工作的改进。在科学顾问委员会中融入外部专家是保证评估质量的重要因素。2007 年，马普科学顾问委员会共有 650 名成员，超过 95%的科学家来自其他研究组织，60%以上来自国外，这反映了马普学会评估的国际化形象和客观公正性。科学顾问委员会任期一般为 6 年，最多为 12 年。

常规评估前期，研究所需准备自评报告（self-evaluative status report），汇报当前研究情况和新的研究计划。自评报告提供研究所论著发表情况和人力资源、预算及第三方资金状况等方面的信息资料，内容包括：组织与结构；研究计划；人员结构；预算；物质资源、设备及其空间布局；青年科学家和客座研究人员；与国内外研究机构的联系；知识与技术转移；与商界、政界和社会的联系；论坛与国际会议；论著发表情况；任职、科学奖励和荣誉称号等。报告对发表的论著进行评价，对研究所或其部门在国际上的交流联络进行详细而慎重的说明，青年科学家的职业培养也是一项重要标准。自评报告最迟在考核研究所 6 周前呈报给科学顾问委员会。

科学顾问委员会成员除了阅读自评报告外，还会到现场听取所长报告和来自不同学部的报告，与所长、独立青年研究小组组长以及青年科学家对话，自行判断研究所的发展状况。科学顾问委员会的评估报告主要包括两方面内容：一是关于研究所和部门的重要情况，包括科学领域间的联系、国内外联系、科学质量评估、研究领域前景、人员结构评估、资金分配合理性、与马普学会其他研究所及国内外研究机构的合作情况、对青年科学家的支持情况；二是进一步发展的建议，包括改进或重组建议，关闭一个部门或中断一个研究领域的考虑。最后做出研究所总体评价，分为杰出、优秀、非常好、好和一般 5 个等级。

科学顾问委员会要向马普学会主席提交包含其调查评估结果与意见的详细书面报告，马普学会主席将报告及其建议转交给研究所，研究所对报告可持保留意见，在下一发展阶段考虑科学顾问委员会提出的意见。评估程序向所涉及的每个人公开，充分体现了评估的公开性。

3. 拓展评估

拓展评估是对研究领域进行评估和比较的一种方法，目的是通过研究所之间及其与国内外的比较，对研究领域今后的发展提出总体建议[2]。

首先，选择熟悉整个研究领域的国际专家加入科学顾问委员会，参加讨论相关研究领域的评估会议。其次，在研读每个研究所的自评报告和科学顾问委员会的评价报告之后，召开研究领域委员会会议，评议科学顾问委员会的报告、研究所的评价以及领域内的资源分配等。最后，研究计划高级委员会将对各研究领域委员会的评估结果进行讨论。

每年拓展评估的结果和研究领域委员会的评述报告都将呈报给马普学会最高决策机构，以便投资方及时了解研究质量的保证措施和资金分配的最新进展。

（二）美国能源部国家实验室考核评价机制

美国能源部国家实验室的考核评估实行美国能源部及大学两级评估机制。首先，在能源部一级，遵照美国《政府绩效与成果法案》从战略目标、预算及绩效对所属研究机构业绩进行综合评估。其次，在机构级评估方面，实验室在遵循政府级评估政策的基础上，依照其托管单位的考核评估办法实施[3]。

1. 政府层面的实验室绩效评估

政府层面的实验室绩效评估由能源部科学办公室负责。2006 年美国能源部推出新的基于结构化评估计分体系的实验室评估机制[4]，该评估机制着重强调实验室研究使命，可靠、安全及成本优化的运营方式，重视实验室领导管理能力、员工工作状况及委托方的作用等。计分体系设定了 8 个绩效指标：任务完成情况（研发质量与产出）、研究设施的配置及运营、科学与技术项目管理、实验室负责人及人员表现、实验室环境安全与健康、实验室维护及基础设施情况、安全与突发事件管理。每个绩效指标包含若干子目标项，子目标项又由相应的测评指标组成。具体的测评指标是确定实验室绩效的首要依据，但在具体实施过程中，评估办公室还会参考其他绩效信息。

对于每一个绩效指标采用 0～4.3 分的 5 级（A、B、C、D、F）评分标准（表 9-1）。每个绩效指标评分结果根据相应的子目标项得分的权重分数计算得出。

表 9-1 美国能源部国家实验室评估计分标准

绩效分级	A+	A	A−	B+	B	B−	C+	C	C−	D	F
分值	4.3～4.1	4.0～3.8	3.7～3.5	3.4～3.1	3.0～2.8	2.7～2.5	2.4～2.1	2.0～1.8	1.7～1.1	1.0～0.8	0.7～0

对于评估结果的认定标准为：只有绩效评估成绩达到 B＋才认为实验室的实际管理达到了预期要求，B＋以下则说明为达到预期要求需要改进。

按照规定，实验室评估的绩效指标、子目标项及测评指标等都必须以正式文件形式在每年年初上交的绩效测评计划中给出。例如 2008 年对布鲁克海文国家实验室的评估结果如表 9-2 所示[5]。

表 9-2 2008 年美国能源部布鲁克海文国家实验室（BNL）评估结果

序号	绩效指标	评估结果
1	任务完成情况（研发质量与产出）	A
2	研究设施的配置及运营	A
3	科学与技术项目管理	A−
4	实验室负责人及人员表现	A−
5	实验室环境安全与健康	B+
6	运营体系	B
7	实验室维护及基础设施情况	B+
8	安全与突发事件管理	B+

2. 机构层面的实验室绩效评估

机构层面的实验室绩效评估由实验室托管方负责，具体有托管方专门成立的第三方评估委员会实施。以布鲁克海文国家实验室为例：其机构层面的实验室绩效评估由布鲁克海文科学理事会负责。布鲁克海文科学理事会由 16 名成员组成，5 名来自纽约州立大学研究基金会，5 名来自 Battelle，其余 6 名来自全美最顶尖的 6 所高校（哥伦比亚大学、康奈尔大学、哈佛大学、麻省理工学院、普林斯顿大学和耶鲁大学）[6]。

专门设立第三方评估委员会的优势在于避免了评估成员的利益关联和冲突，确保了评估的客观和公正，同时由于对评估成员的选择有严格的条件限制，从而确保了评估的权威性。

（三）日本理化学研究所考核评价机制

日本采用国际标准的评价机制，日本理化学研究所早在 1993 年就设立了由海外诺贝尔奖获得者和国内著名学者组成的“顾问委员会”，每隔 7 年对主任研究员进行一次科研成就评估，后来经过修改主要用于对科研课题和科研成果的评估。顾问委员会在 2～3 年内，对 RIKEN 整体运营状况和研究工作状况进行一次综合性的整体评估；对所属研究所、研究中心或单项科研课题，根据实际需要每年或 3 年进行一次评估[7]。

二、人才考核评价

（一）人员评估考核机制

美国能源部实行“业绩考评与能力提升相结合”的人员评估考核机制，把对人员的业绩考评过程与人员的能力提升过程相结合，在依据相应标准对人员业绩做出评定的同时确定其能力层级，并进一步给出能力提升方案（即将评估作为提升各级人员能力的手段，对人员的评估和人员能力的提升是相互促动的）。该评估考核机制是美国能源部国家实验室人员评估的参照标准[8]，其框架如图 9-1 所示，此框架体现出以评估考核对象能力提升为核心和以目标为导向的特点。

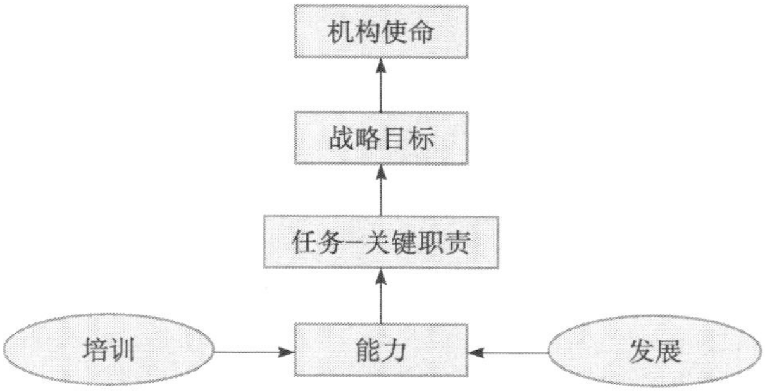

图 9-1 美国能源部人员评估考核机制框架

整个评估及考核体系（图 9-2）包含 3 个主要维度：能力与业绩、任务关键职责、同能力相适应的培训与发展项目。每个维度都有相应的层次划分。其中人员能力与业绩被划分为 4 个层次：一般能力、管理能力、领导能力及任务关键实施能力（图 9-3），据此形成对不同层次人员能力结构的界定，以及与之相适应的组织层级和内部流动模式（图 9-4）。任务关键职责、培训与发展项目的层次划分则因具体项目和战略目标而异。

对于国家实验室而言，人员评估考核机制的具体实施同其相应的任务目标及项目相结合，并根据托管方的具体情况和政策有各自的实施办法和细则。

作为其人员评估考核机制的重要补充和事后评估的重要手段，能源部同时

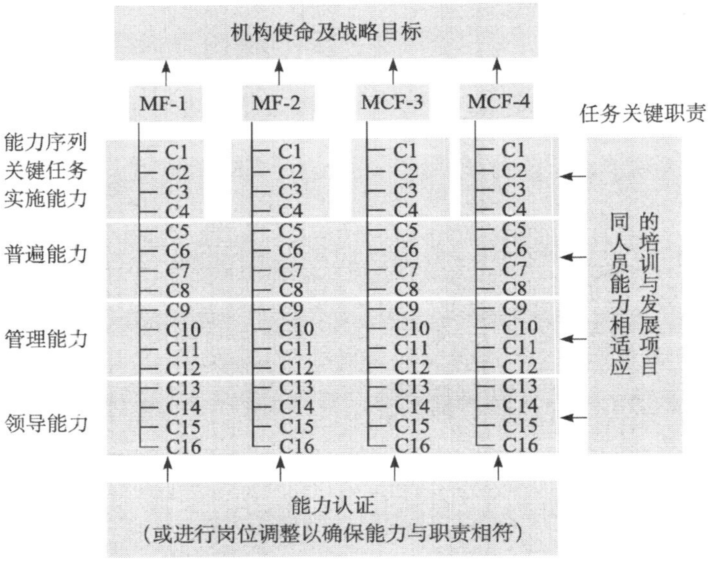

图 9-2　美国能源部人员评估考核体系

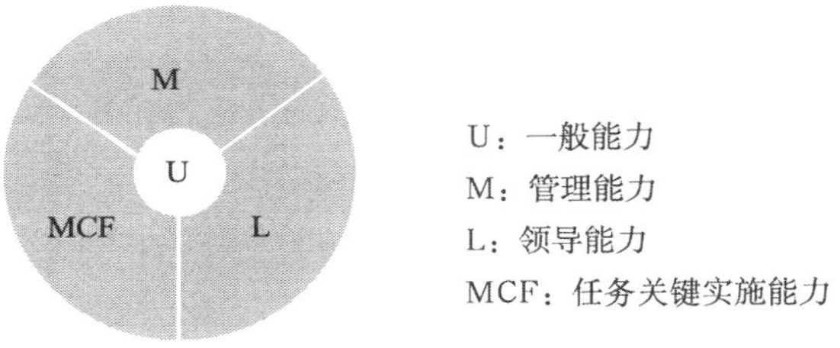

图 9-3　美国能源部人员评估考核机制设定的人员能力结构

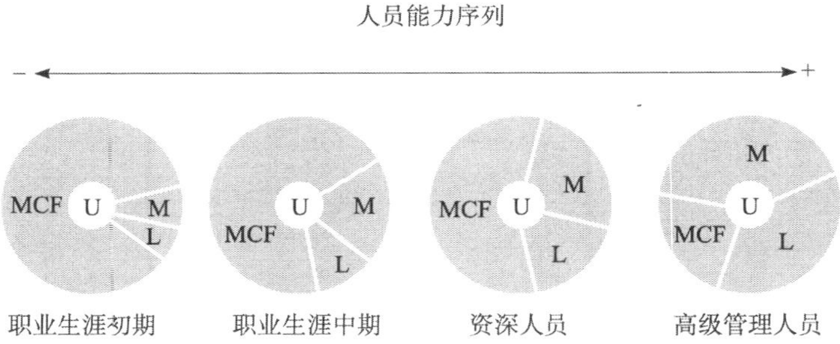

图 9-4　美国能源部基于人员能力结构序列的组织层级界定

以法案形式出台了针对“学术不端行为”的管理措施。对学术不端行为的管理同项目评估和研究资助相挂钩，从而形成有效的监督评估机制。

（二）晋升考核评估

1. Tenure-track 制度

美国国立卫生研究院专门针对一流人才制定了一套完善的人才遴选、晋升、留用及退出机制，确保了其一流人才队伍的良性循环。该机制已成为世界各国争相效仿的高端人才留用及退出机制。

NIH 通过竞争性选拔程序，面向 NIH 资助研究人员或临床工作人员提供限时培训以及向博士后科学家提供发展机会，为选拔和晋升杰出科学家成为 NIH 终身研究员创造明确、统一的公平机制，并为进入晋升终身研究员序列的杰出科学家（Tenure-track 科学家）提供所需资源和激励来展示其创造力和成果产出能力。

NIH 的终身研究员不同于其他一般学术机构的 Tenure，NIH 将其定义为享受长期薪水、拥有研究团队和研究资源，在机构使命范围内开展独立研究项目的杰出科学家。按照规定，他们必须接受常规评估以及至少 4 年一次的科学顾问委员会的评审[9]。

Tenure-track 科学家的任职资格要求：从事临床研究或实验室研究的杰出科学家；必须是在完成其博士后培训之后；博士后研究经历必须十分广泛。

其选拔需要经过以下层级的讨论和认可：实验室高级成员（Tenure 或 Tenure-track）、实验室负责人、资深科学家常务委员会或新任命的专门负责 Tenure-track 职位建设的官员、晋升委员会或 Tenure 委员会的讨论并认可。此外，科学顾问委员会的建议也将被考虑。

NIH Tenure-track 科学家任期自其签署同意并经官方正式任命进入 Tenure-track 职位之后开始算起，一般为 6 年（对于临床及流行病学研究为 8 年）。自 2008 年开始，可以提供额外年限一年，也可以选择不延长。

Tenure-track 科学家在其任职期限内需要连续接受来自部门、实验室或机构负责人以及 NIH 科学主管的单独评估，每年以候选人口头或书面绩效评估的形式进行。在此基础上，在 3 年之内接受正式评估，由科学顾问委员会或其他正式评审组负责。

评审组的评审建议将包括：继续任职；停职，退出晋升终身研究员序列（即退出 Tenure-track 序列）；考虑提前晋升终身研究员（Tenure）。科学顾问委员会将根据具体情况向候选人提出建设性的改进建议，为其继续留任提供机会。如果候选人无法继续留任 Tenure-track，或者被否决晋升为 Tenure，那么将给予其为期 1 年的退出和过渡时间。

值得强调的是，NIH 为有利于科学家的任职推出了许多灵活的极具人性化的规定，如为保证候选人完整的任期，科学顾问委员会评审可被安排在与其任期相对应的年份，即任期最后 1 年（第 6 或第 7 年）；考虑到候选人因病或家庭事务，其任职期限可以延长至 7 年（临床或流行病学研究为 9 年）；如果候选人在 7 年（或 9 年）最后期限之前被否决晋升，那么经批准可以再次提交晋升申请（但必须在 7 年或 9 年最高期限之前）。

对于研究人员而言，该机制为其提供了稳定的研究支持以最大限度地激发其自主创造性；有利于女性、少数民族人员以及残疾科学家的发展；通过独立资源的早期获取，为其迅速步入 Tenure 阶段奠定基础；有助于形成研究人员对 NIH 职业前景的现实理解；通过外部评审和向 Tenure-track 科学家提供反馈，有效改进了评估进展。

对于实验室负责人而言，在职研究员晋升制建立了吸引和保留杰出青年科学家的机制；有利于更好地规划未来实验室或机构的人才队伍建设；创造了进军新科学领域的新途径。

对于 NIH 科学主管和整个 NIH 而言，通过吸纳外部科学家和保留最优秀的 NIH 研究人员，确保了人才队伍的最优化；有利于强化科研质量并激发研究人员的创造力和合作精神；有助于培养 NIH 或其他未来科学领导人。

2. 常规晋升制度

法国国立研究机构实行面向国家的责任目标管理制及研究人员国家公务员制，CNRS 对科研人员的评价工作已经制度化，每 2 年一次考核，每 4 年一次总评[10]。评价工作由“全国科学研究委员会”的有关学科专家委员会（分为 40 个专家委员会）负责，每个专家委员会通常由 20 名专家组成，他们是经同行评选或由机构总负责人指定的，每个组涵盖特定的学科领域，有时也根据需要成立专门的交叉学科组。评审内容主要包括科研的业绩与水平，参加科技成果推广、科技信息传播和人员培训及科研管理等方面的情况。专家委员会根据被评审对象的年度工作报告和实验室主任的评语进行考核，并派人到其所在单位了解情况，甚至与本人进行交谈，综合各方面的情况，经委员会全体讨论，做出评价结论[11]。

职级晋升方面，同一级别内研究人员可以按照资历自动晋升到高一档，例如从初级研究员 2 级（CR2）到初级研究员 1 级（CR1），从高级研究员 2 级（DR2）到高级研究员 1 级（DR1）。一般任职满 4 年后即享有晋升一档的资格，DR1 研究员任职满 18 个月后具有晋升为特级研究员（DRCE）的资格。但进入 CR1、DR1 和 DRCE 则需要由研究机构负责人根据国家科学研究委员会的意见来做出决定。从 CR1 晋升到 DR2 必须具有 3 年任职经历，并需要通过竞争性程序选拔。但对那些做出了重大科研贡献的 CR 研究人员，无论是 CR2 或是 CR1 都可以随时申请晋升 DR，但需要经过 CNRS 科学顾问委员会的批准[12]。

（三）奖励式招聘考核

日本理化学研究所在人才评价方面，重视对取得世界水平成果者及时给予奖励。

研究项目批准设立后，给予副主任研究人员 2000 万日元的启动经费（如果在 RIKEN 内已经有研究基础给 1000 万日元）。副主任研究员的薪金等级为 6 级，薪金待遇是年薪制，任期可以一直延长到退休。随着副主任研究员的离职，其研究室自动解散。

独立主干研究员的合同期限是 1 年，也可以延长到 5 年。申请者是已经取得自然科学领域的博士学位并具有研究经历的青年研究人员，基于自己的研究计划能够独立管理研究单元，且有志于在日本理化学研究所进行全职研究。研究领域与日本理化学研究所的战略科技目标一致，包括物理学、工学、化学、生物科学或者医学领域中出现的新学科以及跨学科领域。

基础科学特别研究人员制度的应聘者必须满足以下 3 个条件：基于自己的研究计划，能够主动地开展研究；原则上为 2003 年以后取得自然科学博士学位的青年研究人员；具有日本永久居住权，并且在日本修完博士课程取得博士学位的研究人员。合同期限可以延长到 3 年。

国际特别研究人员的薪金为年薪制，每月 48.7 万日元（包括社会保险费和税收），除此之外还支付通勤费（上限为 4.5 万日元/月）和住宅费（部分住房贷款）。2010 年应聘者必须满足以下 4 项条件：非日本籍研究人员；2003 年以后取得自然科学博士学位；2010 年 4 月 1 日至 2011 年 3 月 31 日能够到任；与 RIKEN 有雇佣关系者不能应聘。合同结束之前根据评价结果可以将合同期限更新为 3 年。

（四）项目审查评估

英国国立研究机构的评估实行研究理事会之下的咨询委员会评估审查制，组织专门的评估小组对属于本领域的项目进行审查评价，咨询委员会的评估结果作为研究机构理事会最终评估的直接参考。英国各研究理事会人才考核的显著特点是，将人才评价和项目考核结合起来，综合评价科研人员的科研能力[13]。

美国国立卫生研究院面向机构、研究团队及人员的评估考核均以项目为中心展开，实行基于项目的评估考核机制是其最显著的特点[14]。为确保 NIH 项目授权公平、公正、及时和无偏见，遵照《美国公共卫生服务法案》和联邦政府“关于研究授权申请及研发合约提议”的科学同行评审管理条例，NIH 对研究项目的评审实行双重评审即二级评审体系。只有通过科学评审小组和顾问委员会评审并被推荐的项目申请才有可能获得资助授权。

1. 一级评审

根据项目授权管理规定，一级评审即初始同行评审会议由科学评审中心或NIH研究所或研究中心负责。评审会议通过设立开放环节向社会公开，联邦政府登记部门负责提供评审会议的详细内容。

科学评审小组由一名科学评审官员（SRO）领导，SRO为外部在职科学家并为专门指派的联邦政府官员，负责保证基于相关适用法律、条例及政策，每一申请项目获得一个客观公正的初始同行评审结果。

科学评审官员负责分析每一项目申请的内容并审查其完整性；论证并处理利益冲突；组建项目评审小组；指派项目评审人员为评审做准备；参加并监督管理同行评审会议相关事宜；对所有参评项目申请进行评审结论说明。

科学评审小组的主席负责主持有关申请项目的科学与技术水平的讨论，同时担任评审会议的同行评审成员。

评审委员负责在同行评审会议前6周接收项目授权申请副本；基于评审原则和判断标准，为项目申请提供书面评审意见；以最终书面说明和评分结果的形式，就参与评审项目的科学技术水平提出建议；对预算的合理性提出意见；就研究中所涉及的人权保护问题提出意见，包括临床研究中的妇女、少数民族及儿童权益维护等。

此外，有必要知情的或负有相关职责的联邦政府官员可以参加评审会议。希望参加科学评审小组会议的NIH研究所和研究中心或其他联邦政府官员，必须向科学评审官员提前申请。

初始同行评审过程：召集科学评审小组成员；基于既定的评审原则对项目申请进行评审；指定评审人员向评审小组陈述评审意见；进入开放讨论环节；最终评分通过评审成员投票得出。

只有那些被评审者认为是具有最高科学价值的申请才会被提交科学评审小组会议讨论。进入评审的项目将得到一个总体的评分，然后接受二级评审。通过评审的申请将有可能获得资助并可能被要求修改或重新提交。

评审原则如下：

1）当前评审原则

意义：研究所关注的是否是一个重要问题？如果实现目标，该先进科学知识将带来怎样的结果？该研究将对决定该领域发展的概念或方法产生怎样的影响？

方法：研究思路、设计方案，以及方法和分析是否被充分开发、良好整合及是否符合项目目标需求？申请者是否认识到了可能存在的问题并考虑了备选方案？对于申请所指定的项目负责人，其领导方法，包括指定的作用和职责、管理和组织结构是否同项目目标和负责人的专业知识相协调一致？

创新：项目是否采用了新概念、新技术和新方法？目标是否新颖和具有独创性？项目是否对现行项目具有挑战性或开发了新方法或新技术？

项目负责人：项目负责人及其他关键成员是否受过良好训练并胜任该项目？项目是否同负责人和其他研究人员的经验水平相适应？项目负责人和研究团队是否能完全且互补地将其专业知识技术纳入项目？

环境：项目执行过程中的环境条件是否有助于项目的成功？研究是否受益于独有的科研环境条件或主体条件及合理的合作部署？是否有制度条件的支持？

2）强化评审原则

总体评价：基于以下核心原则和附加原则，评审者将给出一个总体评价得分以反映其对于项目可能对该领域所产生的持续性的、重要影响的评判。

核心评审原则：评审者将考虑以下原则来确定项目的科学技术价值，并对每一项分别评分。对申请项目科学价值的评判并不要求其每项得分都很高。

意义：项目是否针对该领域的关键问题或瓶颈问题？项目目标如果实现，其科学知识、技术能力及（或）临床实践将会有怎样的进步？目标实现后，将会对推动该领域发展的概念、方法、技术、治疗、服务或预防措施产生怎样的影响？

研究人员：项目负责人、合作者及其他研究人员是否能很好地胜任该项目研究？对于参与该研究的新研究人员而言，他们是否已经接受适当的培训或具备适当的经验？如果已经确定，研究人员是否已经取得过有助于促进其研究的成绩？如果项目是合作性的或多负责人性质的，则负责人是否有互补性的和完整的专业知识技术？其领导方法、管理及组织结构是否适应于该项目？

创新：项目是否将利用新理论、新技术或新方法挑战并寻求替代目前研究或临床实践模式？所采用的概念、技术或方法、设备或介入手段是否新颖？是否提出了对理论概念、方法或技术、设备或介入手段的改进或新应用？

方法：整个方案、方法及分析是否合理并适于项目特定目标的实现？是否考虑到潜在问题、替代方案及成功基准？如果项目尚处于发展的早期阶段，那么方案设计是否具有灵活性且研究风险能否被很好地控制？如果项目涉及临床研究，那么包括少数民族、不同性别人群以及儿童等不同群体的权益保护等问题是否被提出？

环境：项目进展过程中，环境是否有助于项目成功？是否有助于研究人员胜任研究的制度条件、设备及其他物质资源的支持？项目是否收益于独有的科研环境、主观条件或合作部署？

关注预算与期限、选择代理研究、国外机构申请、资源共享规划等附加事项，但不会分别予以评分并不会纳入总体评分。

从 2010 年开始，NIH 实行新的评分体系[15]。

在科学评审小组会议之前，每一项目的指定评审人员和讨论者将独立对上述每一标准项评分。全部申请项目的评分都将在评审结论说明中予以单独汇报。

在评审会议之前，每一评审人员将给出每一项目的最初评价分值，它将被用于决定申请项目是否被提交讨论。对于每一提交讨论的申请项目，其最终评分将由没有利益关系的法定评审小组成员给出。每一成员的总体评分将反映项目可能对研究领域产生的总体影响，而非对每一标准项评分的加权平均。

新的评分体系将采用 9 分制评分方法（1 为优秀，9 为差）。提交讨论申请项目的总体评分将取决于所有评审成员总体评分的平均值，然后将平均值乘以 10（这样，总体评分的分值范围将为 10（高）～90（低））。总体评分将在评审结论说明中予以报告（那些不予提交讨论的申请项目的总体评分将不被汇报）。

科学评审小组会议之后 1～2 个月之内，申请项目的负责人将收到一份评审结论说明，包括如下主要内容：处理项目申请的官员的联系方式；总体评分和优先性评分；百分点评分排名；评审讨论摘要及总结（仅针对提交讨论的申请项目）；评审人员的意见及个人评分（适用于新评分体系）；委员会关于项目预算的建议；有关人权及福利方面的内容；其他管理意见；正式评审成员名单。

2. 二级评审

顾问委员会或理事会将可能对研究所或研究中心的绩效进行二级评审。委员会或理事会由外部研究团体和公众代表组成。成员由研究所或中心代表选举产生并必须获得美国卫生部的批准。

NIH 项目评审成员审查申请项目、总体评分或优先性评分、百分点评分排名以及评审结论说明并同时考虑研究所或中心的实际需求；项目评审人员向委员会或理事会提交一份授权资助方案；委员会或理事会同时考虑研究所或中心的实际目标和需求并向研究所或中心负责人提出建议；研究所或中心负责人基于评审人员和委员会意见制定最终的资助决议。

3. 后评审

对于未通过评审的项目，NIH 将向申请者提供有关资源帮助申请者重新准备可行性申请并再次提交，NIH 项目官员将负责接受评审未通过项目的后评审工作。

对于通过评审的项目，申请者将被要求同研究所或中心负责科研项目事宜的项目官员和负责预算或管理事务的授权管理官员合作，进行项目执行工作。

三、人才激励机制

有效的激励制度能促进人才成长，稳定和吸引优秀人才。一流国立科研机构针对优秀人才，制定具有国际竞争力的待遇和薪酬标准。美国国立研究机构面向优秀人才制定相应的待遇和薪酬标准的基本原则是：高于一般研究机构且具有国际竞争力。德国联邦政府出台《教授薪酬改革法》并给予马普学会选择权，以保证和改善科研人员的薪酬。日本理化学研究所研究系列人员的薪酬是国家公务员研究系列人员的 1.122 倍，其他法人机构中研究系列人员的 1.114 倍。除了薪酬外，一流国立科研机构还强调工作环境、福利待遇，关怀雇员的健康和家庭，帮助处于困境的员工以及为员工提供更多的培训机会，将人才待遇与重视人文关怀相并举。此外，还通过授予研究人员学术荣誉称号和科技奖励等非物质奖励激励科研人员。

（一）薪酬体系

世界主要发达国家的人事管理普遍有法律制度作保障，研究机构人员的录用、地位、使命、薪酬、任用制度等都受相应的法律法规约束。美国国立研究机构员工属于联邦政府雇员，政府以立法形式规定联邦系统内的机构设置及其行政职责、经费来源、人事和薪酬制度。日本依照《独立行政法人通则法》或通过国会为每一个研究机构制定一部法律，规定其薪酬标准。英国各研究理事会为国立研究机构制定统一的薪酬标准，进行规范化管理。法国政府明确规定科研和教育研究人员为国家公务员，一旦通过招聘评估便享受国家公务员的待遇[16]。

研究机构大多采用岗位薪酬体系，并通过工作评价确定岗位职责、任职者资格以及各岗位的薪酬差异，保证薪酬制度的内部公平性，加大对取得优秀研究成果的研究人员的奖励。在提高优秀研究人员人事费用的同时，通过分配调整和国际标准，确定国际优秀研究人员的待遇。

德国对科研人员实行多样化的激励机制，马普学会的人才薪酬机制与德国的相关政策密不可分。马普学会能够吸引和留住顶尖科学家的原因之一是联邦的《研究与创新联合倡议》（Jpint Initiative for Research and Innovation Ⅰ）的财政支持。马普学会认为确保长期获得财政资源能为其顶尖科学家发挥创造力提供条件，这也是其取得杰出成就的重要基础。《德国教授薪酬改革法》（German Professors'Remuneration Reform Act）的新规定及其 W 类薪酬中与绩效相关的内容和《公共部门员工工作与薪酬协商契约》(TVöD)范围内科研人员实施协商契约外的绩效报酬的可能性,为协商契约人员薪酬框架条件的初步改善创造了条件。2009 年,联邦政府给予马普学会一定的选择权,在某些情况下,其可不按照《联邦工资法》(Bundesbesoldungsgesetz)第 34 条中关于薪酬的规定来确定“S”级(W3)职位的薪酬。

法国国家科研中心人员的收入是按工资指数乘以当年的单位指数值计算出来的。CNRS 的人员按工作性质被分成 14 个大类,每类又分成若干级别,每级又分成若干档次。每个人的级别及其档次不同,工资指数也不同。除了职务收入外,CNRS 的人员还可以获得兼职报酬和职务发明的收益。2009 年 CR2 级研究员的月薪(税前,下同)为 2154 欧元,逐年定量增加,最高可至 2676 欧元;CR1 级研究员的月薪为 2258 欧元,最高可至 3896 欧元;DR2 的月薪为 3122 欧元,最高可至 4569 欧元;DR1 和 DRCE 的月薪为 3896 欧元,最高可至 6264 欧元(表 9-3)。此外,研究员每年还可获得 680~1330 欧元奖金,并可申请家庭补助或其他种类的奖励[17]。CNRS 鼓励研究人员或工程师将研究成果转化为生产力,如果得到工业化和商业应用,研究人员可获得最高 50%的经济收益;同时还提倡研究人员通过开办公司开发自己的研究成果或凭借自身技能为其他公司服务。

表 9-3 CNRS 专职研究人员的分级、条件和薪酬

级别	学历条件	2009 年月薪总额/欧元	2009 年年终研究奖/欧元
特级研究员和高级研究员 1 级(DRCE 和 DR1)	博士或同等学位,在该领域有 12 年研究经验	3 896~6 264	1 330
高级研究员 2 级(DR2)	博士或同等学位,在该领域有 8 年研究经验	3 122~4 569	1 092
初级研究员 1 级(CR1)	博士或同等学位,在该领域有 4 年研究经验	2 258~3 896	894
初级研究员 2 级(CR2)	博士,其他同等学位或相应的科学经历	2 154~2 676	680

资料来源:BEING A CNRS RESEARCHER

美国国家研究机构的薪酬制度和标准均以立法形式予以确定,其执行均遵循既定的法律规定。美国能源部所属研究机构推行基于职位层级绩效与薪酬挂钩的薪酬制度,同时遵循相关国家法案均建立有极为完善的人才福利体系,涉及工作及生活各个方面。

美国国立卫生研究院对高级研究人员执行相应的高级特殊薪酬标准。根据 NIH 的薪酬规定,高级研究人员对应执行相应的高级和特殊的薪酬标准,具体见表 9-4(根据最新的美国《高级职业绩效法案(2008)》标准,于 2009 年执行)[18]。

表 9-4 NIH 高级研究人员总体薪酬标准

高级研究人员类别	最低薪酬标准/（美元/年）	最高薪酬标准/（美元/年）
资深科学家（包括资深研究员、研究员、资深科学家、专职科学家等）	117 787	177 000
高级专业人员（包括高级临床医生、专职临床医生等）	117 787	162 900

在具体执行方面，每一人员序列又分为不同等级，一般为 3 级标准：Ⅰ级为初级：处于早期发展阶段的研究人员；Ⅱ级为处于较高发展阶段的研究人员，如专家及管理层次的研究人员；Ⅲ级为高级专家、具有综合管理或高级管理职能的研究人员。每一级别均有相应的薪酬上限与下限标准。薪酬标准之间的平均差别为：薪酬上限标准：Ⅱ级薪酬为Ⅰ级的 1.23 倍，Ⅲ级薪酬为Ⅱ级的 1.22 倍；薪酬下限：Ⅱ级薪酬为Ⅰ级的 1.61 倍，Ⅲ级薪酬为Ⅱ级的 1.36 倍[19]。

美国国家标准与技术研究所以知识、技能、能力、职责和责任等来确定薪等的划分，强化对处于黄金时期的研发人员的激励。员工个人所获绩效加薪额度由部门主管根据其绩效考核结果决定。当某些岗位的影响力、重要性或需求性提高时，为了有效吸引和保留人才，可以提高这些职位人员的薪级。

日本理化学研究所的工资分为基本工资、地域津贴、期末特别奖金和交通补贴。理事长可依据文部科学省对 RIKEN 的年度业绩评价结果，根据理事会其他成员工作的难度和业绩，增加其基本工资，增减其年末特别奖金。优厚的工资待遇也是 RIKEN 吸引人才的重要原因之一。与国家公务员行政人员的工资相比，RIKEN 的管理技术人员的工资是它们的 1.154 倍，是其他法人机构的 1.077 倍。RIKEN 固定编制研究系列的研究人员工资是国家公务员研究人员的 1.122 倍，其他法人的 1.114 倍，具体情况见表 9-5。对于招聘的高级人才的税后工资，Super Eminent Scientist 约为每天 250 美元，Eminent Scientist 约为每天 194 美元，Visiting Professor 约为每天 138 美元。此外，每月拨给其所在研究室约 833 美元的研究杂费[20]。

表 9-5 固定编制研究系列人员的人数、平均年龄以及平均年收入

行政级别	人数	平均年龄/岁	四分位/万日元 第 1 分位	平均/万日元	四分位/万日元 第 3 分位
研究部长	34	51.5	1 303	1 340	1 378
研究副部长	34	49.2	1 081	1 147	1 234
研究课长	21	46.2	995	1 047	1 116
研究课长代理	208	45.1	887	973	1 050
研究人员	38	35.6	730	749	777

数据来源：2008 年度 RIKEN 的薪酬

RIKEN 固定员工的工资主要包括基本工资和各种补贴，基本工资分 7 个等级，每个等级分 50～100 余档，提升工资的主要依据是其职位、能力和业绩。2006 年起 RIKEN 对主任研究员实行年薪制，2008 年度开始对固定编制系列的

员工逐步实行年薪制。任期合同制员工的工资采用年薪制加津贴，其中年薪包括固定工资和浮动工资，固定工资分5～7级，浮动工资根据其业绩、能力和履行职责考核结果决定。

（二）社会福利

现代薪酬管理越来越重视非货币性报酬对人才的激励作用，非货币性报酬包括完善的福利机制、良好的工作环境，以及工作本身所带来的乐趣、成就感和个人发展的机会等。

为了吸引和留住人才，马普学会制定了特殊的政策，进一步优化青年科学家的工作条件，更加注重实施家庭友好型的雇佣政策[21]。马普学会是赫迪基金会（Hertie Foundation）首个授予“职业与家庭”认证证书的科学组织。马普学会采取“自我强加性义务”（self-imposed obligation），以实施额外的工作与生活平衡措施。未来3年将重点关注以下4方面优先事项：为柔性组织尤其是有家庭义务的员工提供良好的工作环境（工作时间和场所）；创建一个关于协调事业、科学和家庭需求的信息门户；制定和实施关于管理的“行为守则”；对需要照顾的员工小孩和亲属提供关爱服务。

另外，马普学会的“双职”（dual-care）措施在吸引优秀科学家到其研究所工作发挥了重要作用。在此措施下，马普学会为优秀的科学家提供额外的非物质利益，并且帮助其新的科学成员及其配偶或合作伙伴顺利地向新工作岗位过渡。

法国国家科研中心的正式人员享受国家公务员待遇，包括：医疗、保险、法定假期、社会福利（婚姻、住房、子女和地区差津贴）、出差和海外省交通补助，以及照顾临终前直系亲属假、陪伴生病或伤残子女假、家庭或个人原因的无薪事假。CNRS制定了一系列的社会政策来改善工作人员及其家人的生活水平，根据员工的需要，尽可能地为其工作和个人生活提供便利，帮助处于困境的员工，设置“购买力担保”津贴以弥补购买力下降。CNRS将社会政策作为吸引优秀人才的重要手段不断加以完善，把工作人员的子女教育、住房补助和社会援助等作为其工作的重点，提高员工的工作热情[22]。

美国能源部国家实验室拥有完善的工作福利体系，面向所有工作人员。其工作福利体系十分人性化，充满“人文关怀”。如实行“弹性工时”制（即在满足同薪酬标准相对应的标准工作时间的前提下，可以灵活选择和安排自己的工作时间）以方便工作人员处理家庭事务或个人紧急事件，实行“弹性工作地”制（可以灵活选择工作地点，如在家中）而避免每天上下班“交通”之劳；专门设立“儿童发展中心”，为工作人员解除工作期间孩子无人照看的顾虑。此外，工作人员还可以享受各种津贴政策[23]。

美国国家标准与技术研究所关注雇员的健康，推行多样化的健康保险；实行弹性时间和核心工作时间相结合的制度，为员工建立家庭友好型办公环境；关心雇员的家庭，为其家人提供服务；提供带薪年假和带薪病假；为雇员提供经济/理财上的便利。

日本理化学研究所根据工作人员的能力、业绩和工作难度，增加其基本工资和奖金。为优秀人才提供充足的科研启动经费和相关社会福利条件。

实际上，与市场水平相比，欧洲、美国、日本等国立研究机构员工的薪酬水平并不高（只相当于市场的中等偏上水平），但是工作的稳定性，允许自由探索的科研环境，平等、尊重并包容个性的组织文化以及所赋予个人的社会荣誉感吸引了全球大批高素质人才的加盟。

（三）学术荣誉

国立科研机构常采用颁发学术荣誉奖励的方式来激励员工，科技奖励是激励自主创新的动力源泉之一。这些奖励不仅附有奖金，获奖者还可以在同等条件下作为优先受聘和提升的对象，因此能充分调动员工的积极性，为推进科研事业的发展创造更好的条件。

马普学会“哈纳克奖”于1924年设立，是该学会向研究机构领导人颁发的最高荣誉奖，至今已有30多人获此殊荣，中国科学院院士路甬祥是第二位接受该奖的非德籍人士[24]。“弗朗霍夫-贝塞尔研究奖”（Fraunhofer-Bessel Research Award）奖励来自所有非欧洲国家的、研究领域与弗朗霍夫研究所相匹配杰出科学家。“马普学会会士”专门授予杰出的大学研究人员。

美国能源部实验室为激励优秀科研人员，专门设立不同的科学奖项，如“劳伦斯奖”，专门奖励在科研方面为能源部发展和在国家经济及能源安全方面有突出贡献的中青年科学家和工程师[25]。作为美国科技最高奖之一的“费米奖”也由美国能源部代表美国联邦政府负责管理，旨在奖励在能源领域研发方面表现卓越的科学家、工程师及科技政策制定者[26]。

法国国家科研中心1954年设立“法国国家科研中心奖”，每年对那些为法国研究工作做出特别贡献的个人予以奖励，奖项分为金、银、铜奖。1992年起，CNRS设立“水晶奖”，每年颁发给所属研究单元的优秀工程师、技术人员和管理人员，以奖励他们在工作中的贡献。大多数奖项均附有上千至数万欧元不等金额的奖金，并且政府规定这些奖金可以免税[27]。

日本理化学研究所“名誉研究员项目”面向海外杰出科学家（包括居住在国外的日本人）。日本学术振兴会（JSPS）每年从获奖者中选出5名特别杰出的学者，授予“日本学士院学术奖励奖”，日本天皇和皇后出席颁奖仪式[28]。

学术荣誉称号等科技奖励已成为自主创新体系建设的重要组成部分，其作用不可替代。但在具体运作中要注意个人奖励为主兼顾团队贡献，宣传勇于探索的创新精神和为科技进步做出突出贡献的事迹。

参考文献

[1] Max-Planck-Gesellschaft. Evaluation-The Procedures of the Max Planck Society. 2010-6-1

[2] 廖方宇，邓心安．马普学会研究所评价对我国研究所评价工作的启示．科技导报，2003，(2)：22～25

[3] The Whitehouse. Government Performance Results Act（1993）. http：//www. whitehouse. gov/omb/mgmt-gpra/gplaw2m. html [2009-5-26]

[4] DOE. Office of Science Laboratory Performance Appraisal Process. http：//www. science. doe. gov/OLPE/lab _ performance. htm [2009-4-27]

[5] DOE. FY 2008 Office of Science Laboratory Performance Report Cards-Brookhaven National Laboratory. http：//www. science. doe. gov/News _ Information/News _ Room/2008/ReportCards/Brookhaven. html [2009-4-28]

[6] BNL. Brookhaven Science Associates. http：//www. bsa-hq. org/ [2009-4-28]

[7] 沈华．日本的科技评估及其特点．国际科技动态，2006（4）：1～8

[8] DOE. Office of Human Capital Management，Innovations and Solutions（HR-20）. http：//human-capital. doe. gov/resources/tna _ package. pdf [2009-4-27]

[9] NIH. The Tenure-Track Program. http：//sourcebook. od. nih. gov/irp-policy/tenure-track. htm [2010-6-23]

[10] CNRS. Évaluation des chercheurs du CNRS. http：//www. dgdr. cnrs. fr/drh/carriere/cherch/eval. htm [2010-2-1]

[11] 举良，晓风．法国科研中心的人力资源管理．国际科技动态，2006，6：5～7

[12] Christophe Blondel. Evaluation of Researchers and Research Units at CNRS. http：//www. cnr. it/sitocnr/UPO/documenti/cnrs2223ott. pdf [2010-1-10]

[13] BBSRC. Human Resources & Corporate Services Group Statistical Summary 2009. http：//www. bbsrc. ac. uk/web/FILES/Statistics/hrcsg _ sum _ 2009. pdf

[14] NIH. Grants Process-Peer Review Process. http：//grants. nih. gov/grants/peer _ review _ process. htm [2010-6-23]

[15] NIH. Enhancing Peer Review：The NIH Announces New Scoring Procedures for Evaluation of Research Applications Received for Potential FY2010 Funding. http：//grants. nih. gov/grants/guide/notice-files/NOT-OD-09-024. html [2010-6-23]

[16] 谭宗颖．国外科研机构和大学的用人制度与机制．科学时报，2005-7-11

[17] CNRS. BEING A CNRS RESEARCHER. http：//www. dgdr. cnrs. fr/drhchercheurs/concoursch/pdf/metier-en. pdf [2009-9-20]

[18] NIH. RATES OF BASIC PAY FOR EMPLOYEES IN SENIOR-LEVEL（SL）AND SCIENTIFIC OR PROFESSIONAL（ST）POSITIONS. http：//www. opm. gov/oca/09tables/pdf/SLST-AprilandBeyond. pdf [2010-6-30]

[19] NIH. 2009 Pay Ranges for T42 Clinical Research Support（CRS）. http：//hr. od. nih. gov/benefits/pay/2009/documents/CRSranges. pdf [2010-6-30]

[20] 日本理化学研究所．独立行政法人理化学研究所の役職員の報酬・給与等について2009 年度. http：//www. riken. go. jp/r-world/disclosure/info/pdf/kyuyosuijyun21. pdf [2010-11-2]

[21] TÜBITAK Ankara. The Max Planck Society: Attracting Research Talent. http: //www. fp7. org. tr/tubitak _ content _ files/Presentation _ MaxPlanckSociety. pdf [2009-2-12]
[22] CNRS Direction des Ressources Humaines. Bilan Social 2008. http: //bilansocial. dsi. cnrs. fr/page/download [2010-2-1]
[23] DOE. Work-Life Benefits. http: //humancapital. doe. gov/jobs/benefits-work-life. htm [2011-3-13]
[24] 王怀成．中国科学院院长路甬祥获德国马普学会哈尔纳克奖．光明日报，2006-11～26
[25] DOE. The Ernest Orlando Lawrence Award. http: //www. sc. doe. gov/lawrence/ [2011-3-12]
[26] DOE. The Enrico Fermi Award. http: //www. sc. doe. gov/fermi/ [2011-3-12]
[27] 蒯强．法国科学技术奖励一瞥．全球科技经济瞭望，2007，12 (264)：59～62
[28] JSPS. 日本学術振興会賞．http: //www. jsps. go. jp/jsps-prize/index. html [2011-3-11]

第三篇

国内外一流研究所比较

《我国国民经济和社会发展十二五规划纲要》中明确提出，要加大政府对基础研究的投入，围绕增强原始创新、集成创新和引进消化吸收再创新能力，强化基础性、前沿性技术和共性技术研究平台建设，建设和完善国家重大科技基础设施，在重点学科和战略高技术领域新建若干国家科学中心，大幅提升科技创新能力和国际科技影响力，就必须建设一批国际一流的研究所和研究型大学。

中国科学院要实现“创新2020”科技发展目标，其根本任务是要建设一批国际一流的研究所，以适应国家战略需求和迎接世界科技与经济发展的挑战。建设国际一流研究所，需要优先选择在相应学科领域已处于领先、在国内外已具有一定影响力的知名研究所，并按建设国际一流研究所的要求，遵循学科发展规律，尊重人才成长的规律和特点，从优化人才资源结构、促进人才合理流动、激发人才创新活力等方面着手，扎扎实实地推进各方面的工作。

本篇选取了美国能源部布鲁克海文国家实验室、德国马普学会弗里茨·哈伯研究所、德国马普学会分子植物生理生态研究所、美国伍兹霍尔海洋研究所、美国国家大气科学研究中心等不同领域的国际一流科研机构，分别与中国科学院高能物理研究所、金属研究所、上海生命科学研究院植物生理生态研究所、海洋研究所、大气物理研究所等相同领域的研究所进行比较分析，通过对研究所发展战略定位、人才资源、人才流动及其相关政策措施的比较，总结规律和特点，寻找差距，以供借鉴和参考。

第十章 美国能源部布鲁克海文国家实验室和中国科学院高能物理研究所比较分析

一、引 言

20世纪中叶以后，科学发展的一个重要特征是大科学装置的出现。大科学装置是指通过较大规模投入和工程建设来完成，建成后通过长期的稳定运行和持续的科学技术活动，实现重要科学技术目标的大型设施。大科学装置本身是由多学科支撑、众多高新技术集成和国际竞争的产物；是支撑多学科与交叉学科的发展、先进的大型公共技术平台；是国家创新体系中具有强大研发能力和国际竞争能力的大型科研基地。大科学装置集中体现出国家科学基础设施的水平和技术研发能力。

大科学装置的建设和利用与一般的科学仪器及装备有很大的不同，也有别于一般的基本建设项目，这些特殊点主要是：①科学技术意义重大，影响面广且长远，同时建设规模和耗资大，建设时间长；②技术综合、复杂，需要在建设中研制大量非标设备，具有工程与研制的双重性；③其产出的是科学知识和技术成果，而不是直接的经济效益，建成后要通过长时间稳定的运行、不断发展和持续的科学活动才能实现预定的科学技术目标；④从立项、建设到利用的全过程，都表现出很强的开放性、国际化的特色。

近20年来，根据国家的部署，中国科学院陆续建成并将继续新建的一批大科学装置，始终是我国大科学装置建设和运行的主要力量，已经建成并投入运行、正在建设和即将建设的大科学装置共20余座，占全国总量的80%以上[1]。依托这些大科学装置，极大地提高了我国在一些基础前沿领域的研究和高新技术研发的能力，取得了丰硕的成果；装置的“开放”推动了国内外学术的交流与合作，带动了相关学科的发展与学科间的交叉融合；锻炼了工程技术队伍，培养出大批高素质的科技人才。

中国科学院高能物理研究所（IHEP-CAS）是我国高能物理研究、先进加速器技术的研究开发、先进射线技术及射线应用的综合性研究基地。IHEP-CAS的前身是创建于1950年的中国科学院近代物理研究所，后改称物理研究所、原子能研究所，1973 年根据周恩来总理的指示，在原子能研究所一部的基础上组建而成。经过不断发展和深化改革，中国科学院高能物理研究所已成为拥有多个大型科学实验和应用装置的多学科、综合性的现代化科学研究机构。北京正负电子对撞机使高能物理研究所成为世界八大高能加速器中心之一，完成重大升级改造后，将在世界同类型装置中继续保持先进地位。IHEP-CAS 从无到有、从弱到强的历程凝聚着几代国家领导人、上千位物理学家、上万名工作人员的心血和科技强国的梦想。

选取美国能源部布鲁克海文国家实验室（BNL）作为 IHEP-CAS 的标杆机构，通过对比分析找出与国际同类一流科研机构的差距，希望从人才培养角度，为中国科学院建设在国际上具有重大影响的大科学装置和多学科交叉研究特色的一流科研机构提供对策和建议。

二、基本特征与定位和使命

（一）美国能源部布鲁克海文国家实验室

布鲁克海文国家实验室（BNL）是由美国政府资助成立的国家实验室，是美国众多科研机构中的佼佼者，集中了一大批优秀的科技工作者，在国际上享有盛誉，是世界科研前沿最高水平的代表之一。BNL 拥有强大的创新实力，产生过具有划时代意义的科技创新成果，培育了一大批诺贝尔奖获得者，对促进科技发展起着十分重要的作用。

1946 年，来自美国东部 9 所重点大学——哥伦比亚大学、康奈尔大学、哈佛大学、约翰·霍普金斯大学、麻省理工学院、普林斯顿大学、宾夕法尼亚大学、罗彻斯特大学和耶鲁大学的代表组成了一个非营利公司，以建造一个新的核科学装置，并选择第一、二次世界大战时的美国陆军厄普顿兵营作为场地。至此，BNL 诞生了。1947 年 3 月 21 日，美国陆军部将长岛厄普顿营地的场地转给了美国原子能委员会（AEC），该委员会是监督 BNL 成立的联邦政府部门，是现能源部的前身。AEC 为 BNL 提供从事和平利用原子能的研究，旨在提高公众福祉。

BNL 隶属美国能源部，是能源部科学办公室领导下的十大国家实验室之一，由布鲁克海文科学协会（Brookhaven Science Associates，BSA）进行运作。BNL 主要从事物理、化学、生物和原子科学工程方面的基础研究。多年来设计、建造和运行了多个单机构无力自行开发的大型科学装置，取得了辉煌的研究成果，已有 7 个重大发现的相关科学家被授予了诺贝尔奖（共 12 人，其中 BNL 2 人，其他单位的 10 人）。BNL 现有职工约 3000 人，每年访问的研究人员超过 4000 人。

BNL 依托大科学装置群的强大支撑能力和多学科交叉的环境，使其在发展新型、边缘科学和突破重大新技术方面具有强大的能力。2000 年美国决定大力发展纳米科学技术时，能源部旋即在几个大科学装置基地建立了 5 个各具特色的纳米中心，其中为研究人员提供加工和研究纳米尺度材料最先进能力的 BNL 成为 5 个纳米研究中心之一。

图 10-1 布鲁克海文国家实验室——相对论重离子对撞机（RHIC）中的 STAR 探测器

注：STAR 探测器专门追踪 RHIC 的离子碰撞产生的粒子。它体型庞大，重达 1200 吨，装满整间屋子，是一个大型探测器。用它记录 RHIC 产生的主要粒子夸克-胶子等离子体。通过大面积的测量，它同样可以用于研究高密度物质的行为。科学家利用相对论重离子对撞机创造出宇宙中温度最高的物质温度达到约 4 万亿℃，为太阳核心温度的 25 万倍。

资料来源：http：//www. bnl. gov/rhic/images. asp

除了纳米研究中心，BNL 还建有多个研究中心，包括：计算科学中心（用最先进的计算机为从事生物学、化学、物理、应用数学、医学和纳米科学的研究人员提供分析计算能力）、平移神经成像中心（正电子断层照相和核磁共振成像等脑成像工具网络）、放射化学研究中心（拥有皮秒激光-电子加速器装置 LEAF、MeV 静电加速器和钴-60 源）、分子科学光谱学中心（高分辨率激光光谱研究）、环境废物技术中心（解决危险材料的管理）、国家核数据中心（提供中子、带电粒子和光核反应、核结构及衰变数据的信息）、加速器物理中心（加速器物理研究）、RIKEN BNL 研究中心（与日本理化学研究所共建）等。BNL 已经成为国际公认的一流大型综合性科学研究基地。

（二）中国科学院高能物理研究所

中国科学院高能物理研究所的使命是：①开展粒子物理研究，不断提高我国在这一重大基本科学问题研究中的国际地位，争取在若干方向取得国际领先地位；②设计、建造和运行基于大型加速器技术的多学科实验装置，为我国解决经济社会发展中的相关重大科技问题提供有效支撑；③开展体现高能物理研究大科学装置和核技术优势的交叉学科研究；④开展加速器技术和核探测技术研究，为关系国家经济、社会、安全的重大科技任务的实现提供关键技术，并促进国家相关高技术产业的发展；⑤培养高素质科技人才，传播科学知识和科学精神。

IHEP-CAS的发展目标是：成为有显著影响力的世界粒子物理研究中心；成为我国相关大科学装置发展的骨干力量；成为具有世界先进水平、国际化、多学科、综合性的大型研究基地。

IHEP-CAS已在以下方面初步形成了核心竞争能力。①拥有一支结构合理、专业齐全，在大科学装置设计、建造、运行、开放和管理方面具有丰富经验的人才队伍。②拥有和在建的国际水平的大科学装置包括：BEPCII/BESIII继续保持粲物理实验研究的世界领先地位；北京同步辐射装置支撑能力不断增强，用户数量和水平显著提高；羊八井宇宙线观测站已成为世界一流宇宙线观测窗口，该国际大科学项目的组织、实施与管理实现了“以我为主”；散裂中子源及东莞分部的建设提高了持续发展能力；大亚湾反应堆中微子实验装置的建设是我国基础科学领域目前最大的国际合作项目；硬X射线调制望远镜（HXMT）项目是我国第一个空间天文卫星项目。北京光源的预研、加速器驱动洁净核能系统（ADS）、大型高海拔空气簇射观测站（LHAASO）等大科学装置项目也通过国家发展和改革委员会的评审，在“十二五”期间将部署启动。③形成多学科交叉融合的研究规模：依托大科学装置和核技术，形成若干交叉学科的优势研究领域，并取得重要成果；粒子天体物理研究发展迅速，形成特色规模。④深层次国际合作：成功开展了以我为主的大型国际合作，体制机制与国际接轨，具有很大的国际影响力。⑤形成了强大的高技术转移能力：加速器和探测器技术等前沿领域关键技术的积累雄厚，高技术研发深具潜力。

北京正负电子对撞机像一支硕大的羽毛球拍，由北向南而卧。球拍的“把”——注入器——是一台长202米的行波正负电子直线加速器。电子枪产生的电子束在加速管中被加速到2.4亿电子伏时，轰击一个钨靶，就能得到正电子束。正负电子束流通过输运线注入周长为240米的球拍“框”——储存环中，积累、储存、加速、对撞。安放在对撞点附近的北京谱仪能够获取对撞产生的信息，进行高能物理实验，而沿储存环切线方向安放的同步辐射光束线和实验站也可以同时开展各种科学实验。

表10-1列出了BNL与IHEP-CAS在战略定位、任务目标以及研究成果等方面的比较。从表中可以看出，尽管IHEP-CAS取得了不错的业绩，也形成了若干核心竞争力，但与BNL相比还有相当大的差距。

图 10-2 高能物理研究所-北京正负电子对撞机（BEPC）鸟瞰图

资料来源：http：//pic. ihep. cas. cn

表 10-1 BNL 与 IHEP-CAS 的基本特征比较

机构名称	BNL	IHEP-CAS
成立时间	1947 年	1973 年
战略定位	通过科学界和地方社区的合作、支持和适当参与，产生卓越的科学和先进的技术	充分发挥在粒子物理研究、先进加速器技术研究与开发、先进射线技术研究及应用三个优势学科领域的综合优势，瞄准国家战略需求和世界科技前沿，开拓创新，争取取得在国际上领先和有重大影响的原始创新成果，保持和发展中国在世界高能物理实验研究领域占有的一席之地。对国内外高度开放的，依托大科学装置开展基础研究和应用基础研究的大型综合性研究基地
任务与目标	（1）构思、设计、建造和运行复杂、领先和面向用户的装置，以满足能源部和国际社会用户的需要 （2）开展科学前沿长期高风险项目的基础和应用研究 （3）开发解决国家需要的先进技术，并将它们转让给其他机构和商业部门 （4）传播技术知识，培养新一代的科学家和工程师，保持国家劳动力的技术能力，鼓励公众的科学意识	（1）保持和发展在粲物理研究的国际领先地位，在粒子物理、粒子天体物理研究领域取得有重大国际影响的原始创新成果 （2）大力发展加速器物理及技术和粒子及射线探测技术，使高能物理研究所成为具有国际先进水平的加速器技术和探测器技术发展基地，为相关领域的战略高技术发展做出重要贡献 （3）利用高能物理研究所多学科综合实验平台的优势，积极发展创新性的交叉学科研究 （4）积极开展加速器技术和射线探测技术的应用研发，为我国相关高技术产业的发展做出贡献 （5）培养造就大批优秀的科技人才

续表

机构名称	BNL	IHEP-CAS
重点研究领域	物理、化学、生物和原子科学工程方面的基础研究，设计、建造和运行了多个单机构无力自行开发的大型科学装置，核技术、高能物理、化学、生命科学、纳米技术	粒子物理研究，包括粲物理、中微子物理、粒子天体物理和理论物理（粒子物理和宇宙学）；大型多学科实验装置发展，包括先进光源、中子装置和 ADS 装置；交叉学科研究，包括同步辐射、纳米生物效应和安全性、核技术健康环境、核成像和蛋白质构效，以及加速器技术、核探测及核分析技术、数据密集型计算的高技术研究和发展
年度预算	超过 4 亿美元	4 亿人民币
获奖情况	诺贝尔奖 7 次（物理 5 次，化学 2 次） 国家科学奖章（National Medal of Science）5 人 沃尔夫基金物理奖（Wolf Foundation Prize in Physics）2 次 亚伯雷斯克奖（Albert Lasker Award for Clinical Medical Research）1 次 Ernest Orlando Lawrence Memorial Award 11 次 Enrico Fermi Award 5 次	1978 年至今，共获奖 200 余项，其中： （1）北京正负电子对撞机工程获国家科学技术进步奖特等奖 （2）北京 35MeV 质子直线加速器工程获国家科学技术进步奖一等奖 （3）τ 轻子质量的精确测量获国家自然科学奖二等奖 （4）北京自由电子激光装置获国家科学技术进步奖二等奖 （5）北京自由电子激光装置获国家科学技术进步奖二等奖 （6）ψ（2S）粒子及粲夸克偶素物理的实验研究获国家自然科学奖二等奖
拥有的大型装备设施	石墨研究反应堆 BGRR、高通量束流反应堆 HFBR、医学研究反应堆 BMRR、质子同步加速器 COSMOTRON、交变梯度同步加速器 AGS、超导加速器 ISABELLE、相对论重离子对撞机 RHIC、同步辐射光源 NSLS、同步辐射光源 NSLS-II、深紫外自由电子激光 DUV-FEL	建有北京正负电子对撞机、北京谱仪、北京同步辐射装置、羊八井国际宇宙线观测站；正在建的有中国散裂中子源工程、硬 X 射线调制望远镜、大亚湾中微子实验等大型科研设施；北京光源的预研、加速器驱动洁净核能系统（ADS）、大型高海拔空气簇射观测站（LHAASO）等大科学装置项目也将部署启动
拥有的一流人才	基于 BNL 装置的研究工作，获诺贝尔奖者 11 人 美国国家科学院院士 13 人 美国国家工程院院士 5 人	中国科学院院士 8 人 中国工程院院士 2 人 获得“突出贡献专家”称号 9 人 入选“新世纪百千万人才工程”9 人 中国科学院“百人计划”入选者 35 人 国家杰出青年科学基金获得者 16 人

资料来源：http：//www.bnl.gov/world/ 2010.9，http：//www.ihep.cas.cn/gkjj/

三、人才资源对比

（一）人员规模

表 10-2 给出了 BNL 与 IHEP-CAS 2000～2009 年人员规模的年度变化情况。从表中可以看出，BNL 和 IHEP-CAS 的人员都保持着一定的规模，10 年间没有量级上的变化。需要说明的是，IHEP-CAS 的人员规模在 2000 年开始逐年递减，自 2006 年开始上升，这是中国科学院人事政策导向的结果。IHEP-CAS 从 2001 年进入创新至 2005 年，实施了转岗分流政策；进入创新三期后，2006～2008 年是平稳增加，2009 年有较大幅度的增加，这是因为在中国科学院在保持一支骨干队伍的前提下适度扩大了科技队伍规模，研究所自身争取的国家项目也有大的发展。

表 10-2 BNL 与 IHEP-CAS 2000～2009 年人员规模的年度变化[2] （单位：人）

年份	2000	2001	2002	2003	2004	2005	2006	2007	2008	2009
BNL	—	2 880	2 855	2 816	3 005*	3 005*	2 607	2 600	2 700	2 815
IHEP-CAS	1 199	1 158	1 076	1 062	1 050	1 022	1 027	1 030	1 047	1 131

* 代表预测人数。

（二）BNL 人员的学历状况

表 10-3、表 10-4 分别给出了 BNL 和 IHEP-CAS 人员的学历分布。

表 10-3 2002 年 BNL 人员学历的总体分布

类别	博士		硕士		学士		其他		总计	
	人数	比例/%	人数	比例/%	人数	比例/%	人数	比例/%	人数	比例/%
科研	465	79.08	42	7.14	36	6.12	45	7.65	588	20.30
工程	93	18.20	179	35.03	153	29.94	86	16.83	511	17.65
其他专业	4	50.00	2	25.00	1	12.50	1	12.50	8	0.28
管理	61	10.12	148	24.54	152	25.21	242	40.13	603	20.82
技术员	0	0	17	3.35	66	13.2	424	83.3	507	17.51
其他	0	0	11	1.62	47	6.92	621	91.46	679	23.45
总计	623	21.51	399	13.78	455	15.71	1 419	49.00	2 896	100.00

表 10-4　2003 年 IHEP-CAS 人员学历总体分布

类别	博士		硕士		学士		其他		总计	
	人数	比例/%	人数	比例/%	人数	比例/%	人数	比例/%	人数	比例/%
科研	117	47.8	36	14.7	92	37.5	0	0.0	245	23.1
工程师	1	0.6	17	10.5	117	72.2	27	16.7	162	15.2
管理	2	2.2	8	8.9	43	47.8	37	41.1	90	8.5
技术支撑	0	0.0	0	0.0	17	7.9	198	92.1	215	20.2
其他	0	0.0	0	0.0	33	9.4	317	90.6	350	33.0
总计	120	11.3	61	5.8	302	28.4	579	54.5	1062	100.0

图 10-3 给出了 IHEP-CAS 现有人员的岗位及学位结构总体分布，以及与国外同类实验室的比较。

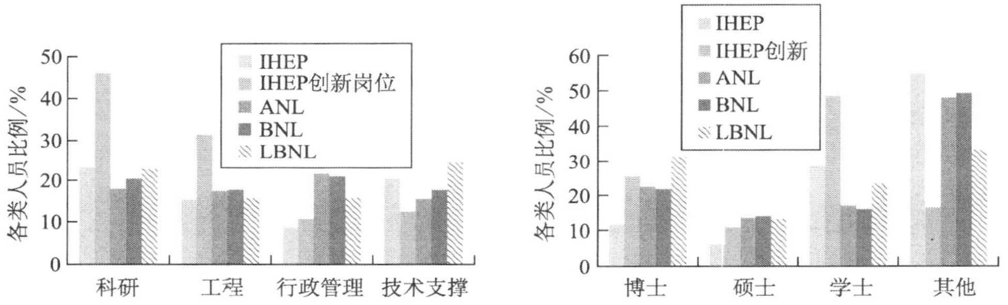

(a)　岗位分布比较　　　　(b)　学位分布比较

图 10-3　IHEP-CAS 现有人员岗位和学位分布及与国外同类实验室比较

国际上其他同类实验室的岗位结构中科研、工程、管理及技术支持岗位的各自比例基本相当。IHEP-CAS 现有人员与创新岗位中，科研、工程师、行政管理及技术支撑人员的比例分别为 1∶0.7∶0.4∶0.9，和 1∶0.7∶0.2∶0.3。

总体上，IHEP-CAS 人员岗位结构中管理人员比例偏低。创新岗位中科研及工程岗位的比例明显偏高，管理岗位、技术支撑岗位比例低于国外同类实验室。从学位的分布看，全所人员中博士、硕士的比例偏低，本科及本科以下人员的比例偏高。创新岗位中博士、硕士比例基本合理，本科比例偏大。

以岗位划分，IHEP-CAS 各类人员的学位分布与国外同类实验室的比较见图 10-4（a～d）。

科研人员中，IHEP-CAS 的博士比例低于其他实验室的平均水平，硕士及本科比例高于其他实验室的平均水平。

工程人员中，博士的比例极低，不到 1.0%，这是与国际一流实验室差距最

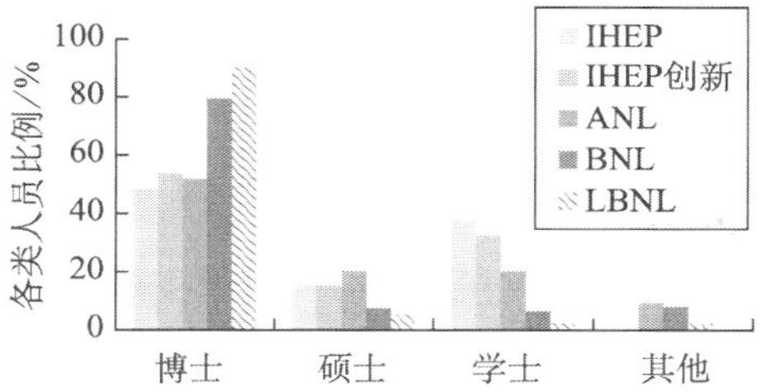

(a) 科研人员的学位分布比较

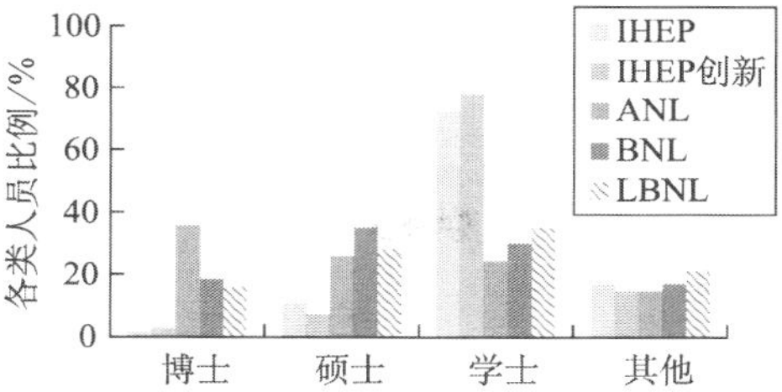

(b) 工程人员的学位分布比较

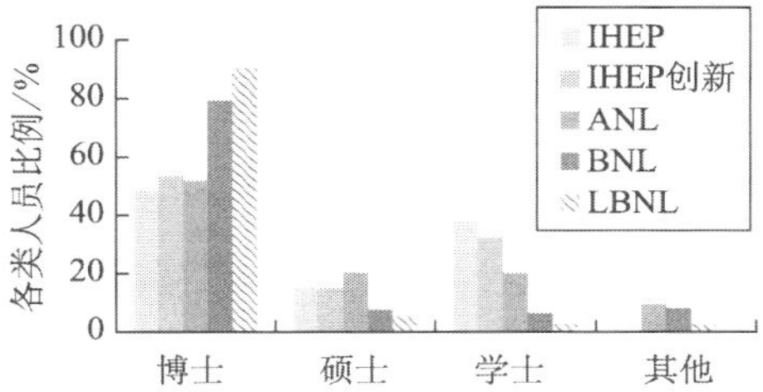

(c) 管理人员的学位分布比较

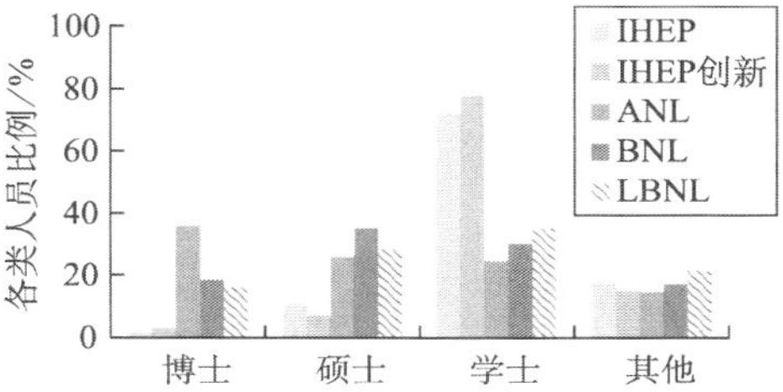

(d) 技术支撑人员的学位分布比较

图 10-4 科研、工程、管理和技术支撑人员的学位分布比较

大的地方，它们拥有博士的比例从 16.0%到 35.6%；硕士的比例也很低；而本科的比例远远高于其他实验室。

博士在全所人员和创新人员中所占比例仅为 0.6%和 0.7%，说明技术创新的发展缓慢同人员所具备的专业素质有很大关系，应该在人才引进和培养上引起足够的重视。

管理人员中，博士的比例远低于其他实验室的平均水平，创新岗位中硕士的比例同其他实验室比例最低的相当。本科的比例远高于其他实验室是由于统计时包含了自学考试和进修取得学位的人员。

技术支撑人员中，只有劳伦斯·伯克利国家实验室（LBNL）博士的比例达到 2.0%，ANL 为 0.2%，BNL 和 IHEP-CAS 均为 0；ANL、BNL 和 LBNL 的硕士比例 ANL、BNL、LBNL 分别为 1.1%、3.4%和 11.0%，IHEP-CAS 均为 0；本科及本科以下人员的比例同其他实验室基本相当。全所人员中技术支撑人员本科以下的比例偏高，应逐步提高具有专业特长的人员比例。

根据 IHEP-CAS 承担大科学工程的特点，应加大管理和技术支撑人员的比例，逐渐达到 15%～20%。随着新老交替，应全面考虑全所科研、工程、管理和技术支撑人员的结构，岗位按 20.3%、16.8%、19.3%、19.1%比例，博士、硕士、学士学位按 25%、14%、19%比例（为其他三大实验室的平均比例）。

（三）BNL 的流动人员

科技和经济日益国际化，科技人才流动日趋全球化，世界主要发达国家的一流科研机构和研究型大学为提升其在世界上的竞争力，采取灵活的用人政策，吸引世界科研人员为己所用，启用大量来自国内外的流动人员。BNL 也是通过吸引大量的流动人员并加以使用来优化人员的结构。

表 10-5 给出了 BNL 流动人员情况。由此可见，BNL 是一个真正意义上的国际化的、世界一流的科研机构，能够吸引大量的国际学者和客座人员，充分利用国际智力资源，开展一流的科学研究和技术创新。流动人员队伍远远超过固定人员队伍。

表 10-5　BNL 流动人员情况[2,3]

年份		2006	2007	2008	2009
人数	研究生	1 829	—	614	1 500
	访问学者	3 736	4 300	4 300	9 227

IHEP-CAS 与世界几十所大学和科研机构建立了长期稳定的合作关系，大力发展以我为主的国际合作，积极参加大型高能物理实验国际合作，目前参加的主要合作有 CMS、ATLAS、AMS、Belle 等。IHEP-CAS 在粒子物理、先进加速器技术、同步辐射和大科学装置建设等领域的国际合作，有力地促进了我国相关领域的研究和高技术发展。

IHEP-CAS 目前的流动人员与固定人员比例约在 1∶1，虽然与 BNL 的流动人员比例有一定差距，但在高能物理、粒子天体物理、理论物理、加速器技术及应用、纳米生物安全等领域，都在开展广泛的国际合作，包括：承担着基础科学领域最大的国际合作项目——大亚湾反应堆中微子实验项目；西藏羊八井国际宇宙线观测站开展的中日和中意合作获得大批重要成果；与德国硬 X 射线自由电子激光项目的国际合作全面启动；我国“十一五”重点科技项目“中国散裂中子源”开始立项，将成为未来中美、中日合作的重点领域之一。国际合作对引进高新技术和发展相关产业做出了重要贡献。高能物理国际合作推动开通了我国第一条国际互联网线路，率先引进 WWW 系统，为发展我国的互联网做出了重大贡献。但在吸引国外顶尖科学家的长期合作方面仍有巨大的空间与潜力。

四、多学科人才引进和创新团队建设

作为一个实力强大的大型综合性研究机构，BNL 取得了辉煌的科学成就。

高能物理方面的成就有 m 中微子的发现、J/y 粒子的发现、CP 破坏、宇称破缺和太阳中微子研究中的先驱性工作等。在多学科研究中有利用 X 射线和中子开展生物样品研究这样导致结构生物学的开创性工作，用于医学的 L-多巴、铊-201、锝-99m 放射性核素的发明，以及 X 射线心血管造影术的发展。高技术方面有磁悬浮列车技术的发展。加速器技术方面有对于现代粒子加速器利用有决定意义的强聚焦原理的发明。

中国科学院“百人计划”的实施带动了 IHEP-CAS 重点学科、交叉学科的发展，特别是在创新三期，IHEP-CAS 注重前沿科学思想的引进和开拓新兴学科领域，提升交叉学科的科研发展水平和国际竞争力。交叉学科的人才引进力度不断增强，如图 10-5 所示。

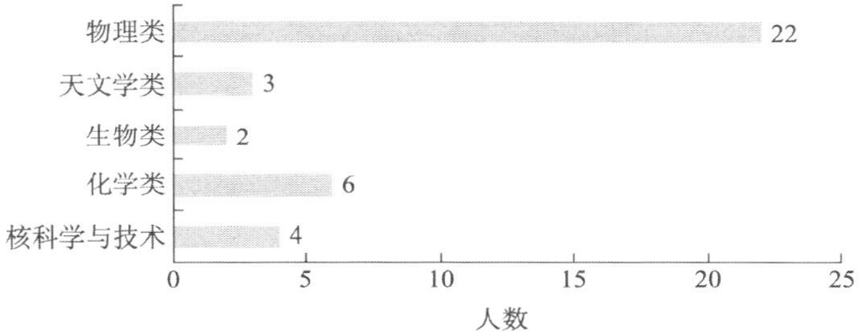

图 10-5 IHEP-CAS 多学科交叉“海外杰出人才”引进情况表

IHEP-CAS 已建起北京谱仪物理研究（已通过国家自然科学基金委员会创新研究群体评审）、纳米生物效应研究、中高能理论物理的前沿研究和纳米生物体系同步辐射研究等创新团队。

五、分析与建议

通过以上的比较分析，BNL 和 IHEP-CAS 在本国的国家科技创新体系中都发挥着重要的作用，但从对世界科技的影响力和贡献上讲，IHEP-CAS 还存在差距，这些差距为我们加快建设世界大科学装置研究所和与之相适应的人才队伍提供了有益的借鉴和启示。

（一）建设符合大科学装置研究所特点的人才队伍

与所有研究机构一样，大科学装置研究所队伍建设的目标之一是建设一支拥有优秀领军人才的高水平队伍，但其人才队伍的建设还必须体现大科学装置类研究所的特点。

首先，队伍结构要适应大科学装置工作及大科学研究的特点，其中许多要求不同于所谓的“小科学”研究。例如研究人员、工程技术人员和技术支撑人员的比例、学位要求、职级结构和年龄结构等。一方面，大科学装置研究工作对其领军人才的战略眼光和综合素质有很高的要求，必须重视顶尖人才的引进和培养；另一方面，对于“小科学”研究，可以根据顶尖人才的去留决定相应研究方向的取舍，大科学装置研究的每一个环节都不可缺失。所以，顶尖人才固然重要，而队伍的整体建设同样重要。各类人才引进并举，不能一味追求学历。

其次，大科学装置建设工程对人才资源的需求在时间尺度上极不均衡，给人力资源配置带来很大的难度，要做到在承担大工程项目时能迅速召集大批有经验的人才，建设期间大量利用流动人员，保持人力资源的动态管理；在工程结束后，建立有效的人才机制，能够保留一支稳定的运行队伍，储备精干的研究队伍。

（二）大科学装置人才队伍建设应遵循五个“必须”

大科学装置是国家创新体系的重要元素，为各个研究领域的交叉前沿研究提供先进的平台。大科学装置的建设、运行、开放及其多学科交叉研究是中国科学院的特色和优势领域。要保持和发展这一特色，在人才队伍建设方面应该做到：①必须保持适度的队伍规模，保持一支设计、建造、安装、调试、运行与维护的骨干队伍。为承担国家大科学工程任务进行人才储备，建设成国家大装置的“人才库”和“蓄势池”，大科学装置的研究所具有为国家建议或解决综合性重大科技问题的功能，面向国家战略需求，面向世界科技前沿，“招之即来，来之能战，战之能胜”。②必须保持适当的各类人员结构比例。充分认识人才队伍结构合理的重要性，保证科技、支撑、管理人员的动态变化。③必须保持稳定的技术支撑队伍，IHEP-CAS 支撑队伍建设亟待加强。充分认识技术支撑人员在提高科研效率中的重要作用。大科学研究不单纯是理论研究，需要依赖于先进的实验装置和大量的实验探索。实验运行需要实验技术人员提供良好的运行环境，特别是在超导、高真空、超高压、强磁场和超低温等极端条件下进行物理实验时，需要特殊的技术支持，所有这些技术支持需要依靠技术支撑队伍这支重要力量。支撑队伍的培养周期较长，要保持技术人才队伍的相对稳定。④必须从根本上解决稳定支持的工程骨干队伍的人员经费问题。国家工程建设和运行经费中人员经费比例偏低，而培养造就大科学工程的领军人才和一支专业齐全、结构合理、规模适度的人才队伍需要时日，需要经过大科学装置的设计、建造、运行与维护等整个生命周期的过程，这就在一定程度上造成领军人才稀缺、不利引进与培养、整体队伍的不稳定。⑤必须强调团队建设，“大兵团协同作战”。

（三）要有长远稳定的支持政策

大科学装置研究所的发展强烈依赖于国家宏观的科技政策，依赖于战略科学家的战略思考，长远可持续的发展观。国家应当制定长远的、稳定的支持政策，对大科学装置建设及实验研究提供长期的、稳定的经费支持。

（四）加强多学科交叉互动机制建设

遵循科学发展规律和趋势，加强多学科交叉与互动机制建设，打破研究所间的人才行政管理壁垒，建立促进人才交流与流动的有效机制。

（五）建设发挥人才创新精神与工作热情的创新氛围

人才是推动一个国家科技和经济发展的最关键、最根本的因素，必须从国家前途和命运的战略高度重视人才的培养。人才培养是一个系统工程，必须从实际出发，制定出符合大科学装置特点的人才培养机制。要树立以人为本的管理思想，创造良好的社会环境，使人才的主动性、积极性、创造性得到充分发挥。只有这样，才能在大科学装置的建设与多学科交叉研究的竞争中占据主动。

（六）积极倡导协同的创新文化

大科学装置是实现国家重要科学技术目标的大型科研设施，大科学工程在设备研制、工程建设、组织观测，甚至科学研究的过程中，体现的是共同参与和集体的力量，是“大兵团协同作战”的模式，需要多学科联合、多专业参与、不同学科人员的交流和协同作战，强调大系统、大协作和共同目标，大家同甘共苦、群策群力，随时解决工程中难题，特别需要团队精神、奉献精神和合作精神。大科学工程是科技创新的沃土，研究手段的改进、提高将带来技术创新。大科学工程的建造及其实验装置的研制过程，集中了各领域的理论人才和实验人才，构成多学科的界面和边缘学科的生长点，提供了学术思想相互启发的环境，是创新文化建设的核心价值体现。

致谢：感谢钟元元老师、科研处、文献信息部在本章撰写中的鼎力帮助。

参考文献

[1] 詹文龙．中国科学院基础科学研究六十年．中国科学院院刊，2009，24（3）：220

[2] The US Department of Energy's Office of Science. Steward of Ten World-Class National Laboratories. http：//www. lbl. gov/DIR/Institutional-Plan/［2008-10-1］

[3] DOE. The US Department of Energy's Ten-Year Plans for the Office of Science National Laboratories Fiscal Year 2010. http：//science. energy. gov/～/media/lpe/pdf/FY _ 2010 _ SC _ Laboratory _ Plans. pdf［2010-7-1］

第十一章　马普学会弗里茨·哈伯研究所与中国科学院金属研究所比较分析

材料是人类赖以生存和发展的物质基础，材料发展的历史从生产力的侧面反映出人类社会发展的文明史。20 世纪 70 年代，人们把信息、材料和能源作为社会文明的支柱。80 年代，随着高技术群的兴起，又把新材料与信息技术、生物技术并列作为新技术革命的重要标志。材料科学作为一门集物理、化学、生物等多学科于一体的综合性学科，对现代科学技术的发展起着极其重要的作用，成为科学技术发展的引领学科和重要组成部分。

以马普学会弗里茨·哈伯研究所（FHI-MP）和中国科学院金属研究所（IMR-CAS）为研究对象，通过对人力资源结构（包括人员规模、学历状况、岗位及职称分布，核心团队建设等）以及高层次人才流动相关的数据和体制、机制进行对比分析，以明晰中国科学院金属研究所与马普弗里茨·哈伯研究所的不同，为中国科学院金属研究所以及类似研究所的发展提供借鉴。

一、发展概况与定位

（一）发展历程与基本特征

FHI-MP 的发展经历了以下几个阶段：①1911～1914 年，主要开展化学领域的基础研究，首任所长弗里茨·哈伯（Fritz Haber）（图 11-1）。当时的研究所共有 5 名科学家、10 名助理以及 13 名志愿者和学生，年经费预算 7 万马克。②1914～1918 年，第一次世界大战期间，主要从事化学武器和反化学武器研究，职工超过 1000 人。期间，弗里茨·哈伯由于发明氮气与氢气工业合成氨而获得诺贝尔化学奖。③1919～1933 年，弗里茨·哈伯致力于从海水中提取黄金以缓解国家财政紧缺和通货压力，并组建了胶体化学部门和原子物理部门，后来又组建了物理化学部门。在他的领导下，该所成为世界上化学研究的学术中心之一，被尊称为“世界化学的麦加”。④1933～1945 年的“二战”期间，主要开展化学武器研究，Peter Adolf Thiessen 担任所长。⑤1951～1963 年，研究所重

图 11-1　弗里茨·哈伯（1868～1934，哈伯法合成氨的发明者，1918 年获诺贝尔化学奖）

资料来源：http：//baike.baidu.com

建，Max von Laue 担任所长，在他的影响及努力下，该所于 1953 年并入马普学会，同年改名为弗里茨·哈伯研究所，Kurt Molière、Kurt Ueberreiter、Gerhard Bormann、Rolf Hosemann、Ernst Ruska 等著名科学家先后成为该所部门主任并被授予科学会士称号。⑥1963 年之后，表面/界面科学领域得到全面发展，此时的 Rudolf Brill 所长致力于利用 X 射线衍射和动力学方法进行异相催化特性研究。1969 年 Heinz Gerischer 出任所长，他致力于电化学、光电化学、快速反应以及超高真空条件下固相表面及气固界面研究等。在 1974 年和 1980 年该研究所分别经历了两次重组，表面/界面科学领域研究进入新的发展阶段。目前，该研究所主要开展表面/界面物理化学、固态物理、原子和分子物理化学以及相关材料合成等基础研究，共包括无机化学、化学物理、分子物理、物理化学及理论研究等 5 个科研部门，其组织结构如图 11-2 所示。

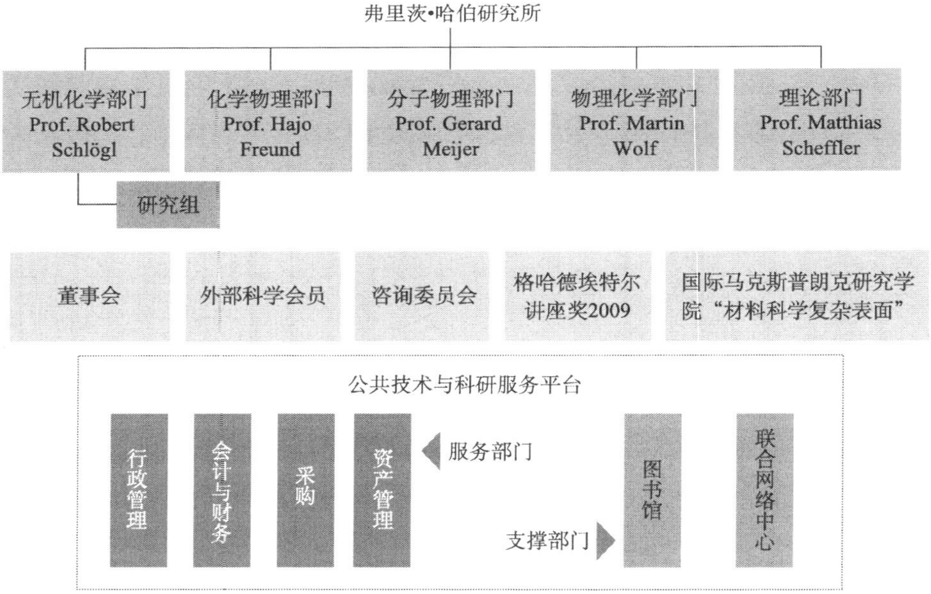

图 11-2　弗里茨·哈伯研究所组织结构图

资料来源：http：//digital.szuy.com

中国科学院金属研究所（IMR-CAS）成立于 1953 年，是新中国成立后中国科学院首批创建的研究所之一，创建者是我国著名的物理冶金学家李薰先生。现任所长为卢柯院士，名誉所长为 2010 年度国家最高科学技术奖获得者师昌绪院士。经过几代人的不懈努力，IMR-CAS 已经发展成为我国享誉海内外的材料科学与工程的重要研究基地。目前，该所主要开展材料及相关学科的基础、应用和工程化研究。

IMR-CAS 的发展过程大致经历了以下几个阶段：建所初期，致力于我国钢铁冶金工业的恢复和振兴；随后，成功实现了向新材料领域的跨越发展，为国家若干重大工程提供了关键材料与技术支持。改革开放以来，IMR-CAS 拓辟新宇，攻国家急需技术，完成了大量重要的科研任务。1999 年，根据中国科学院实施“知识创新工程”的战略部署，与金属腐蚀与防护研究所整合建立了新的“中国科学院金属研究所”。新的 IMR-CAS 以“创新材料技术、攀登科技高峰、培育杰出人才、服务经济国防”为使命，提出了“集成优势学科，拓展研究领域，整合科研团队，强化基地建设”的发展思路，以高性能金属材料、新型无机非金属材料和先进复合材料等为主要研究对象，研究这些材料的结构、性能、使役行为及其防护技术，注重材料制备、加工及工程化研究。IMR-CAS 已初步形成集基础、应用及开发于一体的新格局，其中基础及应用基础研究以沈阳材料科学国家（联合）实验室、金属腐蚀与防护国家重点实验室为核心，瞄准国际前沿，解决重大科学问题；应用研究以沈阳先进材料研究发展中心、材料环境腐蚀研究中心为平台，为国家重大战略需求解决关键性的材料技术问题，并参与创建发展高技术企业。近年来，在现有基础上不断拓展研究方向，在净水材料、催化材料、生物材料、新能源材料等方面均有新的突破。IMR-CAS 的组织结构如图 11-3 所示。

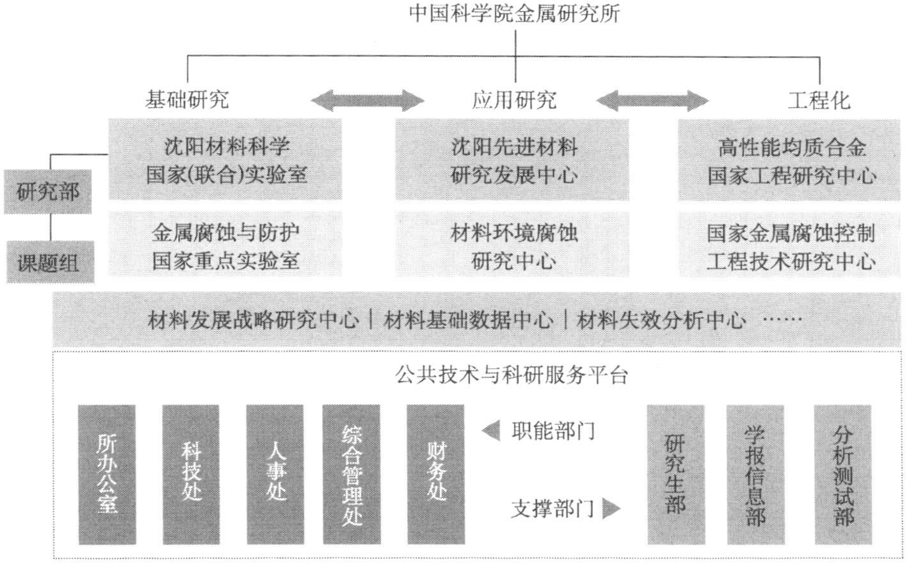

图 11-3　中国科学院金属研究所组织结构图

图 11-4　中国科学院金属研究所工艺楼

FHI-MP 和 IMR-CAS 在机构性质、科研理念以及学科方向等方面存在一定的相同点，两所均是非营利性法人机构所属的研究所，其各自研究的领域在国际上均享有一定声誉；都是向社会提供公益性的科技服务，最大限度地提高科研效率，提高科研设备和成果的共享程度与利用率，瞄准国家科技战略目标；均在不同程度上涉及材料、化学等学科。尽管如此，两个研究所在研究领域、使命定位、科研成果、一流人才、人员流动、管理模式等方面也存在较大的差异[1~3]，如表 11-1 所示。

表 11-1　FHI-MP 和 IMR-CAS 的不同点

机构名称	FHI-MP	IMR-CAS
成立时间	1911 年	1953 年
研究领域	以基础研究为主，主要开展物理化学、表面化学及催化化学等基础研究	基础、应用、工程并重，主要开展高性能金属、新型无机非金属和先进复合材料和能源材料研究
功能定位	在自然科学领域从事国际最高水平的基础研究，开展需要大型设备和大量资金的工作，以补充大学和一般研究机构不能开展的特别具有创新性的前沿研究	面向国家战略需求，面向世界科学前沿，加强原始科学创新，加强关键技术创新与集成
科研成果	在工业制氨、X 射线分析等方面成绩显著，目前在物理化学、表面化学及催化化学基础研究等领域引领全球，在应用研究和工程化方面涉及很少	在国家重大工程研究领域做出了重要贡献，但缺少基础研究的重大原创性突破和重大技术发明创造
一流人才	7 名诺贝尔奖获得者的主要工作在该所完成，现拥有世界一流的科学家约 10 人	院士 7 人，国际知名学者 10 余人，拥有世界一流的科学家较少

续表

机构名称	FHI-MP	IMR-CAS
人员流动	开放的用人政策，通过岗位设置吸引大量国外科研人员，同时也聘用大量国内外流动人员。岗位设置中除固定岗位（长期聘用和限期聘用）外，其他流动人员如博士后、博士生、客座科学家、大学生辅助人员都具有很大的流动性。另外，还鼓励研究所和大学人才双向流动	事业编制人员稳定，一些项目聘用人员、临时聘用人员等流动性较大，高水平的博士后人员体量较小
管理模式	5个系的负责教授组成所长会，并轮流担任研究所所长，每个系下设若干研究组。在科研管理模式上，严格控制发展规模并使其保持动态平衡，通过灵活地调整研究室的设置，以达到内部分工明确，从而最大限度地避免重复研究、建设内耗，确保科研投资强度和科研质量的提高；在人事设置与调整上，重大的科研方向采用“因人设事”的原则；在监督评估机制上，其核心思想是“同行评议”，要求同一学科领域有显著成绩的科学家对其进行评议，并保持高度透明	所长由中国科学院党组任命，研究所实行所务会制度，实行集体讨论基础上的所长决策制，研究所下设6个国家实验室、研究中心，国家实验室和研究中心设有若干研究部，研究部下设若干个研究组。主要采用课题组制的科研组织管理模式，灵活性相对较弱，采用“因岗设人”的人事设置原则和学术委员会评议的监督评估原则

（二）科研产出比较

FHI-MP 近几年的论文产出基本保持在每年320篇左右。曾在1986～2004年出任所长，现为该所名誉教授的格哈德·埃特尔因在表面化学研究领域做出开拓性贡献而荣获2007年度的诺贝尔化学奖（图11-5）。1986年Ruska教授因为在电子光学领域的杰出工作并设计了世界第一台电子显微镜而获诺贝尔物理学奖。

图11-5　Gerhard Ertl 教授 2007年获诺贝尔化学奖

资料来源：http：//www.rsc.org

IMR-CAS 近5年每年的论文发表量为490～540篇，授权专利为100～130项。在进入知识创新工程之后，研究所对发表论文和专利曾有一定的奖励，后来取消了论文发表奖励。从近几年论文发表数和申请授权专利数等情况看，奖励政策的变化对于科研产出的影响不是很大。

从发表论文看，FHI-MP 人均年论文数量远高于 IMR-CAS，这主要是因为FHI-MP 以基础研究为主，而 IMR-CAS 60%的人员从事应用研究，科研水平的差距也是一个原因。

二、人才资源比较[①]

（一）人员规模

表 11-2 显示了 2000～2009 年 FHI-MP 和 IMR-CAS 人员规模的演变。FHI-MP 经 1974 年和 1980 年两次调整后，进入比较稳定的发展阶段。从表中可以看出，在 2004～2009 年间，FHI-MP 的人员规模稳定在 325 人左右，含长期聘用人员、限期聘用人员和流动人员。IMR-CAS 事业编制人员规模的发展在进入知识创新工程后经历了两个阶段，2000～2005 年为事业编制人员规模逐渐缩小阶段，2006～2009 年则为稳步扩大阶段，这与研究所获得国家、中国科学院的稳定支持以及科研项目竞争力提高密不可分。随着成立新科研单元、新的学科生长点和科技项目持续增加对人才的需求，以及积极的人才招聘政策的实施，IMR-CAS 的人员规模在未来几年内将有较大幅度的增加。从以上可以看出，研究所人员规模的变化与国家、所属国立科研机构的政策导向以及研究所的发展定位存在着密切的关系。

FHI-MP 的限期聘用人员和流动人员约占总人数的 3/5。对于限期聘用人员，聘期结束后，研究所有权与其终止合同，特别优秀的则可转为固定人员。IMR-CAS 实施了全员聘用制，但是由于不同的社会体制和文化背景，导致聘用制很难在真正意义上得以实施。IMR-CAS 事业编制人员尽管大部分人为限期聘用人员，但人员更新率较低，为 9.4%；另外，IMR-CAS 的项目聘用人员主要为技术支撑人员、技术工人、科研服务人员等，其更新率为 26.9%[②]。

表 11-2 FHI-MP 与 IMR-CAS 人员规模的历史演变

人数＼年份		2000	2001	2002	2003	2004	2005	2006	2007	2008	2009
FHI-MP	人员规模	—	—	—	—	320	324	326	325	326	326
	限期聘用及流动人员规模	—	—	—	—	200	192	195	196	199	197
IMR-CAS	事业编制人员规模	1 036	986	918	902	880	834	798	820	823	833
	在编在岗人员规模	965	897	711	698	691	661	630	654	669	710
	项目聘用人员规模	—	—	46	83	101	128	221	258	297	312

① 文中 FHI-ML 人力资源数据由该所科研工作人员提供，仅供参考。

② 2009 年 12 月数据。

（二）学历、年龄和性别状况

表 11-3 显示了 2005～2009 年 FHI-MP 和 IMR-CAS 人员的学历、年龄和性别情况。表中可见，FHI-MP 人员的学历、年龄和性别比例基本保持稳定；IMR-CAS 近年来具有高学历的人员比例明显增加，2009 年平均年龄明显下降。FHI-MP 具有博士学位的人员比例及女性比例明显高于 IMR-CAS，平均年龄则较 IMR-CAS 小 3～4 岁。

表 11-3　2005～2009 年 FHI-MP 和 IMR-CAS 人员的学历、年龄和性别情况

全所人员		FHI-MP			IMR-CAS		
		2005 年	2007 年	2009 年	2005 年	2007 年	2009 年
学历	博士/%	40	39	41	26	32	37
	硕士/%	20	20	20	13	14	16
	其他/%	20	21	19	61	54	47
性别	男/%	70	69	68	77	76	75
	女/%	30	31	32	23	24	25
平均年龄/岁		38.0	39.0	39.0	42.8	43.1	41.8

注：FHI-MP 为全所人员，IMR-CAS 为在编在岗工作人员。

从表 11-4 中可以看出，FHI-MP 作为长期稳定运行的研究所，科研人员的学历、年龄和性别基本保持不变，拥有博士学位的人员比例为 60%，硕士比例为 30%，男女比例基本保持在 3：1，平均年龄为 37～38 岁。具有高比例的高学历科研人员、年轻的队伍结构是保证 FHI-MP 能够在其所从事研究领域取得丰硕的创新成果、保持世界领先优势的重要因素之一。IMR-CAS 近几年具有博士学位的人员比例明显增加，科研人员的平均年龄也有明显减小，这主要是自中国科学院实施知识创新工程以来，随着转岗分流和转制分流工作的持续开展，学历层次相对较低的后勤、产业等部门的人员减少。

表 11-5 和表 11-6 显示了 2005～2009 年 IMR-CAS 技术支撑人员和管理人员的学历、年龄和性别情况。从表中可以看到，近年来在技术支撑部门和管理部门的高学历人员比例也明显增加。IMR-CAS 人员结构变化的影响因素主要有以下几方面：科研任务需求、研究所学科发展的需要、国际科技发展现状。这些因素使得 IMR-CAS 对高水平科技人才、技术支撑人才和管理人才的需求持续增加，从而进一步促进科学技术成果的产出，科技创新能力的提升。

表 11-4　2005～2009 年 FHI-MP 和 IMR-CAS 科研人员的学历、年龄和性别情况

科研人员		FHI-MP			IMR-CAS		
		2005 年	2007 年	2009 年	2005 年	2007 年	2009 年
学历	博士/%	60	61	61	50	58	64
	硕士/%	30	30	31	15	16	17
	其他/%	10	9	8	35	26	19
性别	男/%	75	76	74	85	83	82
	女/%	25	24	26	15	17	18
平均年龄/岁		38.0	38.0	37.0	41.9	41.1	39.8

表 11-5　2005～2009 年 IMR-CAS 技术支撑人员的学历、年龄和性别情况

技术支撑人员		2005 年	2007 年	2009 年
学历	博士/%	1	5	11
	硕士/%	15	20	27
	其他/%	84	75	62
性别	男/%	64	64	59
	女/%	36	36	41
平均年龄/岁		42.8	43.7	42.7

表 11-6　2005～2009 年 IMR-CAS 管理人员的学历、年龄和性别情况

管理人员		2005 年	2007 年	2009 年
学历	博士/%	5	7	10
	硕士/%	12	13	19
	其他/%	83	80	71
性别	男/%	62	64	70
	女/%	38	36	30
平均年龄/岁		45.2	46.1	45.9

（三）岗位分布

FHI-MP 的人员结构相对稳定，科研、支撑及管理人员的比例基本保持在 6∶3∶1，而马普学会这三者的比例为 2.7∶3∶1[4]。FHI-MP 技术支撑和管理人员所占的比例明显低于马普学会的平均水平，其主要原因是研究所部分人员的管理工作由马普学会承担，另一方面则是 FHI-MP 拥有精简、高效的支撑和管理人员队伍。

表 11-7 显示了 IMR-CAS 科研、支撑、管理、产业和后勤服务人员的比例。

表中可知，IMR-CAS 的科研人员比例有了明显增加，后勤人员队伍比例则有明显降低，2005、2007 年科研、支撑及管理人员的比例基本保持在 4.7∶1.7∶1，到 2009 年科研人员所占比例进一步提高。从以上对比可以看出，IMR-CAS 的技术支撑人员比例要低于 FHI-MP。存在这种显著差异的原因可能在于国外科研机构对技术支撑人员的高度重视，也可能存在人员分类差异或统计差异。

表 11-7 IMR-CAS 科研、支撑、管理、产业和后勤服务人员的比例 （单位：%）

岗位类别	2005 年	2007 年	2009 年
科研人员	51	53	56
支撑人员	19	19	19
管理人员	11	11	10
产业人员	5	4	3
后勤人员	14	13	12

（四）职称分布

表 11-8 显示了 2005～2009 年 FHI-MP 和 IMR-CAS 人员的职称情况。从表中可以看出，FHI-MP 每年教授人数基本保持不变，为 12 人左右，一般为研究所部门主任或研究组组长；副教授（或相当于副教授）约 20 余人，一般为研究组组长；另外，还有助教和研修员等，四者之间的比例约为 1∶2∶3∶2。

表 11-8 FHI-MP 和 IMR-CAS 人员的职称分布 （单位：人）

	FHI-MP			IMR-CAS		
	2005 年	2007 年	2009 年	2005 年	2007 年	2009 年
正高	10	11	12	105	112	111
副高	25	22	27	194	205	221
助教	29	30	28	254	272	284
其他	260	262	259	108	65	94

在德国，教授分为 C2、C3、C4 三个等级，为终身制职称。政府对于教授的选聘制订了规范和较复杂的程序，并严格执行。教授作为州公务员，由州政府任命并决定工资待遇。当出现教授职务空缺时，部门里通过公开招聘程序择优确定三名候选人上报学校，学校评议会审定批准后由学校上报州政府，州的主管部长最终决定教授人选。德国的科研机构如 FHI-MP，不具备教授的评聘权利，研究机构的专家要想得到教授职称，就必须到大学兼职授课或开展合作[5]。德国政府与大学赋予教授很大的权利，在一定资源条件下，他们可以自主招聘

规定数量的科研助手、组建研究室、配置仪器设备并拟定科研规划。以教授专家为中心，通过准确地把握科技动态，灵活地聘用良性流动的科研人员，建立一支职称分布合理、充满活力的高水平科研队伍。

IMR-CAS正高级职称的人数基本保持不变，约为110人左右；副高级和中级职称人数则有小幅增加。高级职称的评聘流程如下：①根据中国科学院相关规定和研究所实际情况，设定每年的高级岗位数，包括研究员、副研究员、高级工程师、高级实验师；②申请者填写《岗位聘用审核表》；③人事处对申请者的资格条件进行审查；④所学术委员会对申请者材料进行初评；⑤所学术委员会对通过初评者进行答辩评议；⑥所务会集体研究确定拟聘人员；⑦对拟聘人员进行公示；⑧发布聘任公文。评价标准主要在于申请人在本学科领域的研究积累和原创成果、项目承担情况、现任岗位的任职时间等。正高级职称人员的岗位数由中国科学院根据IMR-CAS的人员规模严格进行宏观调控。

从以上比较可以看出，尽管FHI-MP属于国际一流研究机构，但其正高职称人员数量要远低于IMR-CAS。这主要是因为德国的职称评定方法与我国存在较大的差异。在德国，正高职称受国家总量控制，严格的考核标准如科研成果、教学经历、岗位设置、学术声誉等均影响正高职称的评定。

（五）核心团队

在FHI-MP，设立新的研究小组、申请研究课题或申请成为新的学科带头人，需对这些申请人或申请项目进行“同行评议”以严格把关。只有在同一学科领域成绩显著的科学家才有资格进行评议，这种高度专业化、公正、透明的评议保证了科研人员及其团队的良好发展，使得一些人员配置和专业结构合理、具有创造力和科技竞争力的核心团队脱颖而出。

以FHI-MP所长Prof. Robert Schlögl领导的无机化学部门为例，该部门下设化学反应、纳米结构、电子结构和微观结构4个研究方向，每个研究方向有1名负责人。每个研究方向的人员配置在17人左右，其中博士约8人，以年轻人居多。

IMR-CAS通过学科规划和调整，凝练了六个学科方向：纳米尺度下超高性能材料的设计和制备、耐苛刻环境超级结构材料、金属材料失效机制与防护技术、材料制备加工技术、基于计算的材料与工艺设计和新型能源材料与生物材料。设立了63个创新课题组，每个创新课题组均有1名负责人。以创新课题组为研究单元的团队是IMR-CAS科技创新的主体，负责人则在整个团队中起到学术带头人的作用。IMR-CAS将每年组织一次对创新课题组的考核评价，以考察其团队目标的实施情况；每3～4年组织一次创新课题组综合业绩考评，以考察团队的整体运行情况和目标的实现情况，从而决定创新课题组的设立或取消。

在基础研究方面，主要核心研究团队包括：低维金属材料、低维无机非金属材料、高性能陶瓷材料、特种功能金属材料、材料计算模拟、材料失效与保护等10余个核心研究团队。在应用研究方面，主要有航天航空金属材料、高性能金属结构材料、先进复合材料、核材料与工艺技术、材料合成与加工工艺、材料表面/界面等10余个核心研究团队。

IMR-CAS主要有课题制和团簇式两种科研活动组织模式。课题制是一类以课题为中心、以课题组为基本活动单元来进行课题的组织、管理和研究活动的科研活动组织模式。一个课题组为一个经济单元，课题组长对经费的使用具有支配权。课题制管理仍然是IMR-CAS科研管理的主流模式，基础研究和某些应用研究基本上都采用这种模式。团簇式是以满足国家战略技术需求、前沿科学突破或跨学科融合交叉的目标，由一群科学家紧密分工、协作而组成的一种科研活动组织模式。该模式强调若干学科和领域的交叉融合，具有一定的规模，组织结构稳定，具有共同的任务目标和考评机制。团簇式管理已成为IMR-CAS某些重要学科领域的发展趋势，特别是应用背景很强的一些大的研究部，现已形成如金属结构材料研究团队等若干个核心团队。

三、高层次人才流动

近年来，德国实施了一系列有利于高层次人才吸引和流动的新政策，如新《国籍法》、“赢取大脑”工程、“德国学者组织”机构、“工作移民行动项目”等。在德国宏观人才战略引导下，FHI-MP吸引了大批海外学者，为学科领域的进一步发展和拓宽奠定了基础。这些海外学者包括国外客座科学家、访问学者、博士后和博士生等。此外，FHI-MP通过“International Max Planck Research School”引进海外留学生从事材料科学中复杂表面领域的研究工作，以调节研究所科研人员的构成比例，使其始终保持着创新的活力。在FHI-MP限期聘用及流动人员的比例占到了约60%，其中外籍人员又占这些人员的30%左右。

表11-9显示了FHI-MP近年来高层次人才引进情况。表中可见，FHI-MP每年引进具有博士学历的高层次科研人员10名左右（长期或限期聘用人员），主要来自国内外高校和科研机构。引进的人员为平均年龄一般为30～37岁的青年人才，并且在所工作时间一般为6～8年。

表11-10显示了FHI-MP近年来高层次人才流出情况。表中可见，每年高层次人才流出6～9人（长期或限期聘用人员）。该所人才聘用采用合同制，合同期限一般不超过5年，对聘用人员进行聘期考核以决定是否续聘。少数优秀科研人员可以续签合同，极少数最优科研人员可以转为长期聘用人员。

FHI-MP高层次人才主要流向大学，且与大学保持着人才双向流动的密切关系。研究所鼓励研究人员去大学担任兼职教授，如研究所所长 Robert Schlögl 担任歌德法兰克福大学无机化学部门的全职教授（full professor）。此外，FHI-MP 非常关注正式职工的淘汰机制，以促进固定人员流动。

表 11-9　高层次人才引进的基本信息

	FHI-MP			IMR-CAS		
	2005 年	2007 年	2009 年	2005 年	2007 年	2009 年
总数/人	12	7	8	4	4	9
男性/人	8	5	7	4	4	9
女性/人	4	2	1	0	0	0
平均年龄/岁	32	32	30	37	36	33
博士以上/人	12	7	8	4	4	9
教授/研究员/人	6	2	2	1	2	4

表 11-10　高层次人才流出的基本信息

		FHI-MP			IMR-CAS		
		2005 年	2007 年	2009 年	2005 年	2007 年	2009 年
总数/人		8	8	8	8	7	11
男性/人		8	6	6	8	6	7
女性/人		0	2	2	0	1	4
平均年龄/岁		45	35	32	44	43	36
博士/人		8	8	8	6	4	6
教授、研究员/人		6	4	1	2	1	3
平均工作年限		18	16	8	8	7	7
主要去向	到国外/人	1	2	2	3	1	0
	到国内高校/人	1	3	4	1	3	2
	到国内其他研究所/人	2	2	1	0	1	2
	其他/人	3	1	1	4	2	7

IMR-CAS 特别注重高层次人才的引进，通过制定和完善人才引进系列政策，关注“领军人才”、“学术带头人”和“青年未来人才”等多层面人才。尽管地处东北，但近年来吸引的高层次人才人数明显增加，年龄层次明显降低。2009 年引进“百人计划学者”、所优秀学者、葛庭燧奖研金学者等优秀人才 8 人，平均年龄为 33 岁，如表 11-9 所示。通过优秀人才的引进，进一步拓宽了学科方向，优化了学科结构。IMR-CAS 高层次人才队伍相对稳定，人员流出较少。2009 年有 11 人流出，其中研究员 3 人。从以上数据可以看出，IMR-CAS

高层次人才的流动率明显低于 FHI-MP。

另外，FHI-MP 人员变动的主体是流动人员。该所可根据重大研究项目或新任务组成临时研究团队。团队中的科研人员来自不同研究所，组成临时研究合作伙伴关系。同时根据科研项目的需要在研究机构内外招聘流动科研人员。课题结束后这种合作形式也会自行结束，科研人员回到原单位继续进行研究工作。FHI-MP 的另一项举措就是吸引和接收较多的国内外优秀博士生、访问学者和博士后来所开展课题研究，共同建立“青年科研小组”。博士后等流动人员一直是 FHI-MP 科研的主要力量，有效地促进了学科交融。而对于 IMR-CAS，事业编制人员相对较为稳定，人员流动的主体是劳务派遣人员，更新率大概在 26.9%。这类人员主要为技术支撑人员，包括科研与工程技术人员、技术工人、文秘人员及后勤服务人员等，学历层次相对较低，本科及硕士学历者仅占项目聘用人员的 30%，年龄主要集中在 25～49 岁之间。IMR-CAS 现有的优秀博士后人员队伍体量明显不足，2006～2009 年进站博士后分别为 6 人、17 人、10 人和 18 人，出站博士后分别为 17 人、13 人、10 人和 10 人，博士后平均在站年限为 2.6 年，在站博士后大部分为定向博士后，高水平产出相对较少。IMR-CAS 还聘任多名国际上学术造诣很深、学术威望很高的大师级人才为客座教授，吸引他们来所讲学和开展合作研究。这不仅提升了研究所的国际影响力，同时也促进了研究所运行和管理机制与国际接轨的进程，实现了“以才引才”的链锁效应。

从以上分析可以看出，FHI-MP 与 IMR-CAS 在科研队伍建设及人才引进政策方面各具特色，在人才引进来源、人才流出去向及人才流动原因等方面存在某些差异。

1. 人才引进来源

FHI-MP 引进人才的来源主要是国内外高校和研究所。该所在世界范围内公开招聘所长、各部门学术带头人及研究助理，聚集了一批来自各国的从事表面/界面物理化学、固态物理、原子和分子物理等方面基础研究的优秀科研人员。该研究所基层科研人员的主要来源是国内外研究生、博士后以及访问学者。

IMR-CAS 引进人才的主要来源是科研机构。该所基层科研人员的主要来源是本机构培养的学生，而高层次人才引进主要是通过国外引进。与 FHI-MP 相比，IMR-CAS 的不足之处是难以吸引全世界最优秀的科研人员，高层次人才的引进以留学归国人员为主。

2. 人才流出去向

FHI-MP 和 IMR-CAS 固定人员的流动性都不太大，其流动主体是流动人员。

马普学会下属研究机构具有限期聘用人员和流动人员所占比例高于长期聘用人员比例的特点。科学家中外国科学家占 24%。限期聘用和流动人员占职工总数的 67%，包括在研究所从事研究工作的博士生、博士后、客座教授和大学生辅助人员，其中来自国外的人员约占流动人员的 52%[3]。所以，国外工作人员归国是研究所人才流出的主要去向。此外，合作项目完成以后研究团队解散，科研人员回到原科研机构或高校，也构成该所人员流动的一部分。IMR-CAS 有 300 余名项目聘用人员，劳动合同到期后部分流向其他企业。FHI-MP 和 IMR-CAS 高层次人才主要向大学或其他科研机构流出。

3. 人才流动的原因

随着全球化进程的加快，人才争夺战使得人才在世界范围内的流动已成不可阻挡的趋势，经济发达国家利用其良好的科研环境和优厚的待遇从世界范围内吸引了大批顶尖的人才。影响国内外科研机构人才流动的因素主要有外部因素和个人因素两个方面。国家的人才政策、国家综合经济实力、科研工作条件以及社会文明环境等因素都对人才流动起宏观调控的作用；高层次人才的心理偏好和追求是影响人才流动的主观因素。

此外，从研究所学科方向和研究课题的特点来看，对人才流动的要求也不同，对于从事应用研究和工程化研究的学术带头人及骨干成员，稳定队伍、培养优秀青年人才显得尤为重要。

四、分析与建议

当今世界，科学技术迅猛发展，经济全球化和知识经济进程日益加快，人才资源已成为决定研究机构创新能力与综合竞争力的关键因素。当前正值我国经济又好又快发展、国家综合实力和世界影响力不断提升的大好时机，是引进国际一流人才、加强人才培养，建设一流研究所的大好机遇期。我们应充分借鉴国际一流研究所发展的经验，同时结合国情所情，从人才队伍建设入手走出一条适合研究所自身发展的路子。

1. 进一步明晰研究所定位，凝练学科方向

当前，研究所处在一个不断变化的发展环境中。随着世界科学技术的迅猛发展，某些领域方向已不适应时代发展的需求，同时也催生出一些新的研发热点，进而形成新的研究方向。这就要求研究所不断调整自身发展目标和发展战略，凝练新的学科方向。FHI-MP 根据不同社会发展阶段的科学需求，不断调整发展战略，明晰发展定位，其成功的关键因素之一就是随着社会发展的需求不断凝练新的学科方向，并组织科研力量进行集中攻关。IMR-CAS 在其发展的

各个阶段，对研究所的定位和目标不断进行修正，目前确定为“以面向国家战略需求和国家经济建设、面向世界科学发展前沿需要，有针对性地开展基础研究和应用研究，并注重科技成果的转化和产业化”的定位，并凝练了 6 个学科方向：纳米尺度下超高性能材料的设计与制备、耐苛刻环境超级结构材料、金属材料失效机制与防护技术、材料制备加工技术、基于计算的材料与工艺设计、新型能源材料与生物材料。但对于志在建设国际一流研究所的 IMR-CAS 来说，随着社会发展的需求，如何在基础研究、应用研究、工程化研究之间进行平衡和取舍值得进一步深思；另外，需要借鉴国际一流研究所的做法，采取集中优势力量重点突破的战略，进一步凝练学科方向。

2. 优化人才队伍结构，强化领军人才作用

IMR-CAS 作为集基础、应用和工程化研究于一体的综合性先进材料研究所，人才队伍的结构必须适应综合性研究所的发展特点，需要吸引和稳定一大批具有不同学科背景，处在不同发展阶段的科技领军人才、学科方向带头人、科研骨干、一般科研人员等，同时也需要培育和稳定一支精干的技术支撑队伍。

在基础研究领域，需要高度重视科技领军人才的凝聚和培养。这类人才可以攀登科学高峰，努力探索新规律和新现象，并面向国际科技前沿，在某一领域能在国际上起到引领带动作用。FHI-MP 在本学科领域所处的国际地位与 Fritz Haber、Ernst Ruska 等世界一流科技领军人才的贡献是密不可分的。尽管当代科学研究强调团队作战、强调合作，但在基础研究领域，这种领军人物的个人力量依然会发挥不可替代的作用。对于应用和工程化研究领域，则应注重核心团队的打造和培育，包括多学科交叉的复合型学科带头人、高水平的技术支撑人才和成果转化人才。

3. 瞄准前沿方向，建设若干一流核心团队

根据研究所的发展定位和学科布局，重点打造若干核心团队是通往国际一流研究所的必由之路。对于新的学科方向，通过在国内外招聘最优秀科学家作为学科方向带头人，采取相应的政策强化支持，建设一支支活跃在国际前沿领域的团队群。对于已有的优势学科，则应加大对现有人才的培养，促进团队的进一步壮大。在团队建设时，应重视在世界范围内吸引具有发展潜质的年轻博士和博士研究生，同时为他们提供国际舞台开展科技创新活动，着力培养未来尖端科学家。对待核心团队的年轻人员，借鉴“非升即走”的美国模式，通过制度保障建立淘汰机制，大浪淘沙，促进人才有序、合理流动，为核心团队保持创新活力打下坚实基础。

建立跨学科、跨部门、跨国家的国际化团队也是中国科学院研究所应该积极推广的一种团队建设模式。此外，结合 IMR-CAS 实际情况，建设集基础研

究、应用研发和中试推广的这种点面相结合的综合团队也可作为一种尝试。

4. 探索科研组织活动模式，完善团队个人考评体系

应积极借鉴国际上一流研究所在人力资源配置、科研活动组织模式、人员考评体系建设等方面的先进经验，探索建立适应现代材料科学研究和成果转移转化研究的人力资源配置和科研组织模式。建立研究所根据不同学科特点，如基础类、应用和工程类的团队分类考核评价体系以及根据不同的岗位职责，如科研、支撑、管理的个人分类考核评价体系，促进人尽其用、人才有序流动的发展环境。

对于基础类研究，人力资源配置应以教授专家为中心，固定人员和流动人员相结合，建立一支结构合理的高水平科研团队；科研活动组织模式则应以课题组制为主；考评制度上应以创新能力、发展态势、质量水平为评价导向，引入国际专家参与的“同行评议”，营造宽松自由、公正公平的考评环境。

对于应用及工程类研究，则应根据研究方向和研究项目的实际情况进行人力资源配置，关键和重要岗位应配置固定人员，科研人员、工程类人员或技术支撑人员并重；对于大科学、大工程则应采用团簇式的科研活动组织模式，对于小型项目攻关则可采用课题组制；考评制度上应以掌握关键技术、满足国家需求、产生社会经济效益为评价导向。

参考文献

[1] 谭宗颖．国外科研机构和大学的用人制度与机制．科学时报，2005-7-11

[2] 李晓轩．德国科研机构的评价实践与启示．中国科学院院刊，2004，19（4）：273～303

[3] 林豆豆，田大山．MPG科研管理模式对创新我国基础研究机构的启示．自然辩证法通讯，2006，28（4）：53～60

[4] 谭宗颖．国外科研机构与大学科技人员优化更新机制浅析．科学时报，2005-3-14

[5] 严宁宁．大学教授岗位责任的定位研究．曲阜师范大学硕士学位论文，2008

第十二章　马普学会分子植物生理研究所与中国科学院上海生命科学研究院植物生理生态研究所比较分析

植物是地球上利用太阳能合成有机物的主要生物，其生理活动对人类有着极为重要的意义。植物生理学以研究构成植物的各部分乃至整体的功能及其调控机制为主要内容，通过了解其功能实现过程及其调控的机制来不断深入地阐明植物生命活动的规律和本质。中国科学院上海生命科学研究院植物生理生态研究所（SIPPE-SIBS-CAS）主要面向我国农业、环境和资源领域的战略需求和国际科学前沿，致力于植物、昆虫、微生物的基因组、功能基因组、分子生理和分子生态等领域的研究及研发，努力破解人类经济社会可持续发展过程中的能源和环境等重大科学问题。

根据研究领域以及研究所建制的相近性，选择德国马普学会分子植物生理所（MPI-MP）作为 SIPPE-SIBS-CAS 的对比机构，通过对两个国立科研机构所属研究所在学科布局、人力资源结构以及人才队伍建设等方面的对比分析，探讨创建国际一流研究所的人才培育发展机制。

一、发展概况与比较①

（一）基本情况

MPI-MP（图 12-1）成立于 1992 年，是德国统一后马普学会新建的 18 个研究所之一。MPI-MP 由分子生理研究部（Department of Molecular Physiology）、代谢网络研究部（Department of Metabolic Networks）和细胞器生物学、生物技术与分子生理生态学研究部（Department of Organelle Biology, Biotechnology and Molecular Ecophysiology）3 个研究部以及 22 个研究组组成。截至 2009 年

① 文中数据主要来源于研究所年报及其机构网站。由于数据不完整（只有马普分子植物生理所 2000、2003 和 2007 年的年报数据）仅对两所机构 2000、2003、2007 及 2009 年状况予以对比。同时，马普分子植物生理所年度经费状况，只能根据其承担的基金会课题情况以及欧盟第四、五、六、七框架计划相关预算推算。

底，MPI-MP 共有来自 30 多个国家的雇员 399 人，其中科研人员 324 人（包括博士后 97 人、在学研究生 111 人）、管理及支撑辅助人员 75 人。

图 12-1　MPI-MP
资料来源：http：//www.mpg.de

MPI-MP 的任务是将植物系统作为一个整体来研究植物新陈代谢的动态变化，其目标是发展一个系统的方法，可以提供对整个植物基因组的结构和功能的整合视图，并支持动态建模和新陈代谢/生长的可塑性变化，以对环境参数的改变和发育信号做出相应的反应。

图 12-2　SIPPE-SIBS-CAS 人工气候室及昆虫馆

SIPPE-SIBS-CAS于1999年8月由原中国科学院上海植物生理研究所、中国科学院上海昆虫研究所整合而成，目前拥有6个重点实验室（植物分子遗传国家重点实验室、中国科学院合成生物学重点实验室、中国科学院昆虫发育与进化生物学重点实验室、中国科学院国家基因研究中心、光合作用与环境生物学实验室、国家植物基因研究中心〈上海〉）、43个研究组，共有在职人员320人（其中中国科学院院士9人）、在站博士后32人、在学研究生337人。

比较而言，MPI-MP的研究定位更为微观并倾向于基础研究；而SIPPE-SIBS-CAS研究对象涉及植物、昆虫和微生物，基础研究和应用研究兼顾。

（二）组织架构

组织管理方面，MPI-MP实行科学顾问委员会指导下的理事会决策负责制。其科学顾问委员会由11位领域专家组成，理事会则由来自工业、金融、政府、文化等不同业界的10名代表组成。研究所所长负责常规管理事务，研究所所长连同下设的科研协调员、管理主管、人力资源部、财务部及仓储部等管理职位和职能部门构成研究所的管理体系；三大研究部及不同研究组则形成相对独立的科研体系，此外还有由数据库、研究基础设施、技术平台等组成的科研支撑与资源服务体系。

与MPI-MP显著不同，SIPPE-SIBS-CAS组织管理则实行集中的研究所所长负责制，下设学术委员会（由所内15位专家组成）、学位委员会（由所内19位专家组成）、专家委员会（由8位中国科学院院士组成）以及由联合办公室和科研管理处组成的管理部门。其下科研部门则主要由实验室、研究中心和技术中心组成。支撑部门则包括人工气候室、昆虫标本馆和中心仪器室。

MPI-MP明显体现出以研究组为基本研究组织单元的特点。这种以研究组为基本单元的研究组织方式分工明确、布局细化，同时也清晰地反映了研究机构的研究方向和特色。表12-1显示了两个研究所科研体系组织结构的对比。

（三）机构运营经费构成及来源

MPI-MP和SIPPE-SIBS-CAS经费构成大致相同，主要由稳定支持经费和竞争性经费两部分组成。MPI-MP稳定支持经费主要来源于马普学会，竞争性经费主要来源于德国联邦科教机构设置的竞争性项目、欧盟第四、五、六、七框架计划项目、CoFORSYS基金以及其他捐赠等。其稳定支持经费和竞争性经费所占总经费的比例分别为70%和30%。

SIPPE-SIBS-CAS稳定支持经费主要来源于中国科学院，竞争性经费主要来源于承担国家、中国科学院、上海市以及企业项目。其稳定支持经费和竞争性经费所占总经费的比例分别为25%和75%。

表 12-1　MPI-MP 和 SIPPE-SIBS-CAS 研究体系对比

<table>
<tr><th colspan="3">MPI-MP</th><th colspan="2">SIPPE-SIBS-CAS</th></tr>
<tr><td rowspan="3">研究部</td><td>分子生理研究部</td><td>小分子研究组
氨基酸和硫代谢研究组
中央代谢研究组
应用代谢组分析和根代谢研究组</td><td rowspan="3">实验室</td><td rowspan="3">植物分子遗传国家重点实验室
中国科学院合成生物学重点实验室
中国科学院昆虫发育与进化生物学重点实验室
光合作用与环境生物学实验室
中国科学院国家基因研究中心
国家植物基因研究中心（上海）</td></tr>
<tr><td>代谢网络研究部</td><td>系统调控研究组
整合碳生物学研究组
分子基因组学研究组
信号蛋白质组学研究组</td></tr>
<tr><td>细胞器生物学、生物技术和分子生理生态学研究部</td><td>细胞器生物学和生物技术研究组
能量代谢研究组
光合作用研究组</td></tr>
<tr><td>独立青年科学家小组</td><td colspan="2">植物细胞壁研究组
植物、微生物相互作用研究组</td><td rowspan="4">共建研究中心</td><td rowspan="4">上海生命科学研究院-美国加利福尼亚州大学（伯克利）分子生命科学研究中心
瑞士联邦理工大学（苏黎世）上海木薯生物技术研究中心
荷兰科因（Keygene）公司“植物分子育种联合实验室”
中国科学院上海辰山植物科学研究中心
湖州工业生物技术中心
浙江省农业科学研究院-SIPPE作物分子育种和生态农业联合研究中心
上海隆平农业生物技术有限公司
广东省农业科学院华南作物种质创新与分子设计育种联合实验室</td></tr>
<tr><td>中央设施研究组</td><td colspan="2">生物信息学研究组
生物物理分析研究组
转录图谱研究组</td></tr>
<tr><td>CoRF-PRSYS组</td><td colspan="2">油菜素内酯研究组
植物分子伴侣网络研究组
系统生物学与数学模型研究组
蛋白质组学和代谢组学研究组</td></tr>
<tr><td>合作研究组</td><td colspan="2">生物信息学研究组
植物信号转导研究组</td></tr>
</table>

（四）科研实力

2000～2008年MPI-MP发表论文总量为1027篇，SCI论文所占比例达85.4%（共877篇，影响因子超过10的顶级期刊论文27篇），年均SCI论文发文量为97篇（表12-2）。2001～2009年SIPPE-SIBS-CAS发表论文917篇，其中SCI论文562篇，占61.3%，年均SCI论文发文量为62篇（表12-3）。从两个研究所研究组的发文情况来看，MPI-MP研究组年均发表SCI论文量为3篇，SIPPE-SIBS-CAS约为1.7篇。由此可见，尽管二者在年均发文总量方面较为接近，但在高水平论文产出方面，MPI-MP明显领先于SIPPE-SIBS-CAS。

表 12-2 2000～2008 年 MPI-MP 论文发表情况 （单位：篇）

年份	论文总数	SCI 论文数	影响因子 IF>10 的论文数
2000	73	66	3
2001	82	70	3
2002	90	82	2
2003	105	87	3
2004	109	95	4
2005	130	108	1
2006	141	108	3
2007	138	120	4
2008	159	141	4
合计	1 027	877	27

资料来源：MPI-MP 2000～2008 年科学出版物统计年报

表 12-3 2001～2009 年 SIPPE-SIBS-CAS 论文发表情况

项目		2001～2005 年	2006～2009 年	2001～2009 年
发表论文总数/篇		551	366	917
SCI 论文数/篇		296	266	562
篇均影响因子		1.38	2.89	2.09
高水平论文/篇	*Nature* 及其系列	4	8	12
	PNAS	2	2	4
	Plant Cell	7	11	18
	Genes & Development	0	1	1
	Genome Research	0	2	2
	Plant Journal	5	6	11
	Plant Physiology	8	10	18
	Proteomics	1	1	2
	Molecular & Cellular Proteomics	0	1	1
	Journal of Proteomics Research.	0	1	1
	Current Opinion in Plant Biology	0	1	1
	Development	1	3	4
	Nucleic Acids Research	1	3	4
	Journal of Biological Chemistry	2	1	3
	合计	31	51	82

资料来源：中国科学院植物生理生态研究所 2001～2009 年科研成果年度统计

二、人才资源比较

（一）总体构成

MPI-MP 2000、2003、2007 和 2009 年的人才结构如表 12-4 所示。总体上，

2000～2009年，MPI-MP人员规模持续上升，2009年人员总数为2000年的2.7倍。与此同时，其管理与支撑系统人员所占比例则呈下降趋势，由2000年的40%降至2009年的18.8%，管理与支撑系统人员同科研系统人员比例由2000年的2∶3降至2009年的1∶4.4。

表12-4　MPI-MP人才资源结构

项目			2000年	2003年	2007年	2009年
人才总量	总数/人		150	294	350	399
	女性比例/%		—	—	—	54
管理与支撑系统	人数		60	164	139	75
	比例/%		40.00	55.78	39.71	18.8
科研系统	人数		90	130	211	324
	比例/%		60.00	44.22	60.29	81.2
	研究组长/人	总数	19	20	27	22
		研究部	13	12	16	11
		独立研究组	4	1	3	2
		中央设施研究组	2	3	3	3
		CoFORSYS组	—	2	2	4
		合作研究组	—	2	3	2
	研究组长（教授）/人		2	4	6	5
	研究生/人		16	33	70	111
	博士后/人		26	37	54	85
	实习生/人		3	5	19	47
	技术员/人		25	31	35	46
	其他/人		1	4	6	13

资料来源：MPI-MP2000、2003和2007年机构年报（Institutes Reports）及网站所提供的目前人员信息，下同

2000～2009年，SIPPE-SIBS-CAS的在职人员规模波动性较大，其间受到整个中国科学院结构性调整的影响，在职人员总量一度缩减明显，自2008年开始逐步恢复至2000人左右的规模。从包括研究所流动人员在内的人员总量来看，其人员总量总体上呈稳定增长态势，截至2009年，其人员总量达到709人，比2000年增长33.5%。人员总量的增长主要来自于流动人员中研究所和博士后研究人员队伍的扩充，研究生和博士后研究人员持续增加，使得其固定人员与流动人员之比由最初的2.7∶1下降至0.8∶1（表12-5）。

从固定人员构成来看，具有本科以上学历的人员比例增加较为明显，拥有硕士及以上学位的人员比例由2000年的17.7%提升至2009年的57%；同时，人员的性别比例也由2000年男女之比1.8∶1逐步调整至2009年的1.2∶1。在人员年龄构成方面，人员的年轻化趋势明显，由2000年的平均49.3岁降至2009年的38岁（表12-6）。

表 12-5 SIPPE 人才资源结构 （单位：人）

人员类型		2000 年	2001 年	2002 年	2003 年	2004 年	2005 年	2006 年	2007 年	2008 年	2009 年
固定人员		389	224	180	170	168	170	198	244	292	323
流动人员	研究生	132	152	172	208	239	267	300	322	324	345
	博士后	5	5	7	9	12	11	13	19	26	34
	客座研究人员	5	5	6	6	8	7	8	8	7	7
合计		531	386	365	393	427	455	519	593	649	709
历年引进 PI		1	4	2	0	2	2	3	3	2	5

表 12-6 2000～2009 年 SIPPE-SIBS-CAS 人员分布情况

类别		2000 年	2001 年	2002 年	2003 年	2004 年	2005 年	2006 年	2007 年	2008 年	2009 年
学位	博士/人	31	32	32	35	40	41	52	72	83	99
	硕士/人	38	31	15	15	13	20	19	36	55	85
	学士/人	51	52	52	48	43	46	46	33	59	56
	其他/人	269	109	81	72	72	63	81	103	95	83
	合计/人	389	224	180	170	168	170	198	244	292	323
性别	男/人	252	141	110	104	99	102	124	146	169	179
	女/人	137	83	70	66	69	68	74	98	123	144
平均年龄/岁		49.3	46.6	46.8	42.3	43.8	42.4	42.9	40	43.2	38

（二）科研系统人才资源结构

1. 总体情况

MPI-MP 科研系统人员总体上呈快速增长态势，由 2000 年的 90 人增至 2009 年的 324 人（其中博士后 85 人、在学研究生 111 人），增幅为 260%。同时，其科研人员的比例也由 2000 年的 60%上升至 81.2%。其科研系统人员在结构上的另一显著变化是其从事科研活动的固定人员比例呈现明显的下降趋势，由 2000 年的 49%下降至 2009 年的 21%。作为其科研活动的重要力量的博士后研究人员、研究生和实习生比例也增长迅速，由 2000 年的 50%增至 2009 年的 75%。MPI-MP 拥有高学历背景科研人员的比例很高，2009 年，包括其以博士研究生为主的研究生在内的高学历研究人员比例达到 67.2%（其研究/课题组长均具有博士学位）（表 12-7）。

2000～2009 年受中国科学院人员编制政策性调整的影响，SIPPE-SIBS-CAS

表 12-7　2009 年 MPI-MP 科研系统人才资源结构

科研系统	固定人员		流动人员				合计
	组长	技术员	研究生	博士后	实习生	其他	
第一研究部/人	4	12	18	24	8	5	71
第二研究部/人	4	13	20	20	13	2	72
第三研究部/人	3	11	17	19	15	2	67
独立研究组/人	2	3	13	6	5	0	29
中央设施研究组/人	3	4	8	6	2	3	26
CoFORSYS 组/人	4	3	16	4	2	1	30
合作课题组/人	2	—	19	6	2	0	29
合计/人	22	46	111	85	47	13	324
比例/%	6.79	14.20	34.26	26.23	14.51	4.01	100

科研系统人员总量也呈“高—低—高”的波动性变化。从其科研人员的学历分布来看，具有硕士以上学历人员的比例明显增高，由 2000 年的 22%升至 2009 年的 72%，科研人员知识结构优化明显。其中具有博士学位科研人员的比例也由 2000 年的 11%提升至 39%。同时，与研究所固定人员总体情况相比，其科研队伍的年轻化趋势更为明显，其平均年龄由 2000 年的 49.1 岁下降至 2009 年的 35.3 岁（表 12-8）。

表 12-8　2000～2009 年 SIPPE 科研系统人才资源结构

人员构成		2000 年	2001 年	2002 年	2003 年	2004 年	2005 年	2006 年	2007 年	2008 年	2009 年
学位	博士/人	30	27	32	34	39	39	50	70	81	95
	硕士/人	34	14	14	13	13	17	17	31	50	78
	学士/人	50	36	35	40	36	39	34	45	44	45
	其他/人	171	46	32	40	40	34	22	28	32	23
	合计/人	285	123	113	127	128	129	123	174	207	241
性别	男/人	176	83	77	77	75	74	73	99	108	115
	女/人	109	40	36	50	53	55	50	75	99	126
平均年龄/岁		49.1	46.7	47.2	42	43.3	42	41.7	38.4	41.9	35.3

2. 核心研究团队人员构成

目前，MPI-MP 分子生理研究部、代谢网络研究部、细胞器生物学、生物技术和分子生理生态学研究部三大核心研究团队，均由动植物学领域国际知名专家领衔。其中分子生理研究部主任 Lothar Willmitzer 教授和代谢网络研究部主任 Mark Stitt 教授均入选 2002 年美国科学信息研究所（ISI）国际高被引专家名录（前 15 名），而细胞器生物学、生物技术和分子生理生态学研究部主任 Renate Schmidt 教授则是 2000 年德国哥廷根科学院生物学奖得主。2009 年，MPI-MP 的三个研究部共有 210 名科研人员（包括研究生、博士后）、11 位研究（课题）组长，分别占该所人力资源总量和科研人员总量的 52.6%和 64.8%（表 12-9）。

表 12-9 2009 年 MPI-MP 核心研究团队人员构成情况 （单位：人）

核心研究团队	组长	研究生	博士后	实习生	技术员	其他	合计
分子生理	4	18	24	8	12	5	71
代谢网络	4	20	20	13	13	2	72
细胞器生物学、生物技术和分子生理生态学	3	17	19	15	11	2	67
合计	11	55	63	36	36	9	210

SIPPE-SIBS-CAS 的核心团队主要集中于"四室一中心"，即植物分子遗传国家重点实验室、中国科学院合成生物学重点实验室、中国科学院昆虫发育与进化生物学重点实验室、光合作用与环境生物学实验室和中国科学院国家基因研究中心。5 个核心团队由相应领域国内知名学者领军，2009 年共有课题组长 43 名，包括中国科学院院士 8 位、"千人计划"入选者 1 位、"973 计划"首席科学家 2 位、基金委创新群体 2 个、中国科学院国家外国专家局"海外创新团队" 1 个、国家杰出青年科学基金获得者 11 位以及中国科学院"百人计划"入选者 25 位。核心团队人员规模为 597 人（包括研究生、博士后等流动人员），占研究所人力资源总量的 84.2%。其核心团队固定研究人员中，高、中、初级人员之比为 1.2∶1∶1.7（表 12-10）。

表 12-10 2009 年 SIPPE-SIBS-CAS"四室一中心"人员构成情况 （单位：人）

核心研究部门	研究人员				研究生	博士后	技术人员	其他	合计
	正高	副高	中级	初级					
植物分子遗传国家重点实验室	17	18	23	19	164	12	7	2	262
中国科学院合成生物学重点实验室	9	5	14	9	70	12	5	5	129
中国科学院昆虫发育与进化生物学重点实验室	8	6	10	11	48	4	3	—	90

续表

核心研究部门	研究人员				研究生	博士后	技术人员	其他	合计
	正高	副高	中级	初级					
光合作用与环境生物学实验室	8	1	7	7	40	6	2	3	74
中国科学院国家基因研究中心	1	6	9	6	18	0	1	1	42
合计	43	36	63	52	340	34	18	11	597

三、人员管理及考核评价机制

（一）管理机制

1. 人才遴选及聘用

对于包括研究所所长在内的固定人员的选择和录用，MPI-MP 和 SIPPE-SIBS-CAS 均采取公开分级招聘、分级管理模式，由研究所上级管理机构马普学会和中国科学院负责研究所领导层招聘或任命，研究所所长或执行所长根据所学科布局招聘学科、平台负责人，学科、平台负责人在研究所授权范围内根据工作需求组织团队；所有固定人员均采取聘期制，一个聘期一般不超过 4 年。

MPI-MP 的所长候选者必须有来自国际科学界的 10～12 份推荐信，一经聘用一般为终身制（退休、离职或解聘除外），聘期一般为 6 年，但执行所长实行轮任制，没有任期，由 3 位研究部主任每隔一年轮流担任。

依照中国科学院的相关规定，SIPPE-SIBS-CAS 所长由上级机构通过民主方式任命，一般一个任期为 5 年。

2. 人才流动机制

（1）研究方向设立与撤销：MPI-MP 会随时根据研究组负责人变更情况（离职、退休等）按照科学顾问委员会的评估意见而撤销原有研究方向并设立新的研究方向。成立至今，MPI-MP 已有 17 个研究方向被撤销。

由于机构建制方面的差异，包括 SIPPE-SIBS-CAS 在内的中国科学院各研究所尚未建立上述对研究所研究方向随时重组和调整的机制。

（2）人员流动：MPI-MP 鼓励其科学家在德国波茨坦大学等高校从事科研和教学工作，同时通过合作研究、双聘等形式聘请波茨坦大学的科学家在研究所内从事科研工作。

（3）人才国际化：MPI-MP 人才国际化程度很高，根据 2009 年的数据，其对外聘用人员的30%来自国外，博士后研究人员中外籍人员比例更是高达90%。广泛吸引外籍科学家参与其科研与管理工作是MPI-MP获得高水平科研产出和较高学术影响力的重要因素之一。

而SIPPE-SIBS-CAS，除其学科带头人来自全球公开招聘外，其他科研人员，特别是高级研究人员均来自国内，人才国际化程度明显偏低。

（二）考核评价机制

总体而言，MPI-MP和SIPPE-SIBS-CAS对于高级研究人员均采取同行评议的考核评价机制，而对于一般成员的考核评价则均由研究所授权研究（课题）组长负责实施。

MPI-MP根据马普学会总体规划，围绕本所的科研定位自主制定和选择相应的评价指标及评价方法（不受德国政府和马普学会的干预）。MPI-MP拥有完善而严格的考核制度和与之相配套的考核评价程序。其考核评价贯穿于对科研人员的日常管理、晋升等全过程，同时也贯穿于各级各类科研项目的申请过程中。在MPI-MP，对科研人员的考核充分体现“公开、公平、公正”的原则，并根据评定等次确定发展目标和支持强度。

四、分析与建议

1. 确立明晰的研究定位和目标

MPI-MP在植物生理研究领域许多方向颇具特色和影响力主要得益于其明晰而精确的研究定位和目标。定位明确，不仅有利于充分发挥人才各自的专长和优势，而且有助于培育研究所的研究特色，有利于做大做强。

2. 建立自由宽松的人才选聘机制

“人才有国籍、科学无国界”、“不求所有，但求所用”已成为全球人才竞争的共识。MPI-MP与德国波茨坦大学等高校密切合作所建立起来的高级人才“互聘”的人才自由双向流动机制，一方面为科研人员提供了宽松的学术交流氛围，保证了人员的合理流动（其高层人才的年流动量基本保持在11%左右，流动人员在MPI-MP的工作时间从不足1个月到2年不等），更重要的是促进了人才培养的国际合作、信息及智力资源共享以及研究的联合攻关，可谓是“一举多得”。

3. 重视对国际高层次人才的吸引和留用机制

MPI-MP之所以能够在短短10年时间内迅速发展成为植物学领域的一流研究所，关键在于其非常重视在全球范围内对高层次人才的吸引和留用。其吸引高层次人才主要是依托马普学会给予研究所科研的稳定支持和统筹设计，以及研究所合理灵活的任用机制来实现的。

4. 建立透明公正的考核评价体系

透明公正的考核评价机制是MPI-MP具有极高国际人才吸引力的重要原因之一。完善合理的考核评价体系是激发人才积极性和创造性的关键因素，是一流研究所必须具备的政策和机制要件。

第十三章　美国伍兹霍尔海洋研究所与中国科学院海洋研究所比较分析

一、引　　言

海洋是生命的摇篮、资源的宝库。千百年来，探索、开发、利用海洋，一直是人类的不懈追求。进入21世纪，围绕海洋资源开发、海洋环境安全和海洋权益维护，国际上开展了新一轮的海洋竞争，海洋强国战略再次被纳入各临海国家的议事日程。当前新一轮的海洋竞争是以高科技为依托的军事竞争、经济竞争和科技竞争，已经完全不同于以往任何一次的海洋竞争。海洋科技水平和创新能力在未来的海洋竞争中将占据主导地位，因此建设和发展一流的海洋科学研究机构，建立与现代海洋科学研究相适应的海洋科技人才队伍成为摆在我们面前的重要课题。

现代海洋科学研究具有一些新的特点，首先是必须把海洋纳入地球系统科学中研究海洋在地球系统中的变化以及对其他组成部分的影响；其次，更加强调了利用一切先进技术手段进行立体观察和深部探测的作用；其三是更加注重跨学科、跨领域、跨国界的学科交叉融合研究和国际合作研究。为适应现代海洋科学研究的上述新特征，海洋研究机构必须构建与之相适应的特殊人力资源结构。

围绕建设国际一流海洋科学研究所的战略需求，我们选择了国际一流的海洋科研机构作为标杆机构，与中国科学院海洋研究所进行对比分析，分析存在的差距，提供努力的方向和借鉴。

二、选取国际一流海洋研究标杆机构

（一）国外主要海洋研究机构状况

目前，国际上比较著名的综合性海洋科学研究机构，主要有：美国伍兹霍尔海洋研究所（Woods Hole Oceanographic Institution，WHOI），美国斯克里普斯海洋研究所（Scripps Institution of Oceanography，Scripps），英国南安普敦国家海洋学中心（National Oceanography Centre，Southampton，NOCS），法国海洋开发研究院（French Research Institute for Exploitation of the Sea，IFREMER），日本海洋研究开发机构（Japan Agency for Marine-Earth Science and Technology，JAMSTEC），俄罗斯希尔绍夫海洋研究所（PPSIO）等，这几个海洋研究机构代表了当今世界海洋研究的最高水平，为海洋科学研究事业做出了突出贡献。

在 2000～2009 年的十年间，WHOI 和 Scripps 发表的论文数量在以上几个研究机构中高居前两位（图 13-1），WHOI 的 H 指数在 10 年统计期间各单位前 10 位的学科中，在多数学科名列前茅（图 13-2）。

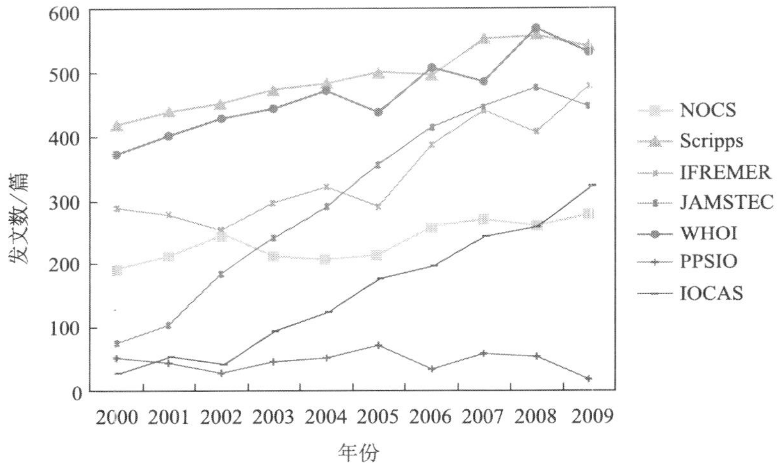

图 13-1　2000～2009 年世界主要海洋研究机构论文发表数量

（二）中国科学院海洋研究机构基本状况

目前，中国科学院从事海洋科学研究的综合性机构主要有中国科学院海洋研究所（Institute of Oceanology，Chinese Academy of Sciences，IOCAS）、南海海洋研究所（South China Sea Institute of Oceanology，Chinese Academy of Sciences，SCSIO）、烟台海岸带可持续发展研究所（Yantai Institute of Coastal Zone Research，YIC），分别成立于 1950、1959 和 2006 年。在这三个研究所中，中国科学院海洋研究所成立时间最长、学科覆盖面最广、研究力量雄厚，在我国海洋科学基础研究领域做出了许多奠基性和开创性的工作。

（三）标杆单位

通过以上国外和中国科学院海洋科研机构的基本情况分析，围绕建设一流

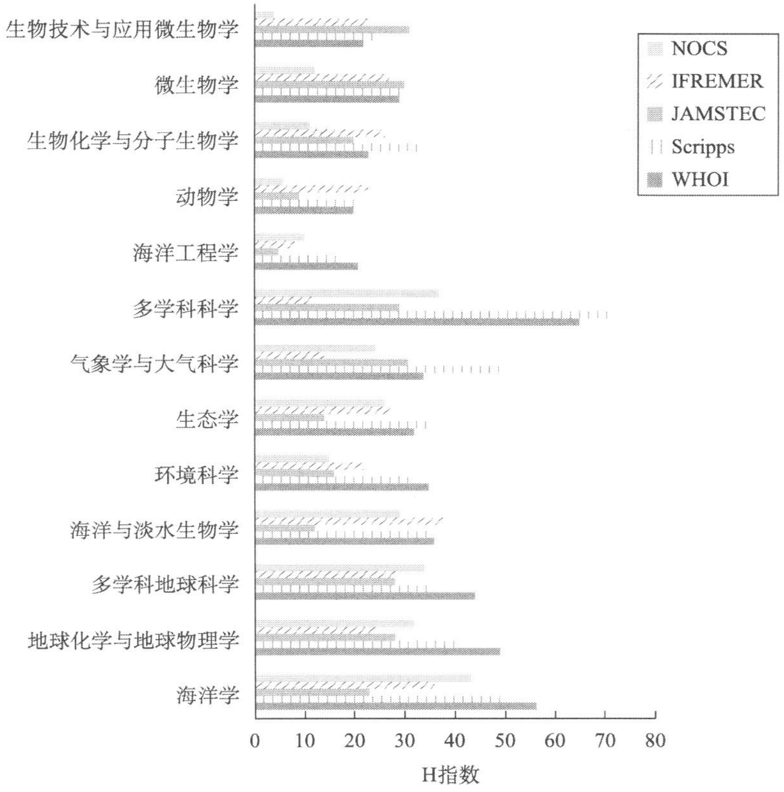

图 13-2 世界主要海洋科学研究机构 H 指数前 10 位的学科

海洋研究机构的目标，我们选择了具有代表意义的 WHOI 作为 IOCAS 的赶超标杆研究机构，试图从研究所基本特征、科研产出、经费状况、能力建设、人力资源结构等方面进行对比分析，从中分析中国科学院海洋研究机构的不足，为进一步构建适应现代海洋科学研究机构的人才队伍，以及最终发展成为国际一流海洋研究所提供对策建议。

三、IOCAS 与 WHOI 的综合比较

（一）基本特征

表 13-1 给出了 WHOI 与 IOCAS 的基本特征比较，包括成立时间、战略定位、研究室（中心）设置等指标。WHOI 和 IOCAS 都是以海洋生物学发展起家，目前的学科方向大体一致。WHOI 比 IOCAS 成立早 62 年，在学科发展、研究积累、技术研发、数据采集等方面都有着更多的优势。

表 13-1　WHOI 与 IOCAS 基本特征比较

机构名称	WHOI	IOCAS
成立时间	1927 年由美国科学院海洋学委员会开始筹建，1930 年 1 月 6 日正式成立。其前身是 1888 年在伍兹霍尔建立的海洋生物研究所	成立于 1950 年 8 月，开始是一个独立的海洋生物实验室，后成为海洋生物研究所，1959 年成为综合海洋研究机构
地理位置	美国马萨诸塞州伍兹霍尔	中国青岛
机构性质	当今的 WHOI 堪称世界上最大的、非盈利性的从事海洋研究、工程及教育的独立机构	目前是我国海洋科学研究历史最长的海洋研究机构，也是我国海洋科学研究规模最大、综合实力最强的研究机构之一
战略定位	集研究和教育于一体，以促进对海洋和其与地球系统间相互作用的研究，并一直致力于以此方面的研究成果回报社会	是从事海洋科学基础、应用基础研究和高新技术开发的综合性海洋科研机构。面向国家战略需求和国家海洋科学前沿，把研究所建设成为具有国际一流水平的海洋科学研究基地、高层次海洋科技优秀人才的培养基地，和促进我国海洋高技术产业发展的基地
研究室设置	海洋物理与工程、海洋生物学、海洋地质学和地球物理学、海洋化学与地球化学、物理海洋学五个研究室	实验海洋生物学、海洋生态与环境科学、海洋环流与波动、海洋地质与环境、海洋生物分类与系统演化五个研究室
研究中心	海岸带、深海探测、海洋与气候变化、海洋生命四个中心	海洋生物技术研究与发展、海洋环境工程技术研究与发展、海洋腐蚀与防护三个中心
出版物	技术报告、论文汇编以及季刊《海洋》(*Oceanus*)、*Ocean Explorer* 等	《海洋与湖沼》英文版、《海洋与湖沼》中文版、《海洋科学》、《海洋科学集刊》等刊物

（二）论文数量和影响

图 13-3、图 13-4 分别显示了 WHOI① 与 IOCAS 的论文发表数量的比较，图 13-5 给出了 WHOI 与 IOCAS 的论文引文比较情况。从中可以看出，WHOI 平均年 SCI 论文发表数量约为 IOCAS 的 3 倍，IOCAS 的平均年引用次数是 668 次，而 WHOI 的平均年引用次数则达到 6528 次，几乎是 IOCAS 的 10 倍。

通过计算得出，WHOI 每年的高水平 SCI 论文产出数量占其年 SCI 论文产出量的 60%左右，IOCAS 为 17%左右。IOCAS 在 2000～2009 年发表的 SCI 文章 H 指数为 29，WHOI 为 96。

IOCAS 年论文发表量增长迅速，但高水平 SCI 论文无论从数量还是比例上

① 本文引用 WHOI 数据均来源于其网站（http：//www.whoi.edu)、年报和 Web of Science 检索数据，或根据其网站公开数据的统计结果分析而来。中国科学院海洋研究所彭海青、王勇、朱宣、陈永华、刁新源、尹宏、徐纯青、张军华、王家栋、潘诚、王子峰等为本文提供了大量的资料和数据支持。

均明显低于 WHOI。由此看出，IOCAS 的科研整体水平与 WHOI 还存在一定差距。

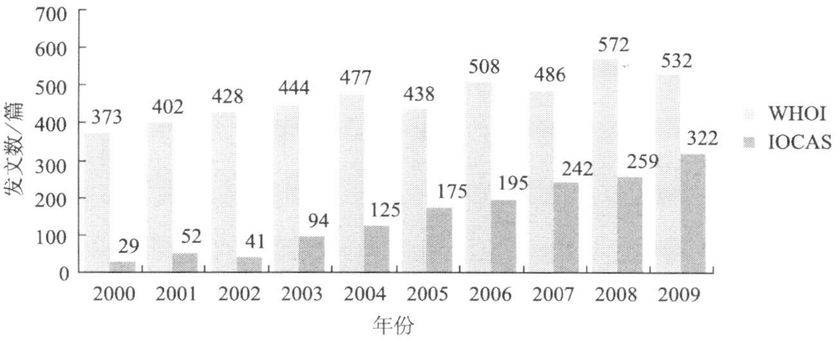

图 13-3　2000～2009 年 WHOI 和 IOCAS 的 SCI 论文发表数量

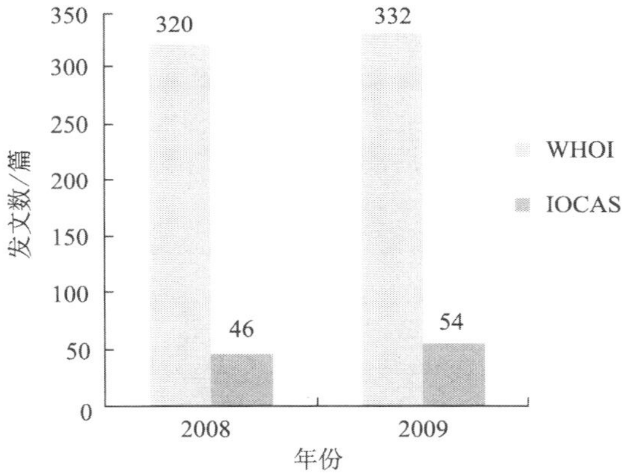

图 13-4　2008～2009 年 WHOI 和 IOCAS 的 JCR Top15%论文发表数量

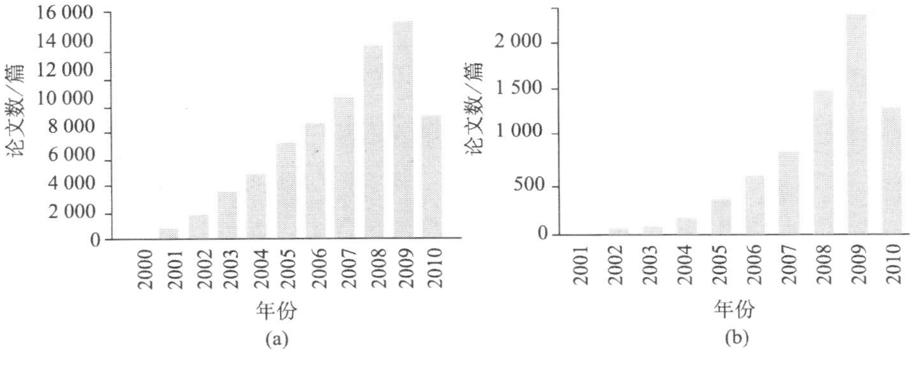

图 13-5　WHOI（a）和 IOCAS（b）于 2010 年 7 月 5 日检索的论文引文报告

资料来源：Web of Science 收录的期刊

(三)经费状况

表13-2和图13-6分别给出了WHOI与IOCAS的经费收入和支出情况。在经费收入方面，按照2007年的人民币与美元的汇价，WHOI几乎是IOCAS的10倍，人均经费也达到5倍以上。从经费支出结构可以看出二者明显不同的地方，IOCAS在人员工资和管理方面的支出远远高于WHOI，约是WHOI的1.9倍；而在船只和潜器以及教育培训方面，WHOI则远远高于IOCAS。从中也可分析出其在科研产出方面差距的原因，IOCAS用于工资福利的支出占总支出的近一半，因此在其他方面投入有限，也表明IOCAS的整体调控能力不强。

表13-2 2007年WHOI和IOCAS经费收入

机构	年份	总经费	科研经费	人数	人均经费
WHOI	2007	1.582亿美元	1.291亿美元	913	173 275美元
IOCAS	2007	1.7663亿元人民币	1.2891亿元人民币	572	308 794元人民币

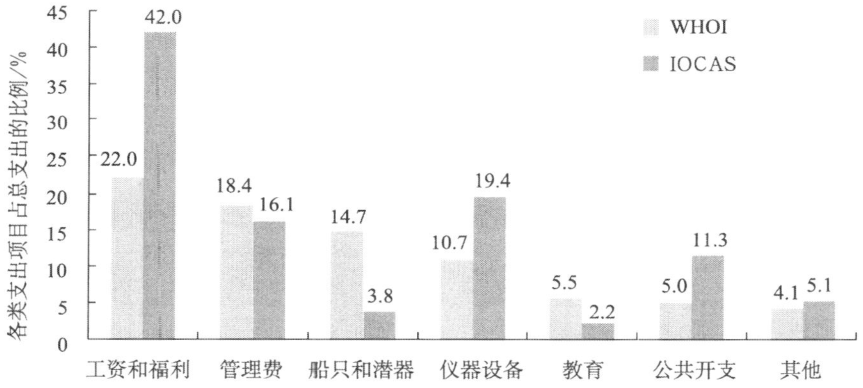

图13-6 2009年WHOI和IOCAS各项经费支出比例

(四)科研设施设备

1. 科考船舶

(1) IOCAS的科学号建成后，WHOI和IOCAS的船舶数量相当，均为4艘，如表13-3所示。IOCAS的船舶总吨位大于WHOI。WHOI的亚特兰蒂斯(ATLANTIS)号为深潜器母船，可支撑深海载人潜器进行海底火山口调查，克诺尔(Knorr)号拥有加强抗冰前部装甲，可以在极地边缘海域航行，IOCAS所有船舶均不具备此能力。在船载探测手段方面，WHOI的船队配有ROV和RUV等水下潜器，并有一支强有力的地面支撑队伍。

(2) WHOI 4艘船年平均在航时间均在200～250天左右，IOCAS的船只年平均在航时间为 100～200 天，低于 WHOI。

表 13-3 WHOI 和 IOCAS 科考船舶基本情况

	WHOI				IOCAS			
船舶名称	亚特兰蒂斯（ATLANTIS）	克诺尔（Knorr）	俄克阿诺斯（Oceanus）	泰奥加（Tioga）	科学号	科学一号	科学三号	创新号
投入使用时间	1991 年	1968 年	1975 年（1994 年改装）	2004 年	在建	1980 年	2000 年	2006 年
排水量/吨	3 510	2 685	960	53	4 864	3 324	1 224	44
人员核定量/人	船员 36、科学家 24	船员 22、科学家 32	船员 12、科学家 19	定员 6～10	船员 31、科学家 49	船员 38、科学家 55	船员 18、科学家 30	定员 33
续航能力/天	60	60	14～28	2～3	60	40～45	30	4
年在航时间/天	250	250	200	200		100	200	150
实验室总面积/米^2	327	256	110	19	不少于 360	200	110	
备注	隶属于美国海军，由 WHOI 使用；“Alvin”载人深潜器母船	隶属于美国海军，由 WHOI 使用；破冰船	隶属于国家科学基金会，由 WHOI 使用	隶属于 WHOI				

图 13-7　IOCAS“科学三号”海洋科学考察船

资料来源：照片由 IOCAS 综合管理处提供

2. 观测网络

WHOI 拥有三个海洋观测站，分别是马撒葡萄园岛海洋观测站、南极 Palmer 站和巴拿马水下热带丛林观测站。通过三个观测站可以为科学家和公众提供不同海域的海洋学、气象学和生物学等数据，为开展海洋科学研究提供了基础性资料。

IOCAS 承担了黄海和东海两个海洋科学观测研究浮标站的建设工作，构建的海洋观测研究浮标系统基本都配备了海洋、气象、水文和水质等传感器，通过多种方式将实时的观测数据传输到岸站予以接收。

比较分析发现：①WHOI 构建的海洋观测研究站，分别处于热带、温带和寒带，覆盖面积大，代表性强。IOCAS 的海洋观测研究站才刚刚起步，只是在中国近海尝试性建站。②WHOI 的水下探测机器人技术先进，IOCAS 在该方面近乎空白，深海观测技术尚未起步。

3. 仪器设备

WHOI 自己研制了较多的海洋观测设备，如锚泊浮标、漂流浮标、水下机器人、水下拖曳系统等，成为海洋资源勘探和开发的重要工具。开发了多种型号的自制式水下机器人，2002 年研制的“杰逊 2 号”深潜水下机器人，可深达海底 6500 米。1964 年研制的“阿尔文号”是世界上第一艘载人深潜器，每年平均下潜次数保持在百次以上。

IOCAS 也一直在进行海洋观测设备的研发工作，与企业合作开发了数套海上长期工作的气象水文和海洋腐蚀监测系统。但与 WHOI 相比，IOCAS 无论在数量、质量和品种上都无法企及。

图 13-8　WHOI“阿尔文号”载人深潜器

资料来源：WHOI 网站

四、人才资源比较

（一）固定人员规模

WHOI固定人员基本维持在1000人左右，IOCAS在580人左右，WHOI的固定人员规模约为IOCAS的1.6～1.9倍，如图13-9所示。由于学科方向基本一致，研究和支撑机构设置大体相同，从规模上讲，IOCAS小于WHOI。

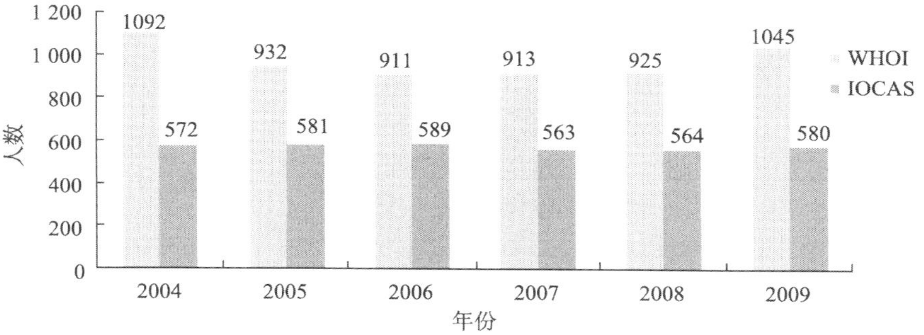

图13-9 2004～2009年WHOI及IOCAS固定人员数量

（二）人员结构

2009年，WHOI及IOCAS分别聘用各类固定人员1045名和580名，流动人员分别为399名和551名，人员构成见表13-4。

1. 研究人员

WHOI的研究人员占固定人员的21.82%，IOCAS为47.93%，WHOI的研究人员数量是IOCAS研究人员数量的82%。

2. 技术支撑人员

WHOI技术支撑人员占固定人员的50.14%，IOCAS为26.04%，从比例上看，WHOI是IOCAS的1.93倍，IOCAS的技术支撑队伍人数偏低。

3. 管理和服务人员

WHOI的管理和服务人员占固定人员的28.04%，IOCAS为16.90%，WHOI的管理和服务人员比例较大。

4. 结构比例

WHOI的研究人员、技术支撑人员和管理服务人员的结构比例约为2.2∶5∶2.8；

IOCAS 的研究人员、技术支撑人员、管理服务人员和其他人员的结构比例约为 4.8∶2.6∶1.7∶0.9。

在 WHOI 的技术支撑和服务队伍中，机械师、木匠、网络管理员、技师、保安、电焊工等人员占了一定比例。作为以实验观测手段为科学研究基础的海洋研究机构，IOCAS 的技术支撑和管理服务人员比例低于 WHOI。

表 13-4 WHOI 和 IOCAS 2009 年人员结构

WHOI				IOCAS		
人员类型		人数		人员类型		人数
固定人员	科研人员	150		固定人员	科研人员	278
	技术人员	237	405		技术支撑人员	74
	研究、技术和支撑人员	168				
	管理和服务人员	293			管理和服务人员	98
	船员	119			船员	77
	访问学者	5			其他	53
	荣誉退休	51				
	博士后	22				
	合计	**1 045**			**合计**	**580**
流动人员	客座人员	163		流动人员	访问学者、客座人员	36
	访问学者	4			博士后	48
	访问的学生	36			研究生	467
	博士后学者	23				
	博士后	13				
	参与项目的学生	119				
	挂职人员	41				
	合计	**399**			**合计**	**551**

（三）职称结构

表 13-5 给出了两个机构的人员职称数据。WHOI 在 2006 年科研人员占固定人员总数的 16.14%，2009 年为 14.35%，IOCAS 在 2009 年科研人员占固定人员总数的 47.92%。在科研人员中，WHOI 在 2006 年的正高级人员占固定人员总数的 6.70%，IOCAS 在 2009 年为 12.41%。IOCAS 的正高级科研人员人数高于 WHOI。

表 13-5 WHOI（2006 年）和 IOCAS（2009 年）人员职称数据

	WHOI（2006 年）				IOCAS（2009 年）			
	科研系列		技术支撑		科研系列		技术支撑	
	占科研人员比例/%	占固定人数比例/%	占技术支撑人员比例/%	占固定人数比例/%	占科研人员比例/%	占固定人数比例/%	占技术支撑人员比例/%	占固定人数比例/%
正高	41.50	6.70			25.90	12.41	2.70	0.34

续表

	WHOI（2006 年）				IOCAS（2009 年）			
	科研系列		技术支撑		科研系列		技术支撑	
	占科研人员比例/%	占固定人数比例/%	占技术支撑人员比例/%	占固定人数比例/%	占科研人员比例/%	占固定人数比例/%	占技术支撑人员比例/%	占固定人数比例/%
副高	36.73	5.93	10.92	2.85	25.90	12.41	25.68	3.28
中级	21.77	3.51	48.32	12.62	39.20	18.79	51.35	6.55
初级			40.76	10.65	9.00	4.31	20.27	2.59
合计		16.14		26.12		47.92		12.76

（四）人员流动

2009 年，WHOI 的流动人员减去学生后为 244 人，占总人数（固定人员＋流动人员－学生）的 18.9%。IOCAS 的流动人员减去学生后为 84 人，占总人数（固定人员＋流动人员－学生）的 12.7%。WHOI 的客座人员数量是 IOCAS 的 4.6 倍。

总体上，WHOI 人员流动比例高于 IOCAS，特别是技术支撑人员和船员的流动比例远高于 IOCAS，如图 13-10 所示。

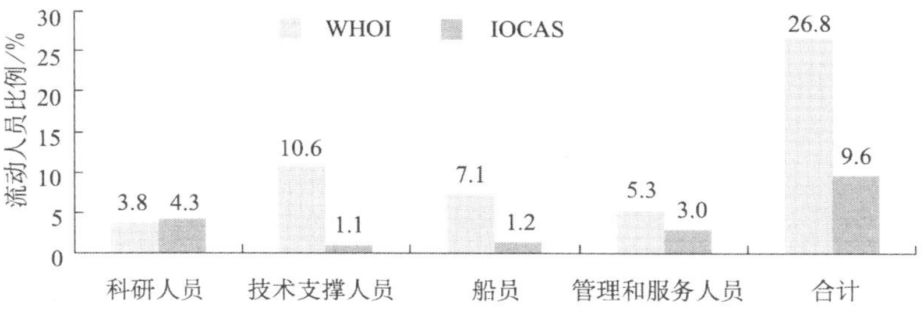

图 13-10 WHOI 和 IOCAS 在 2007 年各类流动人员占当年总人数（固定人员＋流动人员）的比例

五、分析与建议

通过以上的比较分析，从整体上讲，IOCAS 与 WHOI 存在明显差距，这些差距为我们加快建设国际一流海洋研究所和与之相适应的人才队伍提供了有益借鉴和启示。

（一）扩大队伍规模，适应海洋科学研究需要

海洋科学是研究海洋的自然现象、性质及其变化规律，以及与开发利用海洋有关的知识体系，是一门综合性很强的科学。它的研究对象，既有占地球表面近71%的海洋，其中包括海洋中的水以及溶解或悬浮于海水中的物质，生存于海洋中的生物，也有海洋底边界——海洋沉积和海底岩石圈，以及海洋的侧边界——河口、海岸带，还有海洋的上边界——海面上的大气边界层等等，其研究领域十分广泛，涉及数理化天地生各个方面。因此，从事海洋科学研究的综合性研究所必须达到一定的人员规模才能确保各个学科领域的均衡发展。目前世界上一流海洋科学科研机构的人员规模都在千人以上，我们要建设高水平的海洋研究机构人员规模必须进一步拓展，才能适应现代海洋科学大学科发展趋势，形成一定的竞争实力。

（二）优化人才队伍结构，加强技术支撑人才力量

WHOI的人员规模比IOCAS大，科研人员的数量和所占比例却少于IOCAS，但是，WHOI的论文产出无论从数量和质量上都远远高于IOCAS。海洋科学研究对象的广泛性和特殊性决定了海洋学研究对装备和技术手段的高度依赖性，而所有仪器装备的运转和维护都需要强大的技术保障和地面后勤支持，没有技术和服务力量，再好的科研人员也无法创造出高水平的研究成果。

海洋科学研究机构的人才结构要根据海洋科学研究的特点进行科学配置，形成最有效的组织形态，研究、技术支撑和管理服务队伍的理想结构范围大致为：研究人员30%～40%，技术支撑人员40%～50%，管理服务人员20%～30%。

WHOI拥有一支强大的技术支撑队伍，除工程师等高级技术人员外，还保留了机械师、木匠、网络管理员、技师、电焊工等众多岗位，保障了研究所的高效运转。建设高水平海洋研究机构，在科学配置人才结构时，必须高度重视技术支撑队伍建设。一方面要注重高技能人才的培养和引进，形成骨干力量；另一方面，还要关注与之相配套的不可缺少的一般性岗位的建设，保障科研工作的正常开展。只有这样，才能真正建设一支水平高、能力强、技术精、能提供全面保障的强大技术支撑队伍。

（三）建立良性人才流动机制，促进人才国际化发展

WHOI的人才流动数量较大，从流动的人员情况来看，各类人员均有流动，但主要科学家、高级技术支撑和管理人员相对稳定，流动人员主要包括来自世界各地的科研人员、一般性技术管理服务人员和船员等。

建设国际一流海洋研究所，必须建立良性的人才流动机制，在高层次人才相对稳定的同时，特别注重促进一般岗位人才的流动，吸引世界各国的科学家

和各类人才到研究所工作，进一步促进人才队伍的国际化，保持研究所的活力和持续的科技创新能力。

（四）加大经费投入，深入深海大洋

WHOI 在充足经费的大力支持下，研究领域早已步入深海大洋，而 IOCAS 还主要在近海、沿海开展工作。WHOI 的科考船年平均在航时间都在 200～250 天，IOCAS 只有 100～200 天，差距较大。

国际一流的海洋科学研究机构必须具有进入深海大洋进行科学研究的能力和进行深海研究的人才队伍，同时必须具有充足的资金保障，用于船舶航行、船载大型仪器设备的运行和维护以及人员费用等，这些庞大的开支需要国家给予稳定的支持。

第十四章　美国国家大气研究中心与中国科学院大气物理研究所比较分析

一、引　　言

中国科学院大气物理研究所（IAPCAS）主要致力于大气科学及相关学科领域的基础研究、应用基础研究和研究生教育等。IAPCAS1998 年首批进入中国科学院知识创新工程试点，2006 年在中国科学院知识创新工程二期评估中被评为 A 类研究所。建所 80 多年来，经过几代人的不懈努力，IAPCAS 已发展成为我国大气科学及相关领域历史最悠久、最具竞争实力的国内一流研究机构。

2010 年，中国科学院推出了“创新 2020”战略，明确到 2020 年将中国科学院建设成为国际一流科研机构。IAPCAS 根据中国科学院的战略部署和要求，研究制订了《十二五发展规划》和《“创新 2020”战略规划实施方案》，阐明了研究所的新使命，即作为从事大气科学及相关领域研究的国家队，以建设国际一流大气科学研究基地为目标，坚持面向国际科学前沿、面向国家战略需求，立足大气科学及相关交叉领域的基础研究、应用基础研究，不断探索国际科学前沿问题，支撑气象、海洋、环保、农业、航空航天、水利等事业的发展，积极为我国防灾减灾、环境保护、生态建设、工农业生产、人民生活等做出基础性、战略性和前瞻性的创新贡献。同时，进一步加强科技创新能力建设和人才队伍建设，创新跨越，持续发展，朝着建设国际一流研究机构目标迈进。

围绕构建国际一流大气科学研究所的战略需求，选择国际公认的一流大气科学机构——美国国家大气科学研究中心（NCAR）作为标杆机构，从基本特征、人才资源结构和人才流动机制等方面进行对比分析，以期获得有益借鉴和启示。

二、基本特征比较

（一）战略定位与使命任务

NCAR（图 14-1）于 1960 年成立，由美国大学大气研究联盟（UCAR）管理，美国国家科学基金会（NSF）提供主要资助，属于政府资助的公益型研究机构。NCAR 成立 50 多年来，在大气科学及相关学科领域做出了重要贡献，成为世界公认的一流大气科学研究机构。NCAR 主要致力于大气科学及相关学科的研究、教育、服务等，明确了三个方面的使命：理解大气及相关物理、生物、社会系统的规律；支持、增强、拓展高校以及更广泛的国内外学术社团的学术能力；传递知识、技术以改善地球生存环境。2005 年以来，NCAR 提出了新的战略计划，从科学研究、社会服务、教育、设施、观测系统 5 个方面提出了战略目标和优先领域，并把对地球系统的研究作为未来一段时间的主要科学目标，同时成立了地球系统科学实验室以支持该科学目标的实现。2009 年，NCAR 发布了《NCAR 2009～2014 年战略计划》，该战略在进一步明确 NCAR 三个使命的基础上，确定了 7 个方面的主要任务：①促进对大气、太阳和相关科学的创新研究；②为更精确地预测气候、极端天气、空气质量、太阳光输出量变化以及这些变化对生态系统和人类健康的影响等方面的研究提供支持；③通过合作研究引领大气和地球系统的数值模拟，并对学术界的应用提供支持；④发展和

图 14-1　美国国家大气研究中心总部大楼

资料来源：http：//blogs. kqed. org

图 14-2　中国科学院大气物理研究所名誉所长叶笃正获得 2005 年度国家最高科学技术奖

图 14-3　中国科学院大气物理研究所 325 米气象与环境观测塔

注：1978 年建成，塔的高度在 20 世纪 70 年代仅次于美国的两座铁塔，成为亚洲最高的专用气象铁塔。塔上设有 15 层平台，安装有多种测试仪器，可全天候、连续、同步遥测大气近地面边界层 15 个层次的资料。依托该塔，IAPCAS 与美国、英国、德国、意大利、日本等多个国家建立了合作研究关系。

提供完美的超计算机计算能力和资料服务，以促进大气和相关科学的研究；⑤发展和提供先进的观测设施；⑥发展和传递科学知识、技术、信息产品以满足社会需求；⑦吸引高校学生及青年科学家、工程师学习大气科学，并为他们提供教育和职业发展的机遇[1~4]。

IAPCAS 1998 年进入中国科学院知识工程创新试点以来，进一步明确了研究所的战略定位，以大气科学及其相关学科的基础研究和应用基础研究为主，"十二五"规划中明确了建设国际一流大气科学研究机构的目标。确定了新的使命，即研究和探索地球大气中和大气与周边环境相互作用中的物理、化学、生物、人文过程的新规律；提供天气、气候和环境监测、预测和调控的最先进的理论、方法和技术；造就本领域的人流人才；服务于经济和社会的可持续发展和国家安全。

（二）学科布局与机构设置

目前，NCAR 主要在地球系统科学、观测技术、数值模拟和预测、中高层大气等学科方向进行布局。围绕学科布局下设地球系统科学实验室、地球观测实验室、计算和信息系统实验室、研究应用实验室、高空气象台、高等教育计划、交叉科学研究计划执行部门，管理服务部门包括，预算与计划管理部、图书馆、研究关系部等。

IAPCAS 在其"十二五"规划中，以建设国际一流的大气科学研究所为目标，提出了以下 5 个方面的重点学科布局：①地球系统模式发展和气候预测理论研究；②大气化学、大气环境及其预测理论研究；③圈层间耦合和气候动力学研究；④中高层大气物理化学过程、气候环境遥感理论研究；⑤高影响天气物理、动力与可预报性理论研究等。目前，IAPCAS 的研究室和实验室包括：大气科学和地球流体力学数值模拟国家重点实验室、大气边界层物理和大气化学国家重点实验室两个国家重点实验室，东亚区域气候环境重点实验室、中层大气与全球环境探测重点实验室两个中国科学院重点实验室，云降水物理与强风暴实验室、国际气候与环境科学中心、竺可桢-南森国际研究中心、季风系统研究中心、中国生态系统研究网络大气分中心 5 个研究部门，管理部门包括：科技处、办公室、组织人事处、综合处、计划财务处、研究生部。支撑部门包括：信息科学中心、编辑部、大气低层探测部、河北香河野外观测站等。

通过 IAPCAS 与 NCAR 机构基本特征的比较，NCAR 具有如下 3 个特征：①较早确立地球科学系统研究作为战略重点和重要科学目标，对地球科学进行整体、系统的研究，具有前瞻性和远见；②在学科布局上，更加注重大气科学及相关学科的多学科交叉布局，学科之间既独立研究又互补协调，充分利用学科之间的交叉性；③在机构设置上，研究机构的部门设置少而精炼，其设置更符合大气科学的学科特点和科研活动规律。观测、IT 等支撑机构实力较强，管理机构精干。

三、人才资源比较

（一）人才队伍规模

研究所人员规模是一个研究所开展具有一定学科领域覆盖研究的基础，不同学科的研究所其所要求的规模也不一样。随着学科的交叉融合，大气科学越来越向综合性研究所的方向发展，要求的规模也越来越大。图 14-4 给出了近 10 年来 NCAR 与 IAPCAS 的人员规模变化情况。总体上，两个研究所的人员规模均呈弱增长趋势，2009 年 NCAR 人员规模接近 900 人。IAPCAS 在人员规模上与 NCAR 相差较大，还不到 NCAR 的一半。从前面的学科布局比较看，IAPCAS 在学科布局上存在较大的宽泛性。这种规模是否适应现有学科布局的发展值得在“十二五”及今后的发展规划中予以重视。

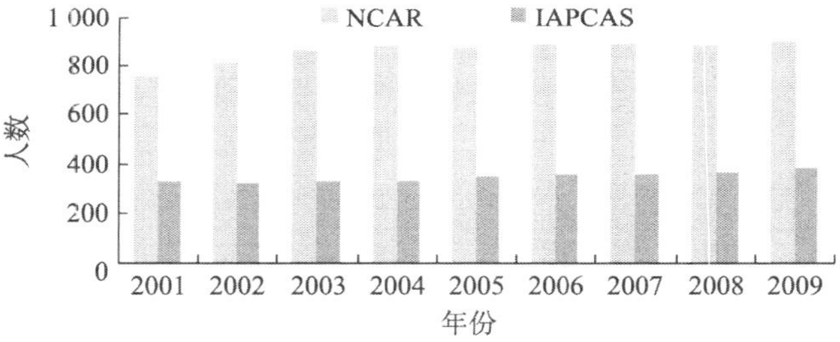

图 14-4　NCAR 与 IAPCAS 人员规模的变化比较

（二）人才总体构成

2009 年，NCAR 固定人员 897 人，其中终身人员 141 人，非终身人员 756 人，分别占员工总数的 16%和 84%。女员工 306 人，占员工总数的 34%。科学研究系列人员 333 人，占员工总数的 37%，技术支撑人员（包括软件工程、IT 与计算、技术支持、工程人员）322 人，占员工总数的 35.9%，管理人员 143 人，占员工总数的 16%。IAPCAS 各类人员所占比例分别为，科研人员占到员工总数的 67%，支撑人员为 15%，管理人员为 9%。如图 14-5 所示。

在人员的平均年龄上，IAPCAS 小于 34 岁的员工人数逐年在增加，比例在逐步增大，而大于55岁的人数比例则逐年减少，如表14-1所示。因此，IAPCAS人员呈年轻化趋势。相比之下，NCAR的平均年龄在逐年增大，由2000年的42.23岁到2009年的45.55岁，如图14-6所示。

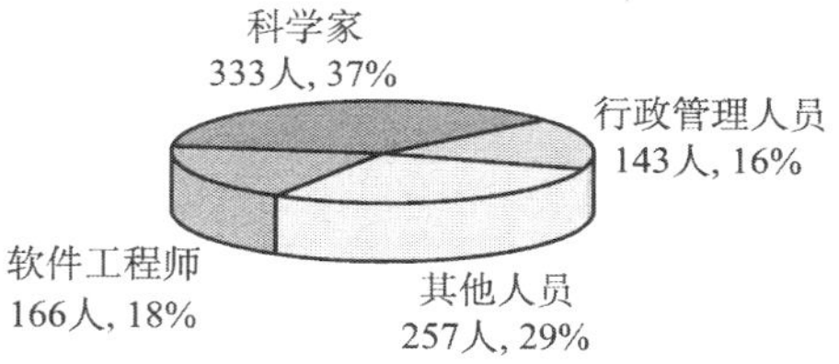

(a) NCAR

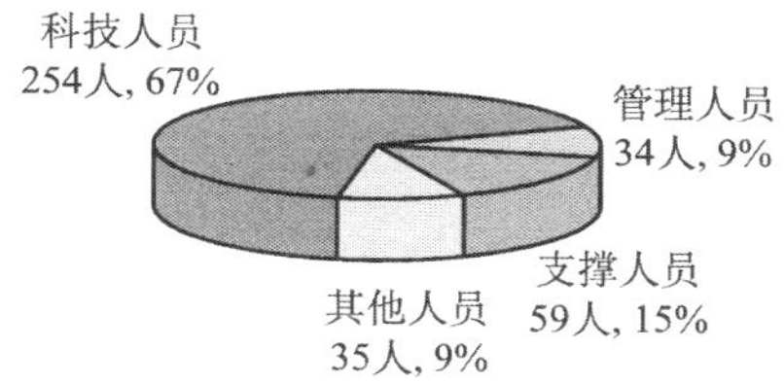

(b) IAPCAS

图14-5 2009年NCAR与IAPCAS人员构成比较

表14-1 IAPCAS 2001～2009年科技人员情况一览表

年份		2001	2002	2003	2004	2005	2006	2007	2008	2009
总人数		316	251	258	264	264	271	282	294	328
学历	博士/人	134	83	94	106	118	131	149	167	198
	硕士/人		23	23	24	26	30	27	34	37
	学士/人	77	61	60	56	47	50	49	50	48
	其他/人	105	84	81	78	73	60	57	43	45
性别	男/人	207	145	148	166	169	174	183	183	204
	女/人	109	106	110	98	95	97	99	111	124
年龄	34岁以下	99	59	60	68	70	68	87	95	125
	35～44岁	101	100	106	106	110	123	118	121	117
	45～54岁	68	51	47	49	49	51	50	57	62
	55岁以上	48	41	45	41	35	29	27	21	24

资料来源：中国科学院事业单位人力资源统计年报表

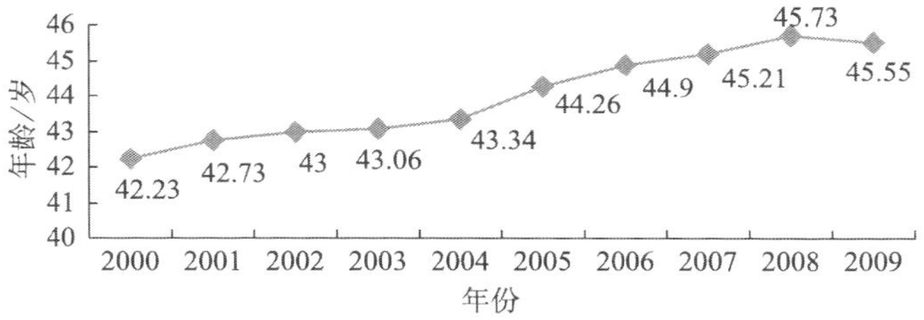

图14-6 NCAR人员平均年龄的年度变化

（三）研究人员与技术支撑人员

2009年，NCAR科学研究系列人员占员工总数的37%，技术支撑人员（包括软件工程、IT与计算、技术支持、工程人员）占员工总数的36%，科研人员与支撑人员所占的比重相当。科研人员从2001年254人增加到2009年333人，年平均增加2.3%。技术支撑队伍中，软件工程师达166人，占员工总数的15%～20%。软件工程师从2001年的125人增加到2009年的166人，年平均增加2.4%，与科研人员的增幅基本一致。

表14-2是NCAR不同层次软件工程师（Software Engineer，SE）的分布，从表中可以看出，NCAR软件工程师占员工总数的15%～20%，这样一支规模较大的计算机方面的人才队伍，适应了现代大气科学预测预报研究发展的需求，是NCAR成为一流大气科研机构的重要因素之一。

表14-2　NCAR软件工程师一览表　（单位：人）

年份	2000	2001	2002	2003	2004	2005	2006	2007	2008	2009
SE IV	38	38	39	43	45	45	50	48	51	46
SE III	56	60	67	73	72	67	67	66	66	72
SE II	31	27	33	32	35	35	33	37	34	38
SE I	0	0	0	0	0	0	1	0	10	10

（四）固定人员与流动人员

NCAR在人员编制上分为固定人员和流动人员，固定人员分为长期聘用人员和短期聘用人员，长期聘用人员（如Senior scientist）相对固定，流动性较小。固定人员Senior scientist由NCAR支付工资，其他固定成员和流动人员都是由项目支付工资。固定人员构成情况详见图14-7。流动人员主要是从事研究工作的访问学者和合作伙伴，包括博士生、博士后、客座人员和国外访问学者等，这部分人流动频繁、流动性较高。

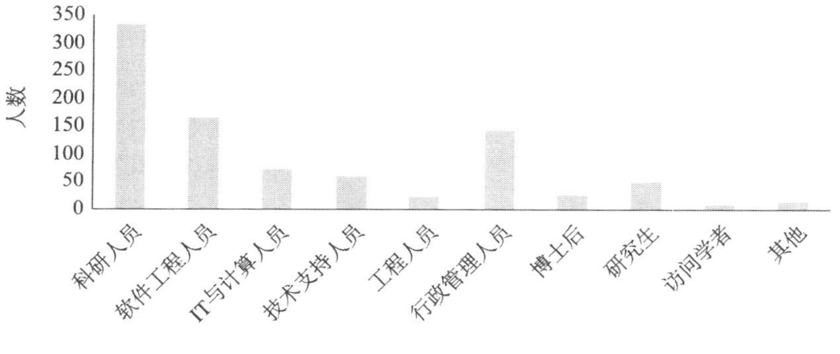

图14-7　2009年NCAR人员构成情况

NCAR每年吸引世界各地的学生、科学家、工程师、天气预报员及其他相关职业人员到NCAR进行访问或合作研究，其中大部分来自美国之外的国家。2009年，NCAR固定人员897人，流动人员达4822人，流动人员是固定人员的5倍多。流动人员中访问学者761人（表14-3），访问学者来自美国46个州和全世界42个国家及地区，涉及研究机构317个；合作研究人员达4061人次，合作伙伴来自美国50个州和世界60个国家及地区的868个研究机构。

表14-3 2009年NCAR访问学者统计情况

访问时间	1～7天	8～14天	15～30天	1～2月	3～6月	6～12月	总计
人数	213	88	109	87	228	36	761

资料来源：http：//ncar. ucar. edu/home：NCAR Annual Report 2009

综上比较，NCAR在人力资源结构上具有以下三个特征：

（1）拥有一支规模较大且相对稳定的员工队伍，其人员是IAPCAS的两倍多，为开展大气科学领域的综合和交叉研究奠定了坚实基础。

（2）保持一支与研究人员队伍相当的技术支撑人员队伍，技术支撑队伍人员规模大、实力强，在提高科技创新能力和效率方面发挥着重要作用。规模较大的计算机软件工程师人才，为各种模式开发、模拟运算提供了强有力的支撑。

（3）拥有一支规模较大的流动人员队伍，流动人员达到固定人员的5倍多，人才流动的国际化趋势显著。

四、人才流动和管理机制

（一）人才流动的特点

NCAR的人员流动频繁有序。美国政府出台相应政策措施，积极鼓励研究机构、大学和企业之间的人员流动，这为NCAR人才流动创造了良好的外部政策环境。NCAR鼓励人员在不同部门、机构、国家间流动，已建立起了合理的人才流动机制，这促进了NCAR与美国国内大学和企业之间的广泛流动，也吸引了一批世界上一流的专家到NCAR工作。

NCAR员工的职级晋升充分体现了竞争和流动的机制。在NCAR最高研究职位为终身研究员职位，称为“Tenure”，其下面的职位称为“Tenure-track”。在NCAR需经过激烈竞争进入“Tenure-track”的人员，才有资格参与终身研究员的竞争。在“Tenure-track”一定的任期内，要定期接受科学顾问理事会的评估，如在任期内未升入终身研究员者必须离开（非升即走）[5]，流动到其他研究机构或大学或企业；如果通过评估晋升为终生研究员（Tenure），则意味着其是学术带头人，拥有独立使用研究经费、资源和人员的权利。其他研究职位也同样存在竞争和流动。

近年来，IAPCAS 平均每年流入 30 人左右（以大学和科研院所毕业生为主），每年流出 20 人左右（以离退休人员为主），人员流动具有以下两个特点：

（1）正式职工人员流入整体大于人员流出，流入人员以引进人才和博士毕业生为主，流出人员以离退休人员为主。主动离职的人数相对较少，每年大概有 3～5 人，离职后多到大学或相关科研机构。

（2）整体上人员流动性较小，与国内大学与相关科研机构人员的流动非常少。学历层次相对较低的项目聘用人员和劳务派遣人员流动性较大。

（二）NCAR 人事制度特征

NCAR 人事管理具有竞争、流动、开放的特点。在人员招聘过程中，广泛引入竞争机制，以此提高研究人员的整体素质。人员聘用多采用合同制，以便于人员的流动。这种人员的流动促进了公平竞争，同时也促进了不同机构间人员的融合，有利于不同学术思想的碰撞，开拓了学术视野。由于 NCAR 为科研人才提供了更为自由、宽松的环境，因此吸引到了大量来自世界各地的优秀科研人才。

五、分析与建议

IAPCAS 与 NCAR 在许多方面还存在着一定的差距，如对世界范围内的大气科学研究人才缺少足够的吸引力，人才队伍的国际化发展步伐缓慢，缺少足够的计算机软件工程师支撑人才，对实验型人才重视程度不够，等等。为此，要建设一流大气科学研究所，除了调整战略定位、凝练学科发展方向外，还必须在一流的研究队伍建设方面加强力度，推出得力措施，建设一支适应现代大气科学研究的一流人才队伍。

（一）优化人才结构，建设适应现代大气科学研究的人才队伍

现代大气科学已经发展成为一门综合诸多学科知识、集野外实验和计算机模拟试验的多学科研究。由于地球系统科学概念的引入，大气科学研究已从气圈、水圈、生物圈和岩石圈的相互作用来理解气候的全球变化，更加重视观测系统的建设，以及新的观测技术的应用[6]。建设一流大气科学研究所，关键是要建设适应现代大气科学研究的人才队伍。首先必须吸纳当代大气科学研究涉及的各个学科的研究人才，注重知识组合的多样性，注重不同学科人才的合理

配置，包括长于计算和预测的数学和计算机人才的配置；其次必须培养造就一支具有一定规模的善于野外实验、精通观测仪器的技能人才，以支撑大气科学的复杂科学研究。

与 NCAR 相比，IAPCAS 在人才队伍结构方面的主要差距之一表现在技术支撑人才和流动人才的比例上。因此，在研究所“创新 2020”规划实施方案中，必须高度重视技术支撑队伍的规划和建设，在继续突出稳定科研人员队伍规模的同时，切实加强技术支撑人才的引进和培养，尤其是重视对观测实验、模式研发人员的引进、培养方面的政策和制度制定，强化提升科技支撑队伍为科研工作提供强有力支撑和保障的能力。

（二）加强人才合作交流，促进人才队伍国际化发展

国际化是 NCAR 作为国际一流研究机构的重要特征之一。尽快建立体现开放、竞争与流动的人才引进体系，是推进国际化进程、成为国际一流研究所的必然选择。一方面要把握人才国际流动的大趋势，审视当前海外高层次人才向我国流动的特点，及早谋划，抓住有利时机，拓宽思路，从战略层面谋划吸引海外高层次人才来中国科学院工作和短期访问。另一方面，要加大吸引海外留学生的力度，广泛吸引各国研究生和博士后来所工作和访问，真正成为聚集国际一流人才的国际研究机构。

建设国际一流研究所的高远目标，为吸引海外人才打造了良好的工作平台；同时，必须加强制度环境建设，为海外人才创造良好的工作环境和文化氛围。发挥中国科学院整体优势，拓展海外学术人才引进渠道，构筑优越的生活、工作环境和氛围，为海外人才安居乐业奠定基础。

（三）扩大研究所自主权利，完善人才流动机制

人才有序流动是国际一流研究所的标志性特征之一。人才的流动推动了不同学术思想的碰撞和融合，促进了学术创新，保持了研究所的创新活力。研究所要充分发挥所拥有的自主聘用权利，在不违背中国科学院大的政策之下，在人才招聘、使用和职务晋升的制度上进行创新，建立和完善优胜劣汰的竞争机制，促进研究所科技人员的竞争性流动。优胜劣汰的竞争机制下的任职和晋升，有利于优化资源配置、人员结构调整和优化更新，有利于发挥科研人员积极性和激发其创造性。要通过完善的制度使那些真正具有科技创新活力和能力的人员拥有更多的资源支配权利，使那些缺乏创新活力的人员流动到能够发挥其作用的岗位，或促使其流动到其他机构。

参考文献

[1] 周小刚，罗云峰．美国 NCAR 的发展及其新动向．地球科学进展，2004，19（6）：1045～1051

[2] 吴建国，孙牧．物理研究所与国际一流研究机构的比较研究．中国科学院院刊，2002，4：275～278

[3] 周小刚，罗云峰．美国国家大气研究中心优先研究领域新特点．地球科学进展，2006，21（7）：751～756

[4] 任波，侯鲁川．世界一流科研机构的特点与发展研究——美国国家实验室的发展模式．科技管理研究，2008，11：61～63

[5] 李晓轩，李萌．我国科技人才队伍建设的三个问题．中国科学院院刊，2010，25（6）：588～594

[6] 黄荣辉，陆则慰，范蔚茗等．21 世纪初国际大气科学发展趋势和前沿学科领域．载：国家自然科学基金委员会地球科学部等编．21 世纪初大气科学前沿与展望．北京：气象出版社，2006：1～7

第四篇

启示与思考

科技创新能力系于科技创新人才，建设规模宏大的国际一流创新人才队伍，提高以科技竞争力为核心的国家综合国力，就必须适应人才全球化的大趋势，主动参与国际人才竞争，制定富有吸引力的人才政策和用人机制，吸引、培养大量紧缺和急需的高层次人才，形成创新人才队伍的国际竞争优势。

为了保持科技创新优势地位和强大的综合国力，世界发达国家前瞻地适时调整科技发展战略和人才政策，保持和扩大其科技创新发展的良好势头，是其普遍做法。国立科研机构是其推动科技发展的中坚力量，也是其实施国家科技战略与落实国家人才政策的主要平台和载体，不断加大对国立科研机构的人才投入成为其继续保持世界领先地位和学科优势、凝聚和培养杰出人才的主要途径。研究所作为国立科研机构推动科技创新的组织单元，既是科技活动中心、优秀人才的聚集中心，也是科技与人才管理政策的改革和发展的基地。要建设一流国立科研机构首先要建设一流的研究所、建设一流的人才队伍。

我们要建设创新型国家、赶超世界科技先进水平，就必须学习科技发达国家在科技与人才战略及政策方面的先进经验，借鉴国际一流国立科研机构和研究所发展的成功做法，分析和思考我国科技人才发展战略、科研机构管理体制创新、国际一流人才的引进和培养、人才发展的先进制度环境、促进创新的文化和氛围等重要问题，为研究和探索建设既适应国家战略需求发展变化，又适应科技创新活动特点发展变化，并具有中国特色的一流国立科研机构和一流研究所提供参考依据。

第十五章　我国的人才战略与政策

我国历来高度重视人才队伍建设，把培养、引进高层次人才作为国家发展战略的重要内容。新中国成立伊始，我国就吸引了大批旅居海外的杰出爱国科学家回国效力，为我国国家安全、资源保障、战略高技术的发展做出了里程碑式的贡献，奠定了我国科技跨越发展的坚实人才基础，培养和造就了一支学科门类齐全的科技创新人才队伍，同时也构建了以国立科研机构为骨干的现代科研体系。

一、新中国成立初期

1949年新中国成立之初，国家百废待兴，4.5亿人口中文盲占八成。新中国的缔造者认识到，建设新中国，人才是根本。国家一方面想方设法提高工农文化素质，加快人才培养，以解人才短缺的燃眉之急；另一方面，求贤若渴，从苏联、东欧以及欧美国家延揽英才，积极为滞留海外的优秀人才回国服务创造各种便利条件，吸引钱学森、邓稼先等一大批国际知名科学家回国，他们不仅成为我国国家安全的战略高技术科技事业发展的科技领军人才，而且成为新中国科技事业的奠基人和开拓者。

随着建国后我国经济的逐渐恢复，为确保在第二、第三个五年计划内更大规模地开展经济建设，国家制定了相当宏伟的目标。经济目标的实现有赖于科学技术的发展，这对我国当时还很薄弱的科技工作提出了很高的要求。周总理直接领导制定了新中国成立以来的第一个科技规划——《1956—1967年科学技术发展远景规划纲要》（也称为《十二年科技规划》），明确了1956～1967年国家重要科学技术任务、基础科学的发展方向、科学研究工作的体制、科学研究机构的设置、科学技术干部的使用培养和国际合作等。《十二年科技规划》从13个方面提出了57项重大科学技术任务、616个中心问题，并进一步综合提出了12个方面的重点任务，还对全国科研工作的体制（主要是科学院、产业部门和高等院校三方面之间的分工合作与协调原则）、现有人才的使用方针、培养干部的大体计划和分配比例、科学研究机构设置的原则等做了一般性的规定，是一个对国家项目、人才、基地、体制等全面统筹安排的规划。到1978年，我国专业技术人才队伍已达到435.7万人，基础研究、工业、农业、卫生等领域专业技术人才队伍不断壮大，科技大军迅速崛起[1]。

《十二年科技规划》的制定和实施，不仅对我国科学技术的发展起到了重要的推动作用，而且对我国科研机构的设置和布局、高等院校学科及专业的调整、科技人才队伍的培养方向和使用方式、科技管理的体系和方法，以及我国科技体制的建立具有决定性作用，为我国科学研究工作体制、学科体系和人才队伍体系等的形成奠定了重要基础。从科技事业发展的深层次讲，可以说，《十二年科技规划》也是我国科技人才发展的规划。

二、20世纪80年代

在1978年3月18日召开的全国科学大会上，邓小平首次提出“科技是第一生产力”的著名论断以及大会所通过的我国的第三个科学技术发展长远规划——《1978—1985年全国科学技术发展规划纲要（草案）》，掀开了我国人才战略发展的新篇章。

恢复和完善科技及教育体系，弥补人才断层。改革开放以来，国家经济振兴急需科技及教育体系的支撑，为此，我国在重新启动新一轮的科学技术发展规划的同时，初步确立了科教兴国的发展方略。

通过“走出去”和“引进来”的方式加快科技人才队伍的建设。为尽快扩充改革开放和经济建设所需的人才队伍，中国政府一方面开始尝试“走出去”的人才发展政策，向美国、日本、加拿大以及欧洲主要发达国家派遣留学生。1979年中国首批访问学者访美标志着该政策的正式落实；另一方面，积极采取“引进来”的方式，开始有针对性地从国外引进短缺人才。1986年中央在首份有关人才引进政策《关于引进国外智力工作的汇报提纲》中承认了推行人才引进政策的必要性及其积极作用[2]。1987年党的“十三大”正式确立了“积极开展国际人才交流工作”的方针。

改革科研资助及管理模式。1985年3月《中共中央关于科学技术体制改革的决定》（以下简称《决定》）出台，揭开了科技体制全面改革的序幕，强调经济建设必须依靠科学技术、科学技术工作必须面向经济建设的战略方针，尊重科学技术发展规律，从我国的实际出发，对科学技术体制进行坚决的有步骤的改革。科技事业拨款制度改革是其中重要而且非常具体的改革措施，鼓励从事技术开发的机构和科技工作者，通过市场化手段创造收入、增加开发经费，促进科技工作更好地同经济工作结合。这次改革推动了国家自然科学基金制度、科研职称评定制度、博士后制度、国家重点实验室建设等制度的出台，以及“星火计划”、“863计划”、“火炬计划”等一系列重要科技计划的实施。这次科技体制改革是我国现代科研体系建立以来最重要的一次全方位的科技改革。

加强战略高技术研究的部署和投入。1986 年 3 月，面对世界高技术蓬勃发展、国际竞争日趋激烈的严峻挑战，王大珩、王淦昌、杨嘉墀和陈芳允四位中国科学院学部委员提出“关于跟踪研究外国战略性高技术发展的建议”，党中央和国务院果断决策于 1986 年 11 月启动实施高技术研究发展计划，即“863 计划”。为我国瞄准世界高技术发展前沿、提高自主创新能力、凝聚和培养顶尖人才、提升综合国力创造了新契机。

三、20 世纪 90 年代

建设国家创新体系、发展知识经济，成为20 世纪 90 年代全球科技人才战略的焦点。我国顺应国际科技全球化发展的大趋势，加强了人才战略举措和相关政策制度的实施力度。

改革留学制度，促进人才交流。为满足深化改革对人才的需求，中国政府适时改革留学制度，扩大外派留学人员规模，出国留学政策开始向“支持留学、鼓励回国、来去自由”的积极而宽松的方向转变，进一步推动了人才的国际交流。

强化高等教育体系建设。1993 年国家先后发布《中国教育改革和发展纲要》和《关于重点建设一批高等学校和重点学科点的若干意见》，确定建设 100 所左右重点大学和一批重点学科、专业的高等教育体系的目标，先后实施“211 工程”、“985 工程”，重点支持国内部分高校创建世界一流大学和高水平大学。

启动知识创新工程试点。1997 年亚洲金融风暴背景下提出来的中国科学院知识创新工程，得到党和国家领导的高度重视。1998 年国家科技教育领导小组决定启动国家知识创新工程试点，探索科技体制改革，加强高层次人才的引进和培养。

全面构建面向高级人才的支持体系。先后出台了中国科学院“百人计划”、教育部“长江学者奖励计划”、国家自然科学基金委员会“国家杰出青年科学基金”等重要的人才计划和支持措施，为大批海外高层次人才回国服务创造了条件，也为国内优秀人才成长和发展搭建了舞台。

1997 年 6 月国家制定和实施了《国家重点基础研究发展规划》，启动实施“国家重点基础研究发展计划”（亦称“973 计划”），目标是加强原始性创新，在更深的层面和更广泛的领域解决国家经济与社会发展中的重大科学问题，以提高我国自主创新能力和解决重大问题的能力，为国家未来发展提供科学支撑。“973 计划”的实施凝聚和培养了大批优秀创新人才特别是优秀中青年科学家团队，成为培养科技领军人才的有效平台。

四、21 世纪以来

进入 21 世纪以来，国际科技、经济竞争进入新的历史发展阶段，以人才争夺为核心的国家竞争日益“白热化”。我国政府适时提出了“人才强国”战略和建设创新型国家的战略。

明确“人才强国”战略。继党的“十六大”明确将“尊重劳动、尊重知识、尊重人才、尊重创造”列为国家重大方针政策后，2003 年 12 月，中央首次召开全国人才工作会议并发布《关于进一步加强人才工作的决定》，进一步明确了人才强国战略。2010 年 5 月召开的第二次全国人才会议强调坚持人才强国之路，并确立了到 2020 年中国人才发展的总体目标：培养造就规模宏大、结构优化、布局合理、素质优良的人才队伍，确立国家人才竞争比较优势，进入世界人才强国行列，为在 21 世纪中叶基本实现社会主义现代化奠定人才基础。

加大对海外留学人员的“回引”力度。为应对日益激烈的国际竞争，中央高度重视对于海外留学人员的吸引工作，鼓励海外留学人员回国效力。2000～2006 年，先后发布《关于鼓励海外高层次留学人才回国工作的意见》、《关于鼓励海外留学人员以多种形式为国服务的意见》以及《留学人员回国工作“十一五”规划》等有关鼓励国外留学人员回国创业的政策，并于 2007 年就建立“海外高层次留学人员回国工作绿色通道”、出台《关于建立海外高层次留学人才回国工作绿色通道的意见》，明确了对海归高层次人才的待遇及优惠政策。

将人才引进工作提升至新的高度。中央开始重视发挥国际人才对我国经济发展的重要作用，不断强化对国际人才的引进工作。2006 年教育部启动高等学校学科创新引智“111 计划”，明确了向我国高校系统引进国际顶尖人才的目标：结合高等学校具有国际前沿水平或国家重点发展的学科领域，以国家、省、部级重点科研基地为平台，从世界排名前 100 位的大学及研究机构的优势学科队伍中，引进、汇聚 1000 余名优秀人才，形成高水平的研究队伍，建设 100 个左右世界一流的学科创新引智基地。同期，科技部发布《“十一五”国际科技合作实施纲要》，强调将人才引进工作放在第一位。

2008 年 12 月，中共中央办公厅转发《中央人才工作协调小组关于实施海外高层次人才引进计划的意见》，确定了未来 5～10 年我国的海外高层次人才引进计划，即最新的“千人计划”，其人才引进规模和力度空前，将我国人才引进工作引向新的高度。“千人计划”的总体目标是：从 2008 年开始，用 5～10 年，在国家重点创新项目、重点学科和重点实验室、中央企业和国有商业金融机构、以高新技术产业开发区为主的各类园区等，引进 2000 名左右人才并有重点地支持一批能够突破关键技术、发展高新产业、带动新兴学科的战略科学家和领军人才回国（来华）创新创业。同时，各省（区、市）也结合本地区经济社会发展和产业结构调整的需要，有针对性地引进一批海外高层次人才，即地方“百人计划”。

全面确立人才发展与培养目标。2010年，先后制定了《国家中长期人才发展规划纲要（2010—2020年）》（以下简称《人才规划》）和《国家中长期教育改革和发展规划纲要（2010—2020年）》，从国家战略的高度全面确立了我国今后10年的人才发展及培养目标。《人才规划》是新中国成立以来第一个中长期人才发展规划，是在国家国民经济与社会发展规划总体框架下，与科技、教育等国家若干领域发展规划相并列的专项规划，是实施人才强国战略的总体规划，是我国今后一个时期人才发展的纲领性文件[3]。《人才规划》确立了“服务发展、人才优先、以用为本、创新机制、高端引领、整体开发”的指导方针，提出的总体目标为：到2020年，培养和造就规模宏大、结构优化、布局合理、素质优良的人才队伍，确立国家人才竞争比较优势，进入世界人才强国行列，为在21世纪中叶基本实现社会主义现代化奠定人才基础。届时，我国的人才资源总量将由2008年的1.14亿人增加到1.8亿人，增长58%，人才资源占人力资源总量的比重将提高至16%。

《国家中长期教育改革和发展规划纲要（2010—2020年）》确立了“优先发展、育人为本、改革创新、促进公平、提高质量”的人才培养方针。人才培养的战略目标为：到2020年，基本实现教育现代化，基本形成学习型社会，进入人力资源强国行列。到2020年，我国高等教育大众化水平将进一步提高，毛入学率达到40%；主要劳动年龄人口中受过高等教育的比例达到20%，具有高等教育文化程度的人数比2009年翻一番。

改革开放以来我国在各行各业取得了令世界瞩目的成就，也积聚了充足的人才资源。但是，由于在科技和人才管理体制机制上存在弊端，我国还缺少在世界科技舞台上活跃的杰出人才。钱学森在临终前仍在关心中国的人才问题，在温家宝总理的三次探访中，钱学森无一例外都谈到了创新型人才的培养问题，与总理探讨为什么中国“老是‘冒’不出杰出人才”。要回答“钱学森之问”还需要全面改革中国人才培养的制度环境[4]。

温家宝总理在2011年3月5日第十一届全国人民代表大会第四次会议的政府工作报告中指出：全面加强人才工作。以高层次和高技能人才为重点，加快培养造就一大批创新型科技人才和急需之紧缺人才。加大人才开发投入，推进重大人才工作。深化选人用人制度改革，努力营造平等公开、竞争择优的制度和社会环境，激励优秀人才脱颖而出，创造人尽其才的良好局面[5]。

五、思考：国家人才战略与政策见证国家崛起

国以才立，邦以才兴。新中国成立之初，国家百年积弱，社会建设需要大批优秀的科技人才。1955年秋，钱学森从美国回国，成为国家重视和帮助海外顶尖知识分子回国的标志性事件。新中国成立初期从海外引进高层次人才为国服务的做法，为我国引进海外高层次人才积累了宝贵经验。正是由于从国外引进了钱学森等一大批顶尖科技人才回国效力，正是尊重和善于使用最可宝贵的人才，中国导弹、原子弹的研制进程大大提速，国家在很短的时间内创造了一个又一个奇迹，取得了“两弹一星”等大批具有世界影响的重大科技成果，使我国的国防战略高技术取得了与发达国家比肩的战略地位，为国家的国防安全提供了根本保障，才得以成功打开新中国的国际生存空间。

1956年党中央发出了“向科学进军”的伟大号召，国务院成立科学规划委员会，制定了具有里程碑意义的《1956—1967年科学技术发展远景规划纲要》，该规划纲要的实施有力地推动了科技人才队伍的建设和发展。1978年3月召开的全国科学大会，邓小平提出了“科学技术是第一生产力”的著名论断，发出了向科学技术进军的号令，解放了知识分子、解放了科技生产力，使知识分子成为国家建设和社会发展所依赖的中坚力量。全国科学大会的召开，催生了科学的春天，恢复高考、恢复留学制度，成为国家在高层次人才培养方面实施的重大举措。此后30多年来，国家始终坚持“支持留学、鼓励回国、来去自由”的方针，按照“拓宽留学渠道、吸引人才回国、支持创新创业、鼓励为国服务”的要求，鼓励留学人员回国工作或以适当方式为祖国服务，使我国的人才培养和使用融入国际科技交流和合作的汹涌大潮。

1985年3月中共中央通过了《中共中央关于科学技术体制改革的决定》，拉开了我国科技体制全面改革的序幕。《决定》提出要“改革科学技术人员管理制度，造成人才辈出、人尽其才的良好局面”。随着国家科技体制改革的展开，一系列重要改革政策出台，科技活动呈现出了蓬勃发展的局面，国家“863计划”、“星火计划”、“火炬计划”等先后推出，设立了国家自然科学基金委员会，开放了技术市场，建立了国家高新技术开发区等。国家的人才资源开发工作，实现了从计划经济时代单纯的人事调配向市场经济条件下整体性人才资源开发的重要转变，一个有利于各类优秀人才全面发展、脱颖而出的良好环境逐步形成。

进入20世纪90年代后，一系列面向高层次人才的计划和人才支持政策陆续开始实施。1992年，国家自然科学基金开始试点中青年人才项目基金，以培养优秀中青年学术带头人；1994年设立国家杰出青年科学基金，以培养造就进入

世界科技前沿的优秀学术带头人。1994 年，中国科学院率先开始实施“百人计划”，加强对海外高层次人才的引进。1998 年，教育部启动了面向中青年学者的“长江学者奖励计划”。1998 年国家正式批准中国科学院实施知识创新试点工程。通过实施一系列高层次人才政策和科技发展政策，我国科技人才断层危机得到缓解、高层次人才匮乏局面得以扭转。

21 世纪以来，国家先后出台多项新的人才政策及举措，开辟了新时期我国人才工作的新局面。2001 年，江泽民在“七一”讲话中提出“做好人才工作，首先要确立人才资源是第一资源的思想”的重要论述。2003 年 12 月，胡锦涛总书记在中央首次召开的全国人才工作会议上阐述了科学人才观的内涵，会议对实施人才强国战略做出全面部署，提出努力造就数以亿计的高素质劳动者、数以千万计的专门人才和一大批拔尖创新人才，完成我国由人口资源大国转变为人才资源强国的根本任务。2003 年，国家设立“国家最高科学技术奖”，奖励在科学技术领域做出特别重大科学发现或者技术发明、具有特别重大意义的科学技术成果的科学家个人，凸显了国家对自主创新科技人才的尊重和鼓励。2006 年，国务院颁布实施《国家中长期科学和技术发展规划纲要（2006—2020 年）》，强调了科技人才在实施中长期科技发展规划中的关键作用。2007 年党的“十七大”通过的新党章，首次把“人才强国战略”写入其中，从而使人才强国战略与科教兴国战略和可持续发展战略一并上升为国家发展的“三大战略”。2008 年，国家推出实施海外高层次人才引进的“千人计划”，以更具战略性的设计、更宽广的视野、更广阔的胸襟、更高的水准、更广阔的去向领域，引进海外高层次创新型科技人才。2010 年，国家制定和发布了《国家中长期人才发展规划纲要（2010—2020 年）》和《国家中长期教育改革和发展规划纲要（2010—2020 年）》，确定了国家人才队伍培养和建设的未来战略目标。

纵观新中国成立 60 多年来党和国家的人才工作和人才政策，曲折而艰辛的探索历程，体现出党和国家对人才重大作用的深刻认识，以及对人才政策理论认识的不断深化。从“知识分子是工人阶级的一部分”，到“科学技术是第一生产力”，再到“人才资源是第一资源”和“建设一支宏大的创新型人才队伍”，国家人才政策和人才战略的理论指导更加科学有力、战略目标更加清晰、工作措施更加有力、人才工作效果更加显著。

毫无疑问，为实现全面建设小康社会的奋斗目标、实现中华民族伟大复兴的宏伟战略目标和民族百年夙愿，着力建设和造就宏大的创新型人才队伍将成为国家人才工作的时代强音和主旋律。

参考文献

[1] 陈磊，胡唯元．强国之路——礼赞共和国 60 华诞·人才篇．科技日报，2009-09-29（1）

[2] 王辉耀．国家战略——人才改变世界．北京：人民出版社，2010：119～120

[3] 王艳，樊立宏．多头并举培养造就创新型科技人才．中国科学院院刊，2010，25（6）：573～578

[4] 温家宝：钱学森之问对我是很大刺痛．http：//news.xinhuanet.com/politics/2010-05/05/c_1273985.htm [2010-5-5]

[5] 温家宝．2011 年将大力实施科教兴国战略和人才强国战略．新闻中心—中国网．http：//www.china.com.cn/2011/2011-03/05/content_22061248.htm [2011-3-5]

第十六章　我国国立科研机构的人才发展
——以中国科学院为例

以中国科学院为代表的国立科研机构是我国重要的战略科技力量，在国家科技创新中发挥着骨干和引领作用。中国科学院历来十分重视人才引进和培养工作，不断创新人才发展模式。1994 年中国科学院在国内率先推出引进优秀人才的“百人计划”，不仅对中国科学院高层次人才队伍建设产生了重大和深远的影响，也对我国的高层次人才队伍建设和发展起到了示范作用。2010 年中国科学院“创新 2020”方案获国务院批准，与此同时中国科学院关于人才发展的系统工程也开始全面付诸实施，从而将中国科学院的人才工作提升到一个新的高度。

一、围绕知识创新，调整发展定位和目标

中国科学院是伴随着新中国的诞生而于 1949 年成立的。在 60 余年的发展中，始终受到党和政府的高度关注和有力支持。60 多年来，中国科学院始终与祖国同行，与科学共进，在自身的发展历程中，也为中国科技体制的建设和完善进行了一系列成功探索，充分发挥了国家战略科技力量和科技“火车头”、建设先锋队、改革探索者和国家科学思想库的作用。在我国科技进步、经济建设、社会发展和国家安全等各个领域做出了重大贡献。

作为国家在科学技术方面的最高学术机构和全国自然科学与高新技术的综合研究与发展中心，在成立之初，国家为其确定的工作方针是，改革过去的科研机构，“培养科学建设人才，使科学研究真正能够服务于国家的工业、农业、保健和国防事业的建设”。主要任务是，确立科学研究方向、培养与合理分配科学研究人才、调整与充实科学研究机构。在中央的支持下，中国科学院迅速凝聚了一批海内外优秀科学家，组建了高水平的研究机构。在“向科学进军”期间，明确中国科学院要发挥“火车头”作用，“抓尖端科学技术，抓国民经济的重大科学技术问题，抓基本研究”。

改革开放以来，中国科学院作为全国自然科学研究的综合中心，其主要任务是研究和发展自然科学的新理论新技术，配合有关部门解决国民经济建设中

综合性的重大的科学技术问题。中国科学院提出“侧重基础，侧重提高，为国民经济和国防建设服务”的办院方针，中国科学院的所属研究机构得到了大力度充实，研究人才队伍规模得到了大幅扩展，实现了快速恢复和发展，并进行了一系列的体制机制的改革探索，率先打开与西方国家科技合作的大门，率先实行所长负责制、成立开放实验室，率先设立面向全国的科学基金，创办了新中国第一家高新技术企业、第一个科技工业园区，推动科研成果转化为现实生产力，发挥了改革先行者的作用。

1998 年，党中央、国务院决定启动中国科学院知识创新工程试点，总体目标是：到 2010 年前后，把中国科学院建设成为瞄准国家战略目标和国际科技前沿、具有强大和持续创新能力的国家自然科学和高技术的知识创新中心；成为具有国际先进水平的科学研究基地、培养造就高级科技人才的基地和促进我国高技术产业发展的基地；成为有国际影响的国家科技知识库、科学思想库和科技人才库。

2002 年，中国科学院提出了新时期办院方针，即以国家富强、人民幸福为己任，积极面向国家战略需求、面向世界科学前沿，加强原始科学创新和关键技术创新与集成，努力为我国经济建设、国家安全和社会可持续发展不断做出基础性、战略性、前瞻性的重大贡献。并在此基础上提出了新时期发展战略，明确了中国科学院 21 世纪头 20 年的奋斗目标。继续深入实施知识创新工程，努力建设具有国际先进水平和国际竞争力的综合性国家科研机构，实现科技创新能力的跨越式发展，攀登世界科学高峰，为我国全面建设小康社会、加快推进社会主义现代化和率先实现科技现代化做出历史性贡献[1]。

2010 年，中国科学院明确提出组织实施“创新 2020”的战略部署，着力推进体制创新和人才凝聚与培养，以实现创新跨越、持续发展。“创新 2020”的总体目标是：经过 10 年努力，有效解决一批事关我国现代化全局的战略性科技问题，在一些重要领域进入世界前列，培养造就一支高水平科技创新队伍，形成一批高水平科技创新平台与成果转化基地，总体实现“创新跨越、布局合理、四个一流、开放合作、和谐有序、持续发展”，在我国科技事业发展中发挥服务全局、骨干引领和示范带动作用，成为在世界上有重要影响的一流研究机构[2]。

二、围绕定位与目标，创新人才政策和管理机制

（一）把人才培养作为一项重要使命，凝聚了一大批国家科技精英

中国科学院的发展历史，是一部科技成果史，更是一部凝聚和造就科技拔尖人才的历史。建院之初，党中央就支持中国科学院迅速组建一批高水平研究

机构、凝聚一批海内外优秀科学家。在此期间，李四光、赵忠尧、葛庭燧、吴文俊、钱学森、汪德昭、林兰英等一大批海外学子加盟中国科学院，使得许多新兴、空白、薄弱学科领域得以建立。1956年，党中央发出“向科学进军”的号召，至1966年的10年间中国科学院人才队伍规模快速发展，研究机构达到106个，职工6万余人，其中专业技术人员3万余人。改革开放后，作为中国科学院科技队伍新一代科技工作者的典型代表，蒋筑英、陈景润、杨乐、张广厚、蒋新松等在中国科学院这块沃土成长，成为一个时代的楷模。进入新世纪，国家实施“科教兴国”、“自主创新”的科技战略，在中国科学院知识创新工程中，又涌现出一大批优秀中青年科学家。60多年来，中国科学院始终牢记党、国家和人民的期望和重托，攻坚克难，奋勇攀登，取得了一大批关系国家竞争力和可持续发展能力、标志我国科技发展水平的重大成果，凝聚和造就了一批爱国奉献、勇攀高峰的科技领军人才和尖子人才，发挥了科技国家队的“火车头”作用。

中国科学院始终坚持“科研与教育并举，出成果与出人才并重”的宗旨，面向国家战略需求和世界科技前沿，遵循高等教育和人才培养的客观规律，充分发掘科研与教育资源，为社会输送了大批高素质的创新创业人才[3]。在新中国的高等教育发展史上，中国科学院的高等教育特别是研究生教育的创新实践具有特殊的意义和价值。1951年6月，由教育部与中国科学院成立研究生招收委员会，并联合发布了《1951年暑期招收研究实习员、研究生办法》，从此拉开了新中国研究生教育的序幕。中国科学院率先颁布了《中国科学院研究生暂行条例》，标志着我国正规研究生培养制度的开始。中国科学院在研究生培养上创造了四个“第一”(培养了我国的第一个理学博士、第一个工学博士、第一个女博士、第一个双学位博士)。自1999年开始评选百篇优秀博士论文后的11年中，中国科学院入选百篇优秀博士论文200篇，占全国百篇优秀博士论文的18.4%，其中理学博士论文150篇，占全国入选理学总数的47.3%[4]。

(二) 率先开展科研管理改革，为人才发展创造良好环境

中国科学院在分配和激励机制上积极探索，实行体现绩效优先、兼顾公平原则的“基本工资、岗位津贴、绩效奖励”三元结构分配制度，在此基础上又在部分研究所试行了所长年薪制，并积极探索知识和技术要素参与分配的形式，基本形成了全院宏观调控指导和研究所自主分配相结合的分配制度管理模式，充分调动了科技人员的积极性[5]。

1985年，中国科学院首次试行设立“青年科学奖励基金”，次年，更名为“中国科学院青年奖励研究基金”。每年从院长基金中设专项经费350万元，用于支持100位35岁以下学术思想活跃、富有创新精神和开拓能力的优秀青年

科技工作者，开展基础研究和应用研究中的基础性工作。1987 年，在全国率先实行了对 45 岁以下科技人员晋升研究员、35 岁以下科技人员晋升副高职称的“特批”制度，使一批优秀青年人才及时进入相应岗位，为顺利实现科技队伍的代际转移奠定了基础。1989 年，设立“中国科学院青年科学家奖”。1994 年，中国科学院决定建立青年实验室制度。明确要求各单位在承担重要方向性项目和领域前沿项目中，须配备青年人才作为项目负责人。设立专项经费支持青年科技人才，加大对优秀青年科技人才的国际化培养，出台新的奖励措施激励优秀青年科技人才，为青年优秀人才的发展拓展空间和提供政策保证。这些措施的实施为青年人才营造了良好的成长环境，加速了青年人才的成长。

（三）创新人才计划，引领和带动高层次人才的引进与培养

创新人才是国家核心竞争力的关键。1994 年，在党中央支持下，中科院率先实施我国第一个面向海外的高层次人才计划——“百人计划”，吸引和培养了一大批跨世纪的科技领军人才和尖子人才。这是我国最早启动的高目标、高标准和高强度支持的人才引进与培养计划，是中国科学院建设跨世纪的学术带头人队伍的一项重要举措。“百人计划”根据中国科学院学科发展规划以及对未来人才需求，着眼于世界范围内的人才，实行公开招聘、择优选拔。对入选者给予强化支持，每人支持经费达 200 万元。1998 年将中国科学院获得“国家杰出青年科学基金”的研究人员纳入“百人计划”管理并给予后续经费资助。通过“百人计划”，中国科学院凝聚了一批德才兼备的优秀科学家和科技管理人才。截至 2010 年，中国科学院在“百人计划”品牌下的各类人才培养计划入选者 2023 人。上述入选者中数十人当选为中国科学院院士和“973 计划”首席科学家，数百人后续获得国家“863 计划”、国家杰出青年科学基金等资助[6]，在国内高层次人才培养和引进方面发挥了引领和示范作用。

1998 年中国科学院正式启动“引进国外杰出人才计划”，1999 年通过建立“中国科学院海外评审专家系统”，吸引了百余位旅居海外的高层次科技专家作为中国科学院高级咨询专家和合作伙伴。在此基础上，还设立了“中国科学院海外杰出学者基金”，支持海外专家与中国科学院开展高水平的合作研究[7]。

为支持地区人才发展，解决区域发展的人才培养问题，1996 年中国科学院与中共中央组织部共同推出“西部之光”人才计划，为西部地区人才的培养和地方经济发展做出了重要贡献；2004 年推出“东北之春”人才培养计划，为东北老工业基地的振兴发展和人才培养做出了积极贡献。

在新的发展时期，中国科学院面临一系列的新挑战，培养造就适应新时期发展的创新人才队伍是关键。为此，中国科学院围绕人才发展开展了专项研

究和规划，研究制定了《中国科学院教育发展战略与路线图（2010—2050年）》，“十二五”期间中国科学院将实施“创新2020”人才发展战略，全面启动“人才培养引进系统工程”，实施高层次人才培养引进、优秀青年人才培育、支撑与管理人才培养、海外智力引进与人才国际交流培养计划。这些计划和措施必将在吸引高层次人才、培养青年人才和研究团队建设等方面发挥着重要的作用。

（四）推动国家创新体系建设，培育一流人才队伍

1997年12月，中国科学院向中央提交了《迎接知识经济时代，建设国家创新体系》的报告。该报告提出了面向知识经济时代的国家创新体系，具体包括知识创新系统、技术创新系统、知识传播系统和知识应用系统，报告受到了国家领导人的高度重视。1998年6月，国务院决定由中国科学院先行启动知识创新工程，作为国家创新体系建设的试点[8]。

实施知识创新工程以来，中国科学院对外交流规模持续扩大，合作形式不断创新，国际合作从一般的人员交流发展到双方共同酝酿合作项目；从项目合作发展到共建联合研究机构；从单方受益逐渐过渡到合作方双赢或共赢的局面。坚持以发展与国际一流研究机构的长期战略合作伙伴关系为核心，促进与国外重要国立科研机构、著名大学和跨国企业的多种形式的合作，努力引入新的科学思想和先进管理理念，凝聚和培养创新人才，紧密结合重大科研项目和重要科研基础设施建设，充分利用国际资源，提高中国科学院的科技创新能力和国际科技合作能力。中国科学院与德国马普学会合作建立了青年科学家小组和伙伴小组，在全球范围内公开择优聘用优秀青年科学家担任组长，培养出了一大批青年学术带头人。与法国合作，成立我国与法国合作建立的第一个国家层面上的基础研究联合实验室“中法信息、自动化与应用数学联合实验室”[9,10]。

经过十年的知识创新工程，中国科学院培养造就了近千名科技领军人物和科技尖子人才，形成了一支高水平的科技创新队伍，包括600位国家重大科技任务的首席科学家或主要带头人，700多位国家杰出青年科学基金获得者，53个国家自然科学基金创新群体，900名科学家在重要国际科学组织担任重要职务。同时，中国科学院还向社会输送了大批高素质创新创业人才。

当前，面对世界经济科技发展的新形势和国际人才竞争的新趋势、面对“创新2020”战略目标，中国科学院在人才发展方面将面临巨大挑战。因此，必须创新人才发展政策，探索新的人才培养模式，进一步优化人才成长环境。2011年3月召开的中国科学院人才工作座谈会提出，人才工作必须以人为本，要尊重人、关心人、信任人、发展人，要营造良好的创新生态系统。

参考文献

[1] 中国科学院人力资源管理研究组．关于我院创新三期人力资源管理的若干思考．中国科学院院刊，2007，22（5）：355～373

[2] 潘教峰．中国科学院实施“创新2020”致力于科技创新的整体跨越发展．载：2011科学发展报告．北京：科学发展报告，2011：250～257

[3] 李和风．创新人才是国家核心竞争力的关键．光明日报，2010-8-5

[4] 中国科学院教育发展战略与路线图研究组．中国科学院教育发展战略与路线图（2010—2050年）．北京：科学出版社，2010：11～16

[5] 江绵恒．立足国情 面向未来 引领发展——中国科学院战略高技术发展六十年．中国科学院院刊，2009，24（4）：362～370

[6] 白春礼．加快学术带头人培养步伐强化海内外人才团队效应．科学时报，2009-01-01

[7] 白春礼．杰出科技人才的成长历程——中国科学院科技人才成长规律研究．北京：科学出版社，2007：45～54

[8] 中国科学院可持续发展战略研究组．进一步强化国家科技创新体系建设．http：//www. china. com. cn/chinese/zhuanti/296501. htm [2003-3-19]

[9] 白春礼．群贤毕至 少长咸集——中国科学院人才队伍建设六十年．中国科学院院刊，2009，24（4）：338～350

[10] 胡浩，顾瑞珍．中科院创新国际科技合作模式．http：//news. xinhuanet. com/politics/2009-10/30/content _ 12362193. htm [2009-10-30]

第十七章　若干启示与思考

积极借鉴发达国家宏观科技发展战略和科技人才政策以及国际一流国立科研机构人才制度和管理机制方面的有益经验，为解决我国科技发展与人才管理中存在的问题，为国立科研机构的深入创新发展和人才队伍建设提供新的思路。

一、关于国家人才战略与政策

世界各国发展历史特别是工业革命以来的发展历史表明，经济强国无一不是科技强国。科技创新突破支撑国家经济社会跨越发展、国家安全和人民幸福安康。纵览世界科技发达国家和新兴经济体国家的发展经验，要实施科教兴国和“人才强国”战略，加快实现创新型国家的建设步伐，必须以国际视野、世界眼光，制定前瞻的、科学的、系统的、制度化的人才发展战略与政策，持续系统指导科技人才队伍的建设与发展，建设人才资源强国。

“治国经邦，人才为急。”当前国际上正在进行着一场看不见硝烟的人才战争，这场战争由来已久而且还会长时间持续下去。在过去的几十年中，美国、欧洲各国、加拿大、澳大利亚等西方发达国家，基本上都是“人才净流入国”；而一些发展中国家成为人才的净流出国而成为美国高科技产业最大的外国人才库，比如中国和印度[1]。面对新一轮的人才竞争，发达国家竞相出台了一系列有关科技创新和科技人才引进和培养的规划和计划，彰显出这些国家在人才政策方面的新动向[2]。代表性发达国家美国的人才忧患意识非常强烈，进入 21 世纪以来连续出台和发布了一系列关于国家未来科技人才发展规划的重要法案及政策，整体反映出美国政府以未来国家发展安全为理念的人才战略。

尽管我国人力资源总量已居世界第一，但每万名人员中研发人员只有 25 人，而发达国家在 90 人左右。“十一五”期间，我国 SCI 论文数量翻了一番，排名从世界第 5 位上升到第 2 位，SCI 论文被引用次数从第 13 位前进到第 8 位，与欧美科技强国相比，还存在明显差距[3]。在这新一轮的人才争夺战中，中国决不能处于被动地位，要加快实现从人力资源大国向人才强国的转变，使我国的人才优势明显增强、人才素质大幅提高、人才结构不断优化、人才规模效益显著提高，才能增强国家核心竞争力，在激烈的国际竞争和世界新一轮大发展中赢得主动[4]。

（一）实施人才强国战略，全面提升我国人才队伍的创新能力

面对日益激烈的人才竞争，必须把人才战略提升到国家战略高度，坚持不懈地走人才强国战略，切实抓好科学技术是第一生产力这一关键要素。第二次世界大战结束后，美国采取积极的人才战略，把世界各地的精英不分国籍不分人种尽收囊中，才有了世界科技中心从欧洲转移到美国的奇迹。倪鹏飞等用丰富的指标体系对中国的人才国际竞争力进行了评价，分析表明，中国人才资源丰富但国际人才数量不足，潜在人才竞争力不足且智力外流严重，需进一步优化以提升人才的整体国际竞争力[5]。据统计，2008 年我国科技人力资源总量达到 4600 万人，居世界前列，但高层次创新型科技人才仅 1 万多人；在 158 个国际一级科学组织及其 1566 个主要二级组织中，参与领导层的我国科学家只占总数的 2.26%。我国拥有自主知识产权核心技术的企业仅占万分之三，具有自主品牌的产品出口不到 10%。据预测，中国 2015 年科学家与工程师的需求将达到 590 万，2020 年达 1000 万，中国将面临科学家与工程师数量的短缺问题[6]。因此，当前我国必须全力推动人才国家战略的实施，真正将人才强国战略落到实处，以尽快缩小与发达国家人才竞争力的差距[7]。

为贯彻落实《国家中长期人才发展规划纲要（2010—2020 年）》和全国人才工作会议精神，创新人才发展体制机制，加快建设人才强国，力争到 2020 年高层次创新型科技人才总量达到 4 万人左右，我国在北京中关村国家自主创新示范区和武汉东湖高新区建设人才特区，面向以海外高层次人才为代表的国家发展所特需的各类人才，建设“人才智力高度密集、体制机制真正创新、科技创新高度活跃、新兴产业高速发展”的中国特色人才特区。

（二）充分利用海外人才资源，吸引优秀海外华人科学家回国服务

改革开放 30 多年间，我国派出大批优秀学子到发达国家进行深造，但因各种原因大部分滞留海外。据教育部统计，从 1978 年到 2010 年底，我国各类出国留学人员总数达 190.54 万人，滞留海外的人数超过 130 万[8]。高学历和全球紧缺专业人员滞留国外的比例更大，如何将这些宝贵的智力财富为我国所用，是我们亟须思考的重大问题。

当今世界科技舞台上活跃着一大批华人科学家，必须采取有效的方法和手段对这些科学家进行追踪，建立优秀华人科学家数据库，以便采取吸引措施促使其回国效力。王雪梅等基于文献计量方法，辅以其他方法对各学科领域的优秀华人科学家进行识别，对建立以学科为单元的华人科学家数据库进行了探讨[9]。中国当前正在实施的“千人计划”、“青年千人计划”，以及已经实施多年

并取得显著成效的中国科学院“百人计划”和中国教育部“长江学者奖励计划”都是针对海外高层次人才的引进计划。这些计划的实施已经取得了巨大成效，但仍需不断创新“引才引智”的思路，使海外华人科学家为国家建设发挥更大作用。在海外高层次人才引进过程中，部分海外优秀人才对双重国籍和全职回国问题提出了顾虑，认为这些是影响他们回国的主要障碍，妥善解决这些问题是未来人才引进计划的关键。

（三）坚持培养和引进相结合，为建设创新型国家提供人才保障

吸引国外优秀人才到中国工作，为我国社会经济和科技文化的全面跨越发展做出贡献，是建设创新型国家的必由之路。世界一流研究机构“人员要来自五湖四海、学派要出于三教九流”[10]。只有来自世界各地的人才，才会有不同学术思想的碰撞，才能持续不断地产生新的知识和成果。中国历史上也曾有过作为世界科技中心的辉煌，当前我国正值经济社会全面跨越发展的时期，经济总量已超过日本成为世界第二大经济体，但在基础前沿科学和高新技术领域与欧美发达国家相比仍存在一定差距。为缩小与科技领先国家间的差距，我国须坚持人才培养和引进相结合的原则，实施系统的人才工程，既要着力吸引世界范围内的优秀人才，又要着力培养本土尖端人才；既要有高层次人才引进和培养计划，又要有青年人才引进和培养计划；既重视科研人才的培养，也重视技能人才、管理人才的培养。同时要着力于长远发展，从改革教育体制入手，从基础教育到研究生教育，以及继续教育等各个环节进行改革，以适应建设强大科技创新人才队伍的发展需求。着力培养具有创新意识、创新理念的科技基础性人才队伍。

二、关于科技与人才管理体制机制

科技人才是科技活动的主体，科技管理的核心是人才的管理，国家科技管理体制机制的重点是科技人才的管理体制和机制。国际科技发达国家的经验告诉我们，只有建设适合国情、适合科技创新发展规律和人才成长规律的先进科技与人才管理体制，才能凝聚和培养出一流的科技人才队伍。我国于1985年实施科技体制改革以来，国家的经济社会发生了巨大变化，科技发展也已今非昔比。科技发展的环境发生了重大变化，但科技与人才管理的体制机制却一成不变。落后的管理体制势必成为遏制科技进一步快速跨越发展的羁绊，改革科技与人才管理体制已势在必行。

（一）关于科技管理体制改革

科技管理体制是政府科技活动的组织管理架构，其功能是组织制定科技事

业发展战略和规划，组织制定和实施国家科技计划，管理和引导社会科技活动，评价科技规划、计划执行效果和科技活动效率。国家的科技管理体制决定国家科技活动的战略和方向，决定科技机构的研发活动组织、科技创新活动的活力和效率。

科技体制应当适应科技活动的内在规律和科技发展的时代要求而加以改革和完善，形成和发挥好激发科技创新活力、解放科技发展生产力的组织功能、组织机制等科技生产关系，以促进而不是抑制科技创新、以服务而不是限制科技发展。科技体制改革，要以科学发展观为指导，以大幅度提升国家科技创新竞争力、建设创新型国家、支撑引领全面建设小康社会为根本目标，适应经济社会发展对科技创新和科技事业发展的新要求，适应科技创新发展的规律，坚持自主创新、重点跨越、支撑发展、引领未来的方针，改革阻碍科技创新发展的落后的管理体制和机制障碍，建立符合科学发展主题、转变经济发展方式主线要求的科技管理体制、科技法律法规和政策体系；理顺科技管理部门的科技工作定位和工作职能，促进科技资源优化配置、高效利用和开放共享，提高科技资源的利用效率；完善国家科技创新体系建设和支持政策，加快建设国立科研机构主导的基础研究和前沿科技原始创新体系、企业主导的技术研发及其投入体系，释放和激发科技人员的创新积极性和全社会的创新活力，为大力实施科教兴国战略和人才强国战略提供坚实的科技体制机制保障。

科技体制改革的着力点是科技管理体制改革、科技投入机制改革、科技研发系统组织结构改革、科技评价和奖励机制改革、科技人事管理制度改革等。科技管理体制的改革，重点是科学设计政府科技管理体系的组织架构，建立国家宏观科技发展战略与规划决策体制、政府科技发展计划制定与监督体制、科技创新体系构成的组织体制，理顺国家科技战略决策主体、政府科技主管部门、专业科技部委的科技职能定位，解决目前现实存在的政府科技主管部门、政府科技计划与资助部门、专业科技部委等政府科技类部门科技研发的管理职能定位模糊、科技计划与资助领域交叉重叠的诸多问题，以及相互之间争夺科技资源和科技计划管理权限、争夺科技资助布局的现象。

作为历史上曾经的世界科技中心的欧洲国家，英国、德国、法国等在科技管理体制方面各有特点。德国之所以能够在激烈的国际竞争中确立在世界科技的领先地位，其根本原因，一是建立了一整套适合市场经济的完善的科技体制；二是德国政府十分重视科学技术的发展，并给予长期稳定的经费支持。在科研组织管理体制方面，重视科技立法，根据德国宪法规定的“科学与研究自由”和“联邦和各州分权”等原则，德国联邦政府在科研活动中始终坚持以“经济界和科技界为主、国家为辅”的方针，建立了集中协调型的科技体制。该体制的基本特征是：以联邦和州政府的财政支持为手段，在保护自由竞争的基础上，充分调动和依靠科学界和经济界自身的力量，利用国家重点干预和市场竞争机制相结合的优势，实现国家重点科技发展战略目标[11]。

当今世界科技中心的美国，其科技管理体制又不同于欧洲国家。积极构建政府、产业界和学术界紧密结合的创新体制，是其增进自主创新能力、取得和保持高科技发展优势的关键所在。在科技投入方面，建立了多元化的投资渠道，既有联邦政府、州政府的拨款或资助，也有大公司出资、基金会赞助以及贷款和风险投资等[12]。在美国的科技管理机构中，美国国家科学基金会不仅资助美国本土高校的基础研究，也资助世界范围内研究项目。

在我国科技管理中，多以政府为主导，部门间的壁垒日益禁锢，科研合作的成本急剧提高，部门间、科研机构间、科研机构与大学间合作困难。像法国国家科研中心那样与190所高等学校保持非常密切的对口协作关系，有一半科研人员在大学工作的人才管理模式在我国是不可想象的。这种部门和机构间的壁垒形成关键在于行政管理部门间、科研机构间或大学间的利益竞争和保护所致，只有通过科研管理体制的重大改革才能有效解决。

我国科研、教育机构的官本位思想根深蒂固，“学而优则仕”、“官而优则学”、“商而优则学”等文化对科研人才的培养产生了严重的负面效应，导致学术的行政化、标签化和功利化，严重制约了人才的创新发展和一流研究机构的建设。时代呼唤“教授治校、研究员治所”理念的回归。在美国、英国等国，大学和科研机构的管理者是服务型的，其实施管理的依据是法律文件和制度，因此研究机构负责人的“在与不在”对一般科研人才的正常科研工作影响不大。而我国的研究机构负责人则承担着更加重要的责任，往往享受特殊的权利，对科研人才的任用、评价具有绝对的权威性。

（二）关于科技资源配置机制改革

我国1985年的科技体制改革，重点改革了科研机构的拨款制度，并按照基础研究、部分应用研究机构与技术开发研究机构两类科研机构，将以往的全额拨款制转变为差额拨款制和事业费自给制。对基础研究和部分应用类科研机构，国家只提供一部分的经常费用和公共设施费用，而科研经费则靠申请各类科技计划和基金。因此，科研机构内部形成了以课题核算制为主的基本核算单元。课题核算制的形成，在打破科研机构内部存在的大锅饭、调动科技人员的积极性方面曾经发挥了积极作用。然而随着形势的发展，这种投入机制导致的问题也日渐显露：由于科研机构的运行经费、人员经费的严重不足，形成了科研人员“养活”科研机构的局面，科研机构从科研人员身上收取高额课题管理费（往往超过国家相关计划项目的管理费限额比例）及办公室和实验室房租等费用，科技人员还需要自己想办法解决自己的大部分收入待遇。

近年来国家科技投入快速增加，总体上科研经费不足的问题已明显缓解，但国家科技资源配置机制、配置方式和配置效率等体制机制方面的问题日益突出，成为科技界和全社会关注的重要问题。目前国家的科技投入主要以各类国家、部门科技计划和科学基金的形式，由科研机构和科研人员竞争申请、择优支持。一方面，科研经费来源多元化，引导科研人员抓住任何可以争取经费的机会；另一方面，单一项目科研经费支持强度不够，迫使科研人员多头申请经费，从而出现“十个人干一个课题”和“一个人干十个课题”的现象。而现实存在的课题核算制，以及与之耦合的对科研机构和科研人员的考核评价机制（争取经费与科研机构评价、科研人员评价及其待遇挂钩等），是科研人员多头申请、重复申请、重复立项的有力推手。这种科技资源配置体制机制和科技投入方式，导致研究所办成了“超市”模式——研究所出租办公室和实验室，科学家以课题“养活”研究所和课题组人员，导致科研人员每年不得不花大量宝贵的时间没完没了地重复写课题项目申请书、不停地争取课题项目经费、应付无数课题检查和验收评估、各级管理部门不定期的会议，使科研人员本可以专心致研的时间被大量剥夺和浪费。

这方面的问题集中反映了科技管理体制机制方面的问题。科研管理体制机制的有效运转基本上以战略、规划、政策、规则、导向、评价体系等形式实现，他们以显性或隐蔽的形式控制着科研赖以维继的有形与无形资源。而且，随着国家科技投入的增加，科技管理政策制定部门对资源的垄断性占有、对资源的分配权的强化和政策传递机制和过程的复杂化，使科研领域的垄断与集中现象日益严重，科研管理部门不仅对科研群体实现了有效控制，也导致科研领域的时间浪费现象日益严重。这也成为中国科技界与国际科技界在科研生态上存在的主要区别，导致中国的科研人员除了科研人员的身份外，还必须扮演管理者与科研公关活动家的角色，不得不为争取经费和应付检查使出浑身解数。简而言之，问题的症结在于，科研资源配置以行政为中心，国家科技投入的增量经费均以各种名目的竞争性经费的形式出现，导致竞争性科研经费投入比例太高，科研人员不断申请竞争性科研经费和应付检查考核耗费了大量宝贵的、可以专心致研的时间。因此，改革现行的以行政为中心、行政部门垄断和占有科研资源分配权的国家科研资源配置体制机制就显得十分迫切和必要。

科技资源投入和配置机制的改革，需要通过科学的绩效评估和研究，梳理并调整现有的名目繁多、层出不穷的国家计划和部门计划，国家的科技经费等科技资源的投入要合理确定国家主导的重大科技计划资源投入与支持竞争性科技研发的投入比例。要从国家层面把握和动态调整基础研究、应用研究和技术开发研究的宏观比例，要合理确定国家投入的竞争性经费和稳定支持经费的宏观比例，加大对基础研究和应用基础研究的稳定支持经费的比例。

改革的重点是优化科技资源配置、促进科技资源高效利用和开放共享，提高科技资源的利用效率。改革的关键是理顺国家科技资源的投入和配置方式，保持国家科技资源配置的公平、合理、公正和协调。对实现国家科技目标的国立科研机构，要按照科研机构的类型、功能特点和事业发展的需要，科学合理核定稳定支持经费的比例，以较大的经费比例稳定支持国立科研机构的正常运行经费、人员经费和科学研发活动，大大减少现实存在的因资源配置方式导致的科研人员将大量宝贵时间全力投入争取科研经费、多头争取经费的“致力于经费争取”、“致力于项目检查验收”的不利于科研创新的局面，减少杂事占用科研人员的时间和精力，真正增加和保证科研人员“专心致研”的时间，形成科研人员一切以科研为中心的氛围。

设计和完善法规制度和政策措施，制度化保障国家科技资源投入建设的科技基础设施的共享利用，减少国有科技基础设施的重复投入建设、低使用率、低效率的状况，使国家科技资源投入的科技基础设施发挥最大的科技研发效益。

（三）关于稳定支持基础与战略前沿研究

从国际上看，开展关系国家长远和战略发展的基础与战略前沿研究是国立科研机构的使命和存在依据。科技发达国家对基础与战略前沿研究均采取政府稳定支持的投入方式，国立科研机构的经费收入都是国家财政预算拨款，用于科研人员经费、机构运行经费和部分项目经费，只有部分研究经费是以竞争性方式获得且比例很低。

美国“小政府大社会”的国情也体现在其科技管理体制上，美国没有政府“科技部”，其科技管理采用的是“总统科技战略与政策咨询决策—政府科技预算编制—国会审批科技预算”的美国模式，与科技相关的联邦政府部门，都以部门切块的方式获得并各自掌握和分配联邦研发预算拨款。四个主要的民用研发机构都实行国家预算拨款制，以 2012 年的预算看，其中国立卫生研究院（NIH）的预算占联邦研发预算的 21.8%，能源部科学办公室占 8.8%。NIH 因其又担负着美国医学研究资助机构的职能，其预算经费的 80%以项目形式资助大学和其他医学研究机构，约 10%的资金用于 NIH 院属的研究所。美国能源部所属国家实验室的经费全部来自国会预算拨款，由能源部以科学计划形式向实验室定向分配预算。能源部科学办公室预算制定原则是，直接支持科学研究，直接支持大科学设施的开发、建设与运行。2010 财年能源部科学办公室拨款为 49.04 亿美元，其中科学研究占 46%，设施运行占 38%，设施建设占 7%，主要设备项目占 6%。能源部科学办公室下属 10 个国家实验室的经费主要来源于能源部科学办公室、能源技术办公室、环境管理办公室与国家核安全管理委员会，来自第三方经费不足20%。美国对国立科学研究机构的国家预算拨款制，强力保证了国立科研机构的深入、持续和稳定的科学研究工作。

德国政府对研发资助的类型分为对科研机构提供的中长期机构资助和以目标为导向的短中期研究项目资助。2010年联邦教研部的研发预算占德国政府研发总投入的58.4%。德国政府2007年研发支出达182亿欧元，占国家财政总额的2.8%。其中32%用于“机构式资助”，对亥姆霍兹联合会（270亿欧元）、马普学会（130亿欧元）、弗朗霍夫协会（130亿欧元）、莱布尼茨科学联合会（100亿欧元）的资助比例最大。马普学会作为德国最大的基础研究机构，多年来其经费收入的约80%都是来源于德国联邦政府和所在州政府的机构式拨款，2010年的统计表明，其经费的77%来自于联邦与州政府的机构式预算拨款。亥姆霍茨联合会作为拥有17个世界一流大型研究设施、主要承担德国中长期战略研究任务的研究机构，其经费80%是政府机构式拨款。莱布尼茨科学联合会（WGL）作为基础研究和应用基础研究机构，其经费的65%以上来自于政府财政拨款（联邦政府和州政府各承担50%）。弗朗霍夫协会作为德国乃至欧洲最大的以应用研究为主的研究机构，其2010年的经费结构是，政府预算拨款的机构式资助、国内和欧盟的项目经费、经济界的竞争性合同项目经费分别约占全部经费的1/3。可以看出，德国的基础与应用基础研究的国立科研机构，其经费的主要来源是政府预算拨款；即使是主要从事应用研究的国立科研机构，其经费的1/3也来自于政府拨款。

法国国家科研中心（CNRS）是法国基础研究领域的大型国立研究机构，法国政府对CNRS实行4年期目标合同制管理，CNRS的经费主要来自于政府预算拨款，2010年国家对CNRS的拨款占其全部经费的81%，竞争性经费只占15%。而且CNRS 2010年的预算分配表明，其全部经费（31.16亿欧元）的70%用于人员费用。

俄罗斯科学院作为俄罗斯的最高学术研究机构，其经费收入的70%是政府财政拨款。2009年的研发经费占全国研发总经费的12%，占政府研发总预算的18%。2000～2009年，俄罗斯科学院的研发经费中“基础研究”所占比重已经从2000年的73.8%上升到2009年的82.6%，而“应用研究”和“开发”的经费比例呈现逐渐下降的态势。2011年，俄罗斯科学院所获得的联邦预算中63.4%用于支付劳务成本。

日本理化学研究所（RIKEN）作为从事前沿基础研究和战略领域基础研究的开放式的国际性综合研究所，其经费主要来自政府财政拨款，财政拨款约占经费总额的88%。

国立科研机构的科研人员工资薪酬收入全部由政府预算拨款承担，并按照一定的薪酬待遇体系执行，科研人员的收入不与争取科研经费的多少挂钩。法国国家科研中心政府财政预算的70%用于人员支出，科研人员工资按国家公务员管理。俄罗斯科学院政府预算的63.4%用于人员成本支出。国立科研机构的经费支出中，劳务成本占全部经费的比例很高，凸显了对科研人员的稳定支持。

要让人才快速成长并做出创新贡献，一定要改革和创新人才管理的体制和机制，使科技人才在有限的创新生命周期中，将有限的、宝贵的时间用于潜心科研创新。如果国立科研机构不能为培养和引进的人才提供良好的科研条件，不能承担科研人员的合理薪酬待遇，反而要求科研人员交钱而维持运行、由科研人员自己解决绩效等相当部分的收入待遇等，则很难想象这样的国立科研机构会成为国际一流科研机构。

美国对科技的投入，很大部分是对科技人才的投入。美国对固定聘用的高级人才有相对固定的待遇水平，比如在大学中从事科学研究的教授只需而且只能从课题项目中解决其约3个月的工资，如此，科研人员则既没有无限争取经费的压力，也没有不断争取经费的“动力”可以专心致研。与西方科技发达国家相比，我国对科研的投入严重不足，而在科技投入中对“人”的投入比例又明显偏低，存在“重物轻人”现象，发达国家每年人均研发投入是10万元，我国只有2万元左右，使得科研人员争取经费的压力很大，只有不断争取更多的课题和更多的经费才能较好地解决个人待遇问题[13]。经费结构中对后备人才培养的投入也不足，青年人才特别是刚刚毕业不久的博士生得到相关支持比较困难。

在目前以竞争型支持为主的环境下，建议加大对基础科研的预算型稳定支持，采取财政预算型支持与竞争型支持相结合并以稳定预算型支持为主的方式，完善中国科学发展的投入管理机制。

（四）关于科技评价与奖励制度改革

科技评价是政府及其职能部门、有关组织、科技咨询评议机构等对管辖的相关的科技活动的结果、效率、效益、影响等的定性定量的检查和考核等评定评估等机制。科技评价是对科技活动结果的专业化评判。由于科学由数目众多的专业领域所构成，不同专业的人根本不能相互评价各自的工作。国际上将建立科学家自律性的共同体作为专业性评价的主要机制。

科技奖励是政府及其职能部门、各级组织等对管辖的科技活动的结果予以荣誉和物质的肯定的激励机制和形式。科技奖励是对科技专业成果的认可形式，其表现形式有政府、企业、机构的荣誉和物质奖励，有科技共同体的专业认可。

自科技活动成为常规性的和建制化的社会活动以来，科技评价就成为科技活动效率效果的“仲裁”形式，科技奖励就成为科技活动结果的“褒奖”形式，科技奖励是科技评价的一种特殊形式。科技评价和科技奖励以各种形式出现，成为科技活动的“有形的手”，反映政府和有关组织对科技活动的导向和引导。

当前，我国科技评价方面存在的主要问题，一是过度行政主导化，各级政府和部门设立了数量庞大、名目繁多、体系层叠的各种“符号资本”（授予个人的或单位的），在现实中这些符号资本往往与个人待遇和单位发展挂钩，直接推动了科研和教育的功利化倾向，同时显示了管理部门的“行政作为”和“行政权力”；二是简单偏重数量化，把本来需要高水平小同行才能判断的科技水平评价，转变为简单地以论文数量、课题经费数量等易于管理部门操作的数量化评价模式，直接扭曲和误导了科研活动探索真理和科学奥秘的自身规律；三是评价考核频繁化，科技评价、考核和奖励成为管理部门例行公事的工作，各种名目、各种级别的科技评价、考核和奖励，年复一年定期不定期地频繁举行，结果是不管有无真正的科技创新成果，但定期不定期开展的评价，总能评出规定数量的各级别的成果。而且，各种频繁的考核评价，也使科研人员疲于应付。因此，必须彻底改革科技评价这只“有形的手”，大力弱化其行政化的功能和作用，才能还科技活动以其本来面目。

科技评价改革的方向是，建立适合各类科学专业领域科技活动特点和科技活动内在规律的分类评价体系。科技评价制度改革的重点是，改变一刀切的、简单的、统计化的数量评价模式；改变行政化的、易于管理操作的、行政主导的科技评价方式；改变不经过历史和社会检验的短期和及时的评价取向；改变综合的、不分科学专业领域类型的、“大而全”的统一的评价体系。科技评价改革的取向是，评价模式要从数量型评价模式转变为质量型评价模式，从“行政主导型”评价方式转变为“学术主导型”评价方式，从未经历史和社会检验的“检验前”、“及时”评价方式转变为经过历史和社会检验的“检验后”再评价方式。

政府科技奖励制度改革的方向是，形成真正奖励创新知识体系、推动科学发展、促进科技进步的重大科技创新成果的制度设计。政府科技奖励制度改革的重点是，改变对所有科技领域“笼而统之”的奖励体系设计，大大减少奖励的数量，真正奖励少量科学原创性、重大技术突破性成果；改变省级政府和政府部门克隆国家级奖励体系设计的现状，改变政府每年大量奖励低水平科技成果导致科技成果泛滥而科技进步对经济社会的贡献不彰的尴尬局面。政府科技奖励制度改革的取向是，改变科技评价与科技奖励的行政化做法，将行政主导的评奖方式改为学术共同体主导的评奖方式，将科研人员包装申报科研成果的方式改变为学术共同体推荐的方式；建立和完善各类科学专业领域、各科技行业领域的“少而精”的重大创新成果的奖励体系设计；地方政府和国家部门减少或取消省部级的“综合体系型”科技成果奖励体系。

三、关于建设国家战略科技力量

在国家创新体系建设中，一流国立科研机构和一流研究型大学在开展基础研究、进行原始创新方面发挥着主要作用，是国家创新体系的重要组成部分。而培育国家战略性科技力量，建设国际一流国立科研机构是建设创新型国家的必由路径。

世界主要国家从科学的制度化到国家创新体系的形成与发展经历了 4 个重要发展阶段[14]：其一是发生在 17 世纪 60 年代以英国皇家学会和法国皇家科学院成立为标志的科学研究制度化；其二是发生在 19 世纪 20 年代的研究生制度的确立；其三是发生在 19 世纪下半叶的工业研究体制的确立；其四是发生在第一次世界大战后的国家管理体制的形成。第二次世界大战后，一些国家为了发挥政府对国家科技事业的宏观管理及协调作用，纷纷制定科技政策、建立科学基金会、成立国立科研机构，从而逐步形成和完善了国家科技体制，为以后形成国家创新体系打下了坚实基础。实践证明，国立科研机构在国家创新系统建设中发挥了不可替代的作用，是国家的战略性科技力量。

中国科学院是我国国家创新体系的重要组成部分，是我国国立科研机构的骨干和代表，在我国科研活动中发挥着“火车头”的作用，率先建设成为国际一流的国立科研机构是时代赋予的重任。从国际一流国立科研机构的发展看，建设国际一流国立科研机构，必须高度重视发展战略和定位，高度重视学科布局调整，高度重视人才队伍的建设。

（一）顺应国家战略需求，适时调整机构发展定位

发展战略定位是国立科研机构的灵魂，指引着机构的发展方向。国立科研机构肩负着科技发展的历史使命，围绕面向世界科学前沿和国家战略需求，集中力量开展其他机构没有实力开展的研究，致力于战略性基础研究及前沿研究，促进人类知识的进步，为国家乃至全球带来社会文化和经济效益。

国际一流国立科研机构在其发展历程中均多次调整其战略定位，以适应不同时期国家的战略需求，顺应科技发展趋势，确保国立科研机构持续引领世界科技发展。比如，日本理化学研究所的使命从早期的支持产业振兴转变为当前开展最尖端的自然科学研究和开辟新的前沿研究领域，以产出一流研究成果和人才。NIH 战略定位的确定不仅同医学本身的发展需求直接相关，还受国家战

略目标和公共卫生服务事业发展的影响。

（二）遵循学科发展规律，不断优化学科布局

研究所的消亡和新生是国立科研机构发展的必然，是国家战略需求和国立科研机构自身科技发展的需要。在科学技术和社会不断进步的今天，国家和社会需求对科学技术的要求日新月异，科学技术需要不断地进行创新和发展，才能适应飞速发展的世界。同时，科学技术本身也在不断地发展、变化，学科间的融合在不断地加强，多学科的交叉融合、新兴学科的不断涌现、技术发明的不断产生要求不断适应科学技术的发展进行学科布局调整，为此，新的研究机构的调整和重建不可避免。

研究所的撤销与新建在马普学会的发展历史中很常见，从而使马普学会能够与时俱进，适应不断发展的社会需求和科技要求，始终瞄准科学前沿，保持并迸发强劲的创新活力。我国研究机构也通过调整和建立新的研究所和研究单元来应对新的发展需求。

（三）建立有利于促进而不是阻碍科研人员创造力的考核评价制度

建立国际化的科学考核评价机制，推进研究工作的科学价值和社会意义，充分调动科研人员的积极性和创造性，是国际一流研究机构人才管理追求的共同目标。

当前，我国科研机构的考核评价一直是存在争论的热点问题。争论的热点是评价导向问题[15]，即基本上以发表的论文，尤其是SCI论文和奖励等指标考核评价科研人员的绩效，并作为晋升高一级职称和应聘新岗位的主要依据。而对于对国家经济社会发展的长远的实际贡献则没有更好的考量。如此，则助长了科研人员的短视行为，也导致科研不端的行为，一稿多投、抄袭之风屡禁不止；助长了虚假申报奖励材料，将别人的成果包装据为己有，等等。另外一个问题是考核过于频繁，科学家整天处于疲于应付各种考核之中，课题的前期检查、中期考核、结题评价评奖等，个人的年终考核、竞岗考核、届满考核等。这些都不是一个一流国立科研机构应具备的科研环境。

为了确保科学研究的质量、明确研究内容和研究战略、优化资源配置和实现合理预算，需要通过外部专家意见来强化监察职能，对从事研究的机构和个人进行多方面客观评估，在明确目标成果的同时，灵活使用量化指标。把研究质量与个人研究能力的评价相结合，积极促进科研创新成果产出和实现个人能力的持续提升，同时引入容忍失败制度，积极营造有利于创新的研究环境。对研究者的代表性研究成果加强以质量指标为中心的评价，通过公正客观的评估为研究人员提供更多的机会以激发其创造力和科研热情。当务之急还必须打破

单一考核评价制度，建立适应不同类型科技人才发展特点的不同的考核评价方式。对于基础类研究，考核评价应以创新能力、发展态势、质量水平为导向，引入国际专家参与的“同行评议”，营造宽松自由、公正公平的考评环境。应用及工程类研究，考评制度上应以掌握关键技术、满足国家需求、产生社会经济效益为评价导向。兼顾个人考核和团队考核，重视对团队和项目的考核。

（四）建立合理而规范的薪酬体系

国立科研机构肩负着开展与国家利益、国家安全相关的战略性重大科学问题的研究，承担着提高人民生活质量的社会公共、公益领域的科技研发等任务，而科研人员是高学历群体，其受教育时间长，付出的时间成本高于其他的社会群体，应当享有与其知识成本相应的收入待遇水平，保障科研人员的生活水平，反映知识的价值。

在薪酬体系建设方面，我国国立科研机构与前面所述的几个国际一流国立科研机构有很大的不同，研究经费成为了部分工资收入的直接来源，而国际学术界的收入结构则不同，研究人员一般是年薪制或公务员制，收入与科研课题经费一般没有直接联系。实际上，多年来，由于过度强调竞争性的经费投入和配置机制，以及将个人薪酬中的绩效与承担的课题经费挂钩的激励机制，在鼓励科研人员多争取项目课题经费、多做贡献方面发挥极大的激励作用的同时，也迫使科研人员将大量精力投入到争取课题经费之中，同时也造成了科研人员之间的贫富差距，而且这种差距越来越大，无形中助长了致力于争取项目课题经费而项目课题到位后又穷于应付课题检查、考核和评估的不良现象；特别是一些领军人才花费了大量时间和精力开展科研公关活动争取项目经费，大部分宝贵时间泡在“迎来送往”的应酬中。建立一流国立科研机构，要积极借鉴国际上的先进做法，在薪酬体系设计方面大胆探索和改革，建立符合不同类型科研活动特点、体现科研人员劳动价值、合理和规范的薪酬体系，使科研人员有合理而稳定的收入，从而使他们专心致研而非迫使他们通过争取项目课题而“挣钱”。

四、关于建设国际一流研究所

研究所是科技创新活动的组织单元和创新单元，是科技创新人才凝聚和成长发展的载体。通过对国内外研究所的比较分析，建设国际一流研究所应该着重抓好以下方面的工作。

（一）发展目标前瞻，学科特色鲜明

国际一流研究所都具有清晰、前瞻的发展目标，学科特色鲜明、研究方向

明确具体。马普学会弗里茨·哈伯研究所致力于开展物理化学和电化学研究，在20世纪30年代前后成为世界化学研究的中心，吸引了来自世界各地的化学领域的优秀人才。美国伍兹霍尔海洋研究所适应现代海洋科学研究发展趋势、瞄准深海大洋勘探、海洋环境综合保护、海洋资源综合开发等前沿领域，不断调整学科结构，建设和开发了拥有世界最先进的海洋研究基础设施与仪器，开展具有挑战性的前沿研究，是其成为国际一流研究所的重要原因。

反观国内一些研究所，在人员规模上不如类似的国际一流研究所，但在学科领域方向设置上却追求大而全的学科方向覆盖。这种大而全的学科方向设置，不利于研究所集中资源针对优势学科方向开展系统而长期持续的研究，也不利于优秀人才的培养，难以形成一流的研究成果。

（二）充分发挥研究所自主权，创建一流的研究环境

当前国内研究所在参照国际惯例实行项目负责人制的过程中，存在课题多而小、低水平重复等现象，研究所在发挥研究所层面的调控作用方面力度不够，对重点学科、重点方向的支持方面存在障碍。为此，必须充分发挥研究所的自主权和宏观调控权，在有关人才聘用、人才使用和配置、人才评价等人才成长的制度环境和文化环境方面加强创新，建立公开公正的人员聘用制度、分类的人才管理和考核制度，以及透明的人才评价和激励机制，为各类人才的健康成长提供一流的小环境。

沃土之中，方诞良才。在建立宽松、包容的人才环境方面，麻省理工学院和普林斯顿大学的做法堪称典范。诺贝尔奖获得者纳什在麻省理工学院和普林斯顿大学就职期间患上了严重的精神分裂症，在他患病期间，两所大学对他不离不弃，关怀备至。正是这样的人才成长环境，才有纳什的神奇康复以及后来取得的辉煌成就[16]。

（三）遵循学科发展规律，建设结构合理的人才队伍

在国际一流研究所建设过程中，不同学科、不同类型研究所的人才资源结构和人才流动特征不尽相同。通过与国际一流研究所人才发展的综合比较分析，不同学科不同类型的研究所，应有不同的发展目标和需求，应建设符合研究所特色的人才队伍。中国科学院高能物理研究所重视培育尖端实验人才，引领跨学科的大装置实验研究；中国科学院金属研究所积极加强基础研究和应用研究紧密结合的人才队伍，适应世界科技前沿发展、满足国家战略需求；中国科学院上海生命科学研究院植物生理生态研究所在引进高端人才加强核心团队建设方面走出一条整合新建研究所的跨越发展之路；中国科学院海洋研究所着力加强技术支撑队伍建设、建立适应现代海洋科学研究的人才队伍；

中国科学院大气物理研究所在积极探索人才流动机制、人才队伍的国际化建设方面着力突破。

五、关于引进和培养一流人才

培育国家战略研究力量，建设国际一流研究所，必须以人才为本，关心人、爱护人、尊重人，激发人才的创新思维，为人才自由思考创造良好氛围，吸引和培养具有国际一流水平的顶尖人才。

建设国际一流科研机构，必须拥有世界一流的研究队伍。拥有一流杰出人才是世界一流研究队伍的标志。如何吸引和培养一流人才，国际一流国立科研机构做出了典范。国外一流科研机构为保持其世界领先地位，不断创新引进人才、培养人才的政策和措施，以各种方式吸引国内外高层次人才，并在着力培养本土顶尖人才方面不遗余力。

一流人才与一流科研机构相辅相成。一流的科研机构能够吸引和凝聚一流的人才，一流的人才可创建一流的科研机构。从国际一流科研机构的发展历程可以清楚地看到这一颠扑不破的真理。马普学会创建之初就凝聚了一大批国际一流顶尖人才，学会名称就是以国际顶尖科学家马克斯·普朗克命名的。在马普学会，往往会因为引进了一个杰出人才而重新建设一个新的研究所。当前，在众多国际科研机构和大学，为一个杰出人才而新建一个实验室已经成为非常普遍的现象，而一个研究所或者实验室因为引进一位杰出人才而迅速成名的事例也不胜枚举。因此，人才与科研机构的发展相辅相成，一流的人才是建设一流科研机构的必要条件，而一流的科研机构则为一流人才的铸就创造了充分条件。

（一）重视领军人才的引进和培养

科技领军人才和尖子人才是科技创新的核心力量，一流的创新队伍必须拥有一大批德才兼备、视野开阔的科技领军人才和一大批善于攻坚、勇于攀登的尖子人才。领军人才具有战略眼光，在科技创新活动中具有指方向、带队伍的作用，在一流研究所建设发展中具有举足轻重的地位。马普学会许多研究所都是因为某个杰出领军人才的出现而成立的，如弗里茨·哈伯研究所。当前，我国国立科研机构中，各个领域都普遍缺乏足够的领军人才[17]，这是制约我国建设一流研究机构的重要因素之一。因此，各个研究机构必须根据自身发展实际，兼顾引进和培养、重在培养，把引进和培养领军人才作为机构建设的重中之重。

通过几十年的不懈努力，国内外华人科学家在数学、化学、材料学、工程学、物理和地球科学等领域具备了较强的科研实力，基因组测序、纳米科技等新兴领域也得到迅速发展。但与发达国家相比，我国在空间科学、计算机科学等高技术领域，以及社会学、免疫学、行为学和心理学等社会科学与医学领域，高层次人才还很缺乏，尤其需要加大领军人才的引进和培养。

引进领军人才必须放眼世界，采取高额资助、长期稳定的经费支持，为其提供大型开放实验室、先进研究基础设施等。我国当前实施的“千人计划”，将在吸引一批国际上取得卓越成就的华人科学家回国效力方面发挥不可估量的作用，从而带动我国多个学科的创新发展和突破。但随着全国各省市各类人才计划的不断推出，形成了行业部门间相互竞争人才的局面，需要从国家层面进一步调控管理各类人才计划，避免出现不必要的国内恶性竞争现象。

（二）着力培养世界一流青年人才

纵观世界科技发展史，许多重大科技突破都产生于科学家的青年时期，世界上许多一流的研究人员都是在30～40岁时为今后的事业发展奠定了坚实的基础。国外一流科研机构都把吸引和培养有发展潜力的青年科学家作为人才工作的重点。随着科学研究的发展，特别是交叉学科的发展，部分研究机构把青年科学家的年龄上限放宽到45岁，美国国立卫生研究院、澳大利亚医学理事会、英国医学研究理事会、加拿大国立卫生研究院等对青年研究人员都没有严格的年龄限定。关注在本土培养领军人才也成为人才战略的关键。丘成桐认为，人才培养是国家的命脉，美国之所以富强，重要的原因是美国重视培养青年人才，尽管其各行各业的领军人物很多，但国家最看重的还是如何让年轻人更好地成长[18]。要制定支持优秀青年科技人才的针对性政策，使其在最需要外部支持的科技创新生命周期之初即得到有力的支持。

在研究所设立青年科学家战略论坛是培养未来战略科学家的重要途径，充分发挥青年科学家的战略眼光，为研究所的未来发展进行谋划，通过战略科学家组成的评审专家组选拔具有战略视野的青年专家，为未来的领军人才和战略科学家培养打下基础。

（三）培育与科研相适应的一流的技术支撑人才和专业管理人才

技术支撑队伍和专业管理队伍是国际一流国立科研机构和国外一流研究所持续创新不可缺少的重要元素。一个科研机构的人才资源结构涉及诸多方面，如职称结构、学位结构、年龄结构、性别结构、科研人员与技术支撑人员的比例结构，科研技术人员与管理人员的比例结构，等等，至于哪种结构起关键作用，必须针对不同的研究机构而论。

从国内研究所与国外一流研究所的比较分析看，保持足够比例的技术支撑队伍和专业管理队伍对于国内研究所的发展来说不仅必须，而且紧迫。由于人才管理的导向，近年来我国多数研究所和高校对技术支撑人员的削减非常严重，在人才政策导向上不重视技术人才和实验人才的培养和发展，致使目前技术人才严重缺乏。在多数研究机构中，从事研究的人才远远多于技术支撑人才，即科研型人才和技术支撑型人才处于比例失衡的状态。

当前我国科研机构能够胜任现代科研机构管理的专职管理干部严重缺乏，存在着大量岗位空缺而又有大量专职管理干部无法上岗的矛盾和尴尬。许多科研一线骨干兼职做管理工作，一方面造成了科研人才的浪费，另一方面既影响科研工作又不能抽出足够时间去做好管理的事情。国内研究所缺少优秀管理人才，管理效率低下，专业管理队伍建设的滞后对科研创新带来了极其不利的影响。管理是科学，是一门学问，需要适应现代科研机构发展趋势和要求，去培养造就渗入到各个层次的大批优秀管理人才，按照现代管理制度去履行研究所的管理。

除了培养和引进人才外，科学任用人才是使科研人才发挥作用的关键。“任人之道，因才而授职，譬如良工之于木，大小曲直各当其用，则无弃材”。只重视培养和引进人才，而不重视人才使用，则必然造成人才的巨大浪费，不可能人尽其才、才尽其用。

六、关于激发创新活力的科研文化和环境

科研文化对建设一流科研机构尤其重要，是科研机构核心竞争力的软环境，因此，创建激发创新活力的科研文化和氛围，必将成为长远而持久的工作。建设具有时代特征和国立科研机构自身特色的创新文化，有利于营造和谐健康的学术生态环境。

只有营造一流的科研文化和氛围才能有利于科研人才的健康成长，才能有利于创新成果的不断产生。科技发达国家的人才政策，体现出鲜明的开放性、灵活性和包容性的特点，其用人的根本原则是“为我所用”、“要为国家做出贡献”。美国不问国籍、来源、种族和信仰从国际上吸引顶尖科技人才和最有发展潜力的未来人才，这些人才为美国带来许多新的思想和理念。国立科研机构需营造良好的人才成长环境和追求真理的学术氛围，减少官僚主义，构建能使优秀研究人员独立自主、专注于研究的多样化的、具有卓越性和包容性的环境。在人类历史上，那些重要基础科学的发明，大多是研究者自由思考和不懈探求的结果，是在宽松、民主、思想自由的氛围下“冒”出来的[19]。

原中国科学院院长路甬祥在谈到中国科学院创新文化建设时，强调“始终把我院的使命和责任和国家发展、人民富裕紧密相连，始终把服务国家、造福人民作为科技创新工作的出发点和落脚点，始终把追求真理、爱国奉献作为实

现人生价值的最高追求”；对优秀科技工作者，要“心系祖国和人民，有远大理想和抱负，对科学孜孜以求，有强烈的创新自信心和百折不挠的毅力，科学严谨，作风踏实”。

一流的科研文化应具备以下主要特征：弘扬学术民主，崇尚学术自由；反对急功近利，推崇一心致研；摒弃心浮气躁，淡泊追逐名利；建立诚信机制，反对学术腐败。

（一）弘扬学术民主，倡导学术自由

当前，出现在我国科研机构和高校的学霸风气依然还很严重，个别科学家仰仗其学术地位和资历，反对和压制一切违逆其学术思想和观点的新思想和新观点，害怕其学术水平被超越、学术地位被取代。这样的文化与弘扬学术民主、崇尚学术自由背道而驰。1955 年，钱学森回国前带着自己刚出版的《工程控制论》向恩师道别，冯·卡门迅速翻开新书浏览了一下，即说：“钱，你现在学术上已超过了我，我为你感到骄傲。”[20]这样的大师、这样的胸怀应该在我国的科研大地上广泛弘扬，坚决倡导学术自由，构建一流科研文化，为重大原创成果不断产生、杰出人才不断涌现提供沃土。

（二）营造保障科研人员潜心致研的学术氛围

在追求科学真理，开展基础领域研究的过程中，任何急功近利的做法都是为学界所不齿的，而专心致研则为学界所推崇。耐得住寂寞，几年如一日，甚至几十年如一日的专心研究才能取得大成果。正所谓：十年铸一剑。但是，心浮气躁、静不下心来做科研已经成为当下正在蔓延的一个传染病。如果有一个科研机构，能够吸引科学家把全部精力和毕生心血投入科学研究，那么这个科研机构的科研文化无疑是最先进的。全国政协委员王庭大组织对全国 4 个领域 11 家科研院所的 374 位科学家调查后发现：44.1%的调查对象做研究的时间只占正常工作时间的 1/2，16.5%的调查对象的科研时间只占工作时间的 1/3 甚至更少，90.6%的调查对象认为除科研外的其他工作时间主要用在争取项目上[21]。这固然与我国现行科研体制的弊端有关外，但不能不承认当前我国还是缺少一种吸引科研工作者潜心致研的文化氛围。“欲要其‘一鸣惊人’，必先允其‘三年不鸣’”，管理部门应当为研究人员创造宽松、自由的发展环境，使研究者无后顾之忧，“安得下心、钻得进去、沉得住气”[22]。因此，科研管理部门急功近利、要求科研人员在立项之初就明确“预期成果”、尽快出成果并出大成果的管理文化，致使科研人员的科研成果“碎片化”，这种管理文化必须改变。

（三）引导并树立“科学至上，淡泊名利”的创新理念

追名逐利也成为当前个别科学家热心追求的时尚。老一辈科学家在淡泊名

利方面为我们树立了榜样。计算机专家、两院院士王选曾在《光明日报》上专门撰文指出[23]，“不要迷信院士”，“一个真正有才能，正在创造高峰的科学家，哪有时间去频频上电视”。著名光学家，“863 计划”倡建者之一王大珩院士，在得知很多人把他称作“中国光学之父”后，专门委托秘书出席 2009 年 12 月召开的“中国光学科技馆论证会”，带上他的特别嘱托：不接受别人称他为“中国光学之父”或者“中国光学泰斗”[24]。由此可见，淡泊名利在老一辈科学家中处处体现，是后辈学习的榜样和楷模。

（四）建立和完善科研诚信机制，杜绝学术不端行为

近年来，抄袭、剽窃、造假等学术不端行为和现象在我国也屡见报道。造假者不仅葬送个人大好前程，也严重地损害了所属研究机构的声誉。因此，加强学术自律、规范学术行为、净化学术环境，建立和完善科研诚信机制，已是势在必行。学术诚信机制的建立是一个国家、一个科研机构创新文化发展的关键。没有学术诚信，就没有健康的科研文化，就没有激发创新、人才辈出的学术生态环境。遏制和杜绝学术不端行为，除了要求科研人员加强学术自律之外，关键是要建立和完善科研和学术诚信机制，在国家相关法律法规的基础上，建立具体的、可操作的诚信约束机制，以有效预防、切实遏制、坚决处理学术不端行为的发生。

参考文献

[1] 王耀辉．人才战争．北京：中信出版社，2009：9～20

[2] 高峰，唐裕华，张志强等．21 世纪初主要发达国家科技人才政策新动向．世界科技研究与发展，2011，33（1）：168～172

[3] 唐婷．正确解读科技论文统计数据至关重要——专访中国科学技术信息研究所所长贺德方研究员．科技日报，2011-03-09

[4] 路甬祥．以宏伟的事业凝聚造就一流的创新队伍．科学时报，2010-6-3（A1）

[5] 倪鹏飞，潘晨光等．人才国际竞争力——探寻中国的方位．北京：社会科学文献出版社．2010：73～415

[6] The LEVIN Institute，State University of New York. The Evolving Global Talent Pool：Lessons from the BRICS Countries. http：//www. levininstitute. org/pdf/LevinBRICSFinal. pdf [2009-10]

[7] 沈跃跃．推动人才事业全面发展．求是，2010，22：10

[8] 中华人民共和国教育部．2010 年我国出国留学人数和留学回国人数双增长．http：//www. moe. gov. cn/publicfiles/business/htmlfiles/moe/moe _ 1485/201103/115528. html [2011-3-2]

[9] 王雪梅，唐裕华，张志强等．基于文献计量学的优秀华人科学家国际影响力分析．情报杂志，2010，29（12）：5～9.

[10] 丁学良．什么是世界一流大学？北京：北京大学出版社，2004：137～164

[11] 佚名．德国科技体制的特点．http://hi.baidu.com/% C2% BD% 95F% BC% B3/blog/item/ 33be84357921298ea71e1205.html
[12] 佚名．美国的科技创新体制、政策与管理运作机制．中国新技术新产品精选，2005，5：34～38
[13] 袁志勇．三专家探讨：创新型人才培养 短板在哪．科技日报，2011-01-28
[14] 路甬祥．创新与未来——面向知识经济时代的国家创新体系．北京：科学出版社，1998：71～72
[15] 李晓轩，李萌．我国科技人才队伍建设的三个问题．中国科学院院刊，2010，25（6）：588～594
[16] 吕淑琴，陈洪，李雨民．诺贝尔奖的启示．北京：科学出版社，2010：262～263
[17] 李和风．科学谋划创新 2020 人才发展战略．中国科学院院刊，2010，25（6）：579～587
[18] 卢小兵，徐雯，王飞．拔尖人才本土培养更重要——专访数学家丘成桐．科学时报，2010-2-8（A1）
[19] 武际可．基础科学的创新是冒出来的，而不是抓出来的．http：//www.sciencenet.cn/m/user_content.aspx? id=382974［2010-11-12］
[20] 范良藻．试答“钱学森之问”：中国如何培养一流科技人才．科学时报，2010-2-23
[21] 祝魏玮．白春礼：规划“森林”，让“树木”自由生长．科学时报，2011-3-24（A1）
[22] 柯平．从“科技”的渊源说开去．科技日报，2011-5-9（1）
[23] 余忠泉．还是要提倡淡泊名利．光明日报，2003-2-21
[24] 王静．王大珩：爱祖国天经地义．科学时报，2010-6-3（A1）

后　记

为了从人才资源结构和人才流动机制分析入手研究国际一流国立科研机构的建设和发展，2008年中国科学院人事教育局提出了“国内外科研机构人才资源和发展比较研究”课题，委托中国科学院国家科学图书馆兰州分馆（中国科学院资源环境科学信息中心）并于2009年初开展相关研究工作。为组织有关研究所参加课题研究，并有效推进相关研究工作，2009年底此课题又被纳入中国科学院人力资源研究会人才专业委员会重点关注和支持的研究课题。随后，人才专业委员会组织召开了多次课题研讨会，研讨和交流课题的研究内容和进展。

课题组在两年多的研究过程中，先后完成《国际一流国立科研机构人才流动机制分析报告》、《TOP 20世界一流华人科学家调研报告》、《国际一流国立科研机构人才管理机制调研报告》等多份咨询报告，为有关部门相关人才政策的制定提供了重要参考依据。《人才与发展——国立科研机构比较研究》一书是在上述研究工作的基础上，通过进一步完善研究思路、扩充研究内容、强化研讨交流，经过系统梳理和总结而形成的较为系统的人才研究著作。

本书按4篇17章的篇章结构进行组织。各篇章的工作分工是：第一篇由张树良、王雪梅、陈春、熊永兰、黄丽珺负责资料调研分析和初稿撰写；第二篇由王雪梅、张树良、熊永兰、陈春、黄丽珺等分别负责有关国家国立科研机构的资料调研和分析，由王雪梅、张树良和高峰完成初稿撰写；第三篇有关研究所比较分析，其中第十章由郑文莉、周慧撰写，第十一章由关德慧、汤素芳撰写，第十二章由汪为军、张树良撰写，第十三章由郭新言、倪静撰写，第十四章由程新金、梁涛和高峰撰写；第四篇由张志强、唐裕华和高峰撰写。全书由张志强、唐裕华、高峰和王雪梅负责统稿，李和风审定。

《人才与发展——国立科研机构比较研究》的研究和出版得到了中国科学院人事教育局、中国科学院人力资源研究会人才专业委员会及有关研究所领导的指导和支持。在此，向为完成本课题研究做出贡献的同志一并致以衷心的感谢！

编　者

2011年6月